战略性新兴领域“十四五”高等教育系列教材

计算机视觉

主　编　胡永利
副主编　段福庆　王　爽
参　编　王少帆　权　豆　姜华杰
　　　　郭岩河

机械工业出版社

本书分10章介绍了计算机视觉的基本概念、底层视觉信号处理技术、高级计算机视觉技术，以及计算机视觉技术应用等内容。第1章为绪论，介绍了人类视觉与计算机视觉的基本概念，回顾了计算机视觉的发展历史，介绍了经典的计算机视觉理论、主要应用场景和面临的挑战。第2～6章介绍了底层视觉信号处理技术。其中，第2章介绍了图像的表示和处理，第3章介绍了图像的点特征表示，第4章介绍了图像的线特征表示，第5章介绍了图像的区域分割技术，第6章介绍了纹理分析的相关概念和方法。第7～9章介绍了高级计算机视觉技术，包括第7章的摄像机成像模型，第8章的三维重建，第9章的运动分析。第10章介绍了计算机视觉技术在图像分类、目标检测和跟踪等方面的应用。

本书适合作为普通高校人工智能、计算机、自动化等相关专业的教材，也可作为广大从事计算机视觉技术应用研发人员的参考读物。

本书配有电子课件、教学大纲、习题解答、教学案例、数据代码、教学视频等教学资源，欢迎选用本书作教材的教师登录 www.cmpedu.com 注册后下载，或发邮件至 jinacmp@163.com 索取。

图书在版编目（CIP）数据

计算机视觉 / 胡永利主编 . -- 北京 ：机械工业出版社，2024. 12. --（战略性新兴领域“十四五”高等教育系列教材）. -- ISBN 978-7-111-77639-0

Ⅰ. TP302.7

中国国家版本馆 CIP 数据核字第 2024U7R977 号

机械工业出版社（北京市百万庄大街22号　邮政编码100037）

策划编辑：吉　玲　　　　责任编辑：吉　玲　赵晓峰

责任校对：梁　园　丁梦卓　　封面设计：张　静

责任印制：郜　敏

北京富资园科技发展有限公司印刷

2024年12月第1版第1次印刷

184mm×260mm · 13.5印张 · 324千字

标准书号：ISBN 978-7-111-77639-0

定价：49.80元

电话服务　　　　　　　　　网络服务

客服电话：010-88361066　机　工　官　网：www.cmpbook.com

010-88379833　机　工　官　博：weibo.com/cmp1952

010-68326294　金　　书　　网：www.golden-book.com

　机工教育服务网：www.cmpedu.com

前言

PREFACE

人工智能正在成为推动全球产业变革的关键力量，也是国家发展及形成新质生产力的重要引擎。而在人工智能领域，计算机视觉技术扮演着至关重要的角色，它利用摄像头感知世界，通过先进的算法和强大的计算资源，为人工智能系统装配了“眼睛”，即提供视觉智能，使其能够模拟人类视觉的功能，实现物体检测、目标追踪、场景理解和决策控制等。借助计算机视觉技术，人工智能系统不仅能够识别并解析周围环境的复杂信息，还能在许多领域替代人类执行繁重或重复的任务，极大地提高了生产效率和人们的生活质量。随着计算机视觉技术的快速发展和广泛应用，对于相关领域专业人才的需求也显著增加。

计算机视觉涵盖了信号处理、数字图像处理、人工智能和计算机科学等多个学科，具有很强的专业性和广泛的应用领域。经过几十年的发展，计算机视觉已经形成了相对完善的理论和技术体系，也出现了许多有关计算机视觉的书籍，但现有的书籍大部分是为工程技术人员和研究生以上层次教学编写的，而面向本科教育，尤其是近年来才开设的人工智能等新兴专业的计算机视觉教材则相对较少。随着人工智能和计算机视觉新技术的不断涌现，相关技术的应用场景也迅速扩展，在此情况下，计算机视觉相关知识的更新和教育资源的不断完善变得尤为重要。

本书旨在填补目前面向本科教育的计算机视觉教材资源的空白。在介绍计算机视觉基础理论和核心技术的基础上，本书结合了前沿的计算机视觉研究动态和技术更新，并广泛地涵盖了计算机视觉应用的多个技术案例。本书还特别强调实践操作，提供了丰富的编程实例和项目案例，以帮助学生和专业人员理解理论，并将知识应用于实际问题的解决。

本书按照从底层信号处理到高级视觉任务的知识体系，系统介绍了计算机视觉的基本理论、主要方法、关键技术和应用领域。

在绪论部分（第 1 章），本书主要介绍了计算机视觉的基本概念、发展历程、经典理论、应用场景和面临的挑战。通过这些内容的学习，读者可以更好地了解计算机视觉的总体情况，从而为进一步学习具体的计算机视觉方法和技术奠定基础。

在低级视觉部分，分为 5 章详细介绍了低级视觉图像处理技术，包括点、线、面（区域）以及纹理的特征表示分析技术。其中，第 2 章涵盖了图像量化表示的基础知识和图像处理的核心技术，如滤波、增强和变换等。第 3 章和第 4 章分别探讨了图像中的点特征和线特征的检测与表示，这是图像匹配和识别的关键环节。第 5 章主要介绍了图像的区域分割技术。第 6 章主要介绍了图像的纹理特征表示及应用。上述低级视觉的图像处理和特征表示技术为后续的三维重建和运动分析等高级视觉任务提供了基础。

在高级视觉部分，主要包括三维视觉和运动分析两部分内容。其中，三维视觉是计算机视觉最核心的内容，分为两章（第 7 章和第 8 章）详细介绍了摄像机成像模型和三维重建技术，这些技术是理解物理世界和创建三维虚拟环境的关键。第 9 章则重点介绍了如何从图像或视频序列中提取动态信息和特征。

在计算机视觉应用部分（第 10 章），结合深度学习技术重点探讨了计算机视觉在实际应用中的关键技术，包括最常见的图像分类、目标检测和目标跟踪。这些技术构成了现代计算机视觉系统的核心，使计算机能够在复杂的现实世界环境中理解视觉内容。

本书第 2 ～ 10 章有应用案例，包括案例的分析、实验设置、实验数据、程序及运行结果。案例的编程实现采用了 MATLAB、C++ 和 Python 等编程语言，使用了 OpenCV 库函数、MATLAB 视觉与图形工具箱、Scikit-Learn 机器学习工具包，以及 Pytorch 等深度学习框架。通过对案例的学习和实践，读者能够掌握解决计算机视觉实际问题的基本技能，增强计算机视觉理论与实践结合的工程应用能力。

本书由北京工业大学、北京师范大学和西安电子科技大学的多位长期从事计算机视觉研究和教学，具备深厚的计算机视觉理论基础、丰富的实践经验和优秀的工程能力的教授和专家学者共同编写。大家经过多个日夜，通过一丝不苟的撰写、讨论和校对，形成了最终的版本，所有参编人员付出了辛勤的劳动。同时，对参与部分材料收集和整理、案例和代码编写、文字和格式校对的研究生致以衷心的感谢。

本书的编写得到教育部战略性新兴领域高等教育教材体系建设项目的支持，特此致谢。

由于编者水平有限，书中若有疏漏，在此诚心致歉，敬请广大读者批评指正。

编　者

目录

CONTENTS

第 1 章　绪论

导读

视觉是人类感知世界的主要方式，人类获取的外界信息约 80% 来自视觉。人类视觉是视觉信号感知、传输、处理、理解与记忆的复杂系统。物体反射或自发可见光进入人眼，刺激视网膜上的感光细胞，感光细胞将光信号转换成神经脉冲信号，经过视神经传入大脑视皮层，在大脑视皮层中进行处理和理解，并形成记忆。计算机视觉的目的是使计算机具有类似人类视觉的功能，能够“看”和理解图像及视频中的内容，并通过算法和模型来检测、识别和跟踪图像中的物体，完成分类、理解和三维重建等高级任务。本章将从人类视觉系统的原理出发，探讨其对计算机视觉的启发，并回顾计算机视觉的发展历程，介绍经典的计算机视觉理论，探讨计算机视觉的应用和挑战。

本章知识点

- 人类视觉
- 计算机视觉
- 计算机视觉的发展
- 经典计算机视觉理论
- 计算机视觉的应用和挑战

1.1　人类视觉

视觉是人类感知世界的主要方式，人类获取的外界信息约 80% 来自视觉。人类视觉是伴随着人类进化过程形成的一个结构复杂、功能强大且高度智能化的系统，包含用于信息感知、传输和处理的眼睛、视神经和大脑视皮层等部分。

眼睛是人类视觉系统的感知单元，其结构如图 1-1 所示，包括角膜、虹膜、瞳孔、晶状体和视网膜等部分。人类的视觉感知是对可见光的响应过程。当物体反射的可见光或者自发光的光线进入眼睛时，光线首先经过最前面的角膜。角膜是一个透明的层，有保护眼球和聚焦光线的作用。随后，光线穿过瞳孔，这是虹膜中央的一个开口，其大小可根据光线强度自动调节，以控制进入眼睛的光线量。接着，光线通过晶状体，晶状体会进一步调整焦距，确保图像准确聚焦在后面的视网膜上。视网膜是眼睛内部的感光层，包含两种类型的感光细胞，即视杆细胞和视锥细胞。视杆细胞在低光照条件下非常敏感，负责夜间或暗光下的视觉。视锥细胞则对颜色和细节的识别尤为重要，能够在光线良好的条件下感知丰富的颜色和结构清晰的图像。当光线投射到视网膜上时，这些感光细胞将光信号转换为神经脉冲信号，并通过视神经传输到大脑视皮层进行处理。

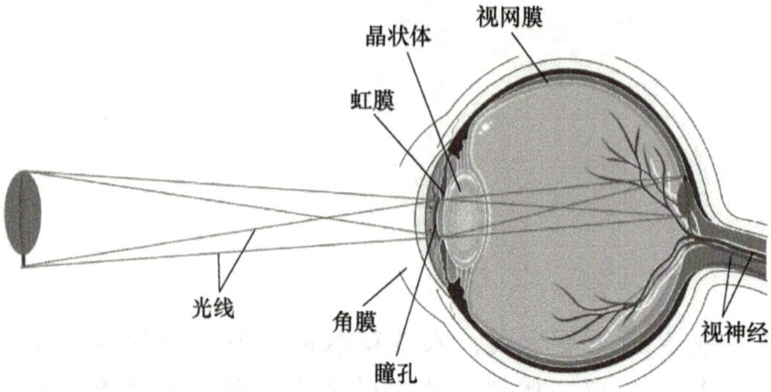

图 1-1　眼部剖面图

人类大脑的视皮层主要负责视觉信息的处理，它通常通过几个不同层次的处理环节实现视觉信号的分析理解，如图 1-2 所示。眼睛将感知的光信号转换为神经脉冲信号，并通过视神经传递到位于大脑枕叶的初级视皮层 V1 区。在 V1 区，大脑主要获取视觉信号的基本特征，如边缘和方向。这一过程是视觉处理的基础，可为后续更复杂的视觉分析打下基础。随后，这些信号被传递到次级视皮层的 V2 和 V3 区，这些区域主要解析更为复杂的视觉属性，如形状和颜色。从 V1 区到 V2、V3 区的信号传递和处理，可以看作是从基本特征识别向形状和空间关系分析的过渡。此后，视觉信息被传递到视觉联合区域 V4 和 V5，分别处理更细致的颜色和运动信息。V4 区主要负责对颜色和形状的进一步加工，而 V5 区（也称为 MT 区）则专注于处理运动信息。上述信息的传递往往是双向的，而大脑的颞叶和顶叶在此过程中会参与信息的整合，颞叶处理面孔和物体识别，而顶叶则处理空间定位和物体运动。这种从视觉联合区域到颞叶和顶叶的信息流动，说明了信息是如何被综合和利用的。除此之外，大脑的前额叶也会参与评估决策，通过对视觉信息意义的评估产生相应的反应，而海马体则参与记忆的形成，帮助将视觉体验转化为长期记忆。

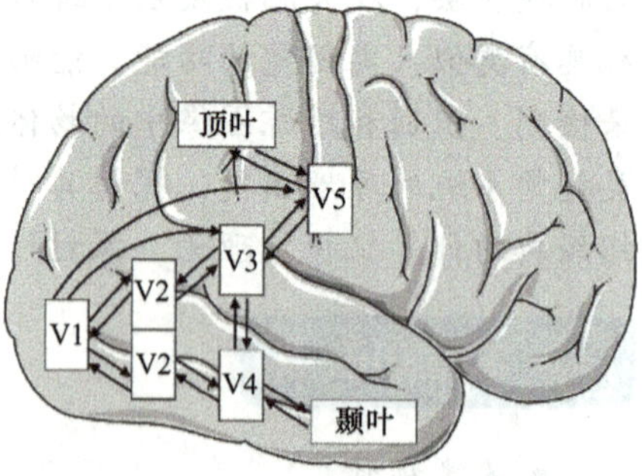

图 1-2　大脑处理视觉信号的过程

人类的视觉系统能够以极高的效率和精度处理视觉信息，这也为计算机视觉技术的发展提供了启发和灵感。首先，人类视觉系统具有惊人的适应性，能够在极其广泛的光照条件下工作，从强烈的日光到昏暗的夜光，都能够自适应地感知视觉信息。其次，视网膜中央凹的高空间分辨率使得人类能够识别细微的细节和复杂的图案，这对于阅读、面部识别等活动至关重要。此外，人类视觉通过视锥细胞感知丰富的颜色，这不仅增加了人类对世界的感知深度，也对艺术和设计等领域有着重要影响。人类视觉的另一个重要特性是其感受野，即每个感光细胞和神经元对视觉场景中特定区域的响应。这种从局部到全局的信息处理方式，使人类能够从细节中构建整体场景的认识。最后，人类对视觉信息的处理展现出多通道、多任务的并行处理特性。人类的大脑能够同时处理颜色、形状和运动等多种视觉信息，这种并行处理机制大大提高了视觉信息处理的效率和准确性。总之，人类视觉系统是一个复杂、精巧且智能的视觉信息感知和处理系统，具有优异的功能和特性，其工作原理和功能特性为计算机视觉技术的发展提供了重要的理论基础和实践指导。

1.2 计算机视觉

计算机视觉是一门致力于使计算机能够从图像或视频中“看”和“理解”现实世界的科学，计算机视觉的研究目标就是使计算机能够像人一样通过视觉来观察和理解世界，并具有自主适应环境的能力。计算机视觉系统的实现涵盖了从视觉信息获取、处理到最终的理解和解释的全过程。

视觉信息的获取是计算机视觉系统的视觉感知环节，即图像的捕获和表示，通常采用摄像机或其他成像设备完成。成像设备将现实世界中的三维场景转换为二维图像，这一过程称为图像的表示，包括图像的采样和量化。采样是将连续的视觉信号离散化的过程，而量化则是将采样点的亮度或颜色强度转换为有限的数值。经过采样和量化处理，视觉信号能以离散化的二维数字图像形式进行存储和处理，其基本单元是具有一定灰度或颜色值的像素。

一旦获取了视觉信号并将其表示为数字图像，接下来则进入计算机视觉系统的图像处理阶段，如图 1-3 所示。这一阶段的目标是改善图像质量，提取有用的视觉特征和信息。图像处理包括降噪和对比度增强等操作，旨在为后续的图像分析与理解阶段提供更清晰、更高质量的图像。滤波是改善图像质量的常用方法，即通过移除图像中的噪声等信息或增强边缘（锐化）等特征来获得质量更好的图像。图像变换（如傅里叶变换或小波变换）可将图像从空域转换到频率域进行处理，通过图像的频率特性进行图像增强。上述底层信号层面的图像处理属于低级的计算机视觉技术，而将图像划分为多个区域或对象的图像分割，以及提取图像的点特征或边缘线特征等属于中级的计算机视觉技术。

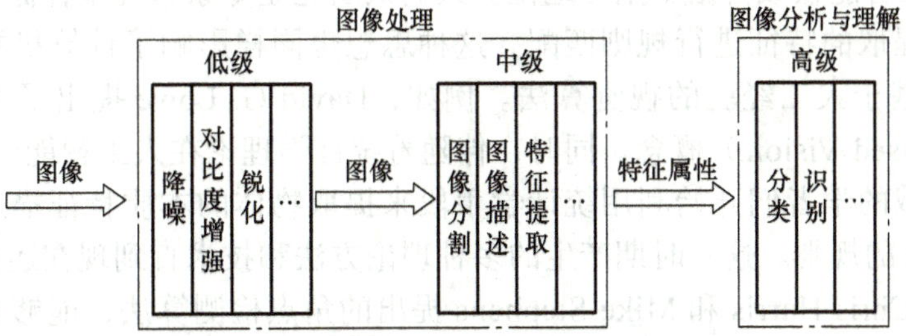

图 1-3 计算机视觉图像处理基本过程

图像分析与理解是视觉信号处理的高级阶段，属于高级的计算机视觉技术，其目标是利用从图像中提取的特征和信息来推断场景的三维结构、物体的类别和状态，以及它们之间的关联关系。其中的三维信息恢复和运动分析是相当重要的两个高级视觉课题，三维信息恢复通过分析图像中的视觉线索（如透视、纹理和阴影等）来估计物体的形状、位置和姿态。运动分析则通过对连续图像序列（视频）的分析来理解物体在空间中的运行状态和移动变化。

为了模拟人类视觉系统的功能，计算机视觉系统同样涉及视觉感知、图像处理和理解分析等几个环节，以实现对现实世界的理解和解释。计算机视觉包括基本的图像获取、图像处理、图像增强、图像视觉特征提取，以及复杂图像分析与理解等多方面的内容，其理论技术涉及计算机科学、图像处理、机器学习和人工智能等多个学科。计算机视觉理论的不断发展和技术进步，有助于推动对现实世界的认识和理解，并将极大地推动相关学科和应用领域的进步。

1.3 计算机视觉的发展

自 20 世纪 60 年代诞生以来，计算机视觉理论和技术经历了快速的发展和变革，其发展过程大致可划分为启蒙阶段、重构主义阶段、分类主义阶段，以及现在的大数据、大模型和大算力阶段，每个阶段都出现了标志性的计算机视觉理论方法，并在计算机视觉技术和应用等方面取得了重大进步。

1. 启蒙阶段（1960—1980）

这一阶段是计算机视觉基础理论探索与建立的阶段。计算机视觉的早期探索主要集中在如何让计算机理解和解释图像内容。在这一时期，Larry Roberts 标志性地提出了从二维图像中提取三维形状的方法，这一工作奠定了计算机视觉作为一个独立研究领域的基础。后来，David Marr 提出了“2.5D 视觉”理论，指出人类视觉系统在理解视觉信息时，会构建一个中间表示层，即“2.5D 草图”。这一理论进一步深化了计算机视觉的理论基础，并对计算机视觉的后续发展产生了深远影响。启蒙阶段探索和发展了计算机视觉的基础理论框架，但受限于当时的计算能力，这些理论的实际应用相对有限。

2. 重构主义阶段（1980—2000）

这一阶段是传统计算机视觉算法快速发展的阶段。在重构主义阶段，逻辑学和知识库等理论在人工智能领域占据了主导地位。人们试图建立专家系统来存储先验知识，然后与实际应用中提取的特征进行规则匹配。这种思想也同样影响了计算机视觉的发展，于是诞生了很多基于人工经验的视觉算法。例如，David G. Lowe 提出了基于知识的视觉（Knowledge-based Vision）概念。同时，伴随着统计学理论在人工智能中逐渐受到关注，计算机视觉领域的学者们开始利用统计学手段来提取物体的本质特征描述，而不再完全依赖于人工定义的规则。这一时期产生的多种理论方法和技术直到现在还在广泛应用。例如，1988 年由 Chris Harris 和 Mike Stephens 提出的角点检测算法，能够有效地识别图像中的角点，这些角点作为图像中的显著特征，对于图像匹配和识别等任务至关重要。角点检测算法也因此成为图像特征提取领域的一个重要里程碑。1999 年，David G. Lowe 提出了 SIFT（尺度不变特征变换）算法，进一步推动了特征提取技术的发展。SIFT 算法能够从图像中提取出稳定的关键点和特征描述符，这些特征对旋转、尺度缩放和亮度变化等具有不变性，从而极大地提高了图像匹配和识别的鲁棒性。这些技术的发展不仅在特征提取方面产生了重大影响，也为后续许多视觉算法的发展奠定了基础，同时标志着计算机视觉理论和技术走向成熟和完善。

3. 分类主义阶段（2000—2010）

这一阶段是计算机视觉技术的成熟与应用探索阶段。进入 21 世纪后，计算机视觉领域见证了一系列关键技术的成熟和新应用的探索。2001 年，Paul Viola 和 Michael Jones 提出了 Viola–Jones 人脸检测算法，该算法成为第一个能够在实时环境中进行人脸检测的算法，该算法通过积分图、特征选择和级联分类器等技术，实现了快速有效的人脸检测，并广泛应用于各种商业和安全系统中。支持向量机（SVM）和随机森林等机器学习算法在这一阶段继续得到发展和广泛应用，特别是在图像分类和识别任务中，这些方法提高了计算机视觉系统的准确性和鲁棒性。同时，HOG（方向梯度直方图）和 LBP（局部二值模式）等视觉特征提取技术在这一阶段也得到了广泛的研究和应用，并在物体检测和识别方面展现了强大的性能。这一阶段也见证了深度学习的早期探索，尤其是 2006 年 Geoffrey Hinton 和他的团队提出的深度置信网络（DBN），为深度学习后来的发展和繁荣奠定了理论基础。这一阶段的进展不仅推动了计算机视觉技术的应用，也为后来深度学习在计算机视觉领域的兴起和广泛应用奠定了基础。

4. 大数据、大模型和大算力阶段（2010 年至今）

这一阶段是大数据和大算力支撑下的深度学习技术迅猛发展并出现大模型的阶段。自 2010 年以来，随着计算机运算能力的指数级增长和 ImageNet、PASCAL 等超大型图像数据集的出现，深度学习技术引领计算机视觉开启了一个新阶段。卷积神经网络（CNN）成为计算机视觉领域的研究和应用核心，推动了一系列重要的技术发展。在物体检测与识别方面，Faster R–CNN 通过区域提议网络实现了快速而准确的物体检测，而 YOLO 系列则将物体检测视为单一的回归问题，大幅提高了物体检测的速度。在图像分割领域，U–Net 采用 U 形结构网络，有效结合了图像的细节信息和语义信息，而 Mask R–CNN 通过为 Faster R–CNN 添加一个分支来预测物体掩码，实现了实例分割。此外，生成对抗网络（GAN）的提出，开启了图像生成的新时代，而风格转换技术则能够将一种艺术风格迁移到另一张图片上。近年来，大模型成为人工智能领域的新热点，其 Transformer 架构成功应用于视觉任务，出现了 Vision Transformer（ViT）等新型视觉模型，并展示出了强大的视觉表征能力，而 BERT、GPT 等大型预训练语言模型通过适配、微调与视觉任务的结合，出现了 CLIP 等多模态模型，进一步展示了通用人工智能的巨大潜力。这一阶段的计算机视觉发展不仅体现在许多新技术和新模型的突破上，更重要的是，大模型的研究范式为完成更加复杂和多样化的视觉任务提供了新的思路和工具，同时也推动了计算机视觉与自然语言处理等领域的融合发展。

未来一段时间，深度学习和大模型将继续推动计算机视觉理论和技术的发展，特别是在开放场景、零小样本和跨模态等复杂视觉任务中将发挥重要作用，利用无监督学习、自监督学习、跨模态学习、连续学习、联邦学习和强化学习等前沿技术，有望显著提高视觉模型的泛化能力，并推动计算机视觉在自动驾驶、医疗诊断和智能监控等领域的应用，从而迈向可媲美人类视觉系统的计算机视觉系统。

1.4 经典计算机视觉理论

在深度学习技术推动计算机视觉领域进入新纪元之前，经过几十年的探索和研究，历史上出现了多个有影响力的计算机视觉理论框架，这些理论框架引领了各个阶段计算机视觉理论和技术的发展。一些经典的理论奠定了计算机视觉的理论框架和基础，对后来的计算机视觉发展产生了深远的影响，甚至影响至今。其中，马尔计算视觉理论、主动视觉理论、多视几何视觉理论和基于学习的视觉理论等最具代表性，下面介绍这些经典视觉理论的基本思想。

1. 马尔计算视觉理论

马尔（David Marr）是 20 世纪最具影响力的计算机视觉和认知科学研究者之一。1982 年，马尔首次提出了视觉计算理论，形成了第一个系统性的计算机视觉理论框架。马尔计算视觉理论主要包含计算理论、表达与算法、算法实现三个部分。

（1）计算理论

马尔计算视觉理论认为，视觉系统的主要任务是从视网膜捕获的二维图像中重构出物体的三维形状，这一过程被称为“三维重建”，这种从二维图像到三维形状的转换依赖于复杂的计算过程。在马尔计算视觉理论中，视网膜上的图像不仅是物理世界的一个映射，还包含了丰富的空间结构信息，这些信息是理解物理世界的关键。该理论进一步指出，视觉计算的理论与实践应从分析图像入手，揭示其背后的物理场景特性，以解决视觉计算中的难题。同时，马尔也提到，若单靠图像信息，往往会导致视觉问题的“多解性”或“歧义性”，如果没有额外信息，很难确定图像点之间的精确对应关系。而利用人类视觉的先验知识有助于解读视觉场景并指导行为决策。例如，当人们看到桌上的文具等对象时，会自然地识别出它们是文具，而不会将其视为一个未知物体，这正是先验知识在视觉理解中的作用。

（2）表达与算法

马尔计算视觉理论认为，物体的表达形式为该物体的三维几何形状而不是二维图像。马尔猜想，人识别物体与观察物体的视角无关，虽然不同视角下同一物体在视网膜上的成像不同，但这并不影响大脑对物体的识别，由于三维形状不依赖观察视角，因此物体在大脑中的表达应该是三维形状。马尔计算视觉理论的“物体表达”是指“物体坐标系下的三维形状表达”。同一物体选用的坐标系不同，表达方式亦不同。马尔将“观测者坐标系下的三维几何形状表达”称为“2.5 维表达”，而物体坐标系下的表达才是“三维表达”。所以，在后续的算法部分，马尔重点研究了如何用图像先计算“2.5 维表达”，然后转化为“三维表达”。从目前人们对大脑的研究看，大脑的功能是分区的。物体的“几何形状”和“语义”储存在不同的脑区。另外，物体识别也不是绝对与视角无关的，而是仅仅在一个比较小的变化范围内与视角无关。所以，现在来看马尔的物体“三维表达”猜想不一定正确，但马尔计算视觉理论仍具有重要的意义和应用价值。

算法部分是马尔计算视觉理论的主体内容。马尔认为，从图像到三维表达，要经过三个计算层次：图像基元提取、2.5 维表达和三维表达。首先，从图像中提取边缘信息，然后提取点状基元、线状基元和杆状基元，进而对这些初级基元进行组合，形成完整基元，上述过程是马尔计算视觉理论的基元和特征提取阶段。在此基础上，通过立体视觉和运动视觉等模块，将基元提升到 2.5 维表达。最后，将 2.5 维表达提升到最终的三维表达。

（3）算法实现

在算法实现阶段，马尔计算视觉理论重点解决的问题是如何将高度理论化的计算框架和算法转化为实际可运行的程序或系统，以处理真实世界中的视觉任务。这一阶段涉及多个关键技术和挑战，包括但不限于图像处理、特征匹配、算法优化以及硬件平台的适配与优化等。

马尔计算视觉理论在实际应用中因鲁棒性不足而受限，主要存在两个方面的问题：第一，该理论的三维重建过程被视为一种自底向上的过程，忽略了高层反馈机制的重要性，导致系统在复杂环境中缺乏灵活性和适应性；第二，其三维重建策略缺乏明确的目的性和主动性，未能根据具体任务需求调整重建精度，使得该理论过于理想化和通用化，难以满足实际应用的多样化需求。

2. 主动视觉理论

针对马尔计算视觉理论的局限和问题，多位学者探索并提出了一些新的视觉理论方法，其中具有代表性的是主动视觉理论。在 20 世纪 80 年代后期，Bajcsy 教授提出了“主动视觉”的概念，强调视觉过程应融入人与环境的交互。而 Aloimonos 教授则主张视觉应具有目的性，并提出了“目的和定性视觉”的理念，他指出在许多应用场景中，严格的三维重建并不需要，需要的是考虑具体视觉应用的需求。主动视觉理论强调重点研究“视觉注意力”的机制，即大脑皮层高层区域到低层区域的反馈机制。近年来，研究者们提出了多种主动视觉方法和技术，以模拟和实现大脑的复杂视觉和注意力机制，包括强化学习、可变形模型、生物启发模型以及交互式视觉系统等。同时，通过大量图像数据的训练，卷积神经网络能够学习复杂的特征和模式，以模拟大脑视皮层处理图像的方式。

主动视觉的挑战在于“如何根据特定任务优化视觉处理”，因此需要视觉系统能够识别和优先处理对完成特定任务最关键的视觉信息。为此，研究者们开发了多种方法和技术，以增强视觉系统的任务驱动能力和适应性，包括任务驱动的视觉模型、端到端的学习训练、优化视觉注意力、视觉反馈机制以及多任务学习方法等。例如，通过端到端的学习，深度学习网络可以从原始图像到任务输出进行端到端的训练，从而自动提取和利用对特定任务最有用的视觉特征。

3. 多视几何视觉理论

人类视觉系统是一个高度智能的双目视觉系统，很容易感知场景的深度和三维信息。因此，实现计算机视觉的核心目标——三维重建的一个有效途径是利用多视图像计算深度或三维信息，由此诞生了多视几何视觉理论，该理论也成为计算机视觉中最重要的理论部分。由于图像的成像过程是一个中心投影过程，因此多视几何视觉理论在本质上是研究射影变换下图像对应点之间以及空间点与其投影图像点之间的约束理论和计算方法，具体包括两幅图像对应点之间的对极几何约束、三幅图像对应点之间的三焦张量约束、空间点到图像点，或空间点在多个投影平面上的图像点之间的单应性约束等。

有了多视几何视觉理论，实现三维重建还需要选择和建立合适的相机成像模型，例如，是不是针孔模型，有没有畸变等。随着相机加工工艺的不断提高，对于普通的相机，一般选择考虑一阶或二阶径向畸变的小孔成像模型就可以了。当相机成像模型确定后，还需要进一步估计相机成像模型的参数，如焦距和光轴与像平面的交点等，这称为相机标定。目前，研究者们已经提出了多种行之有效的相机标定算法，如张正友方法等。完成相机标定后，对于特定场景即获得了不同图像中的对应点，利用多视几何和多视重建方法，可实现深度估计和最终的三维重建。虽然多视几何具有完善的理论体系及其计算方法，但其三维重建依赖于多视图像对应点的精准检测，在实际应用中依然存在许多难题需要解决。

4. 基于学习的视觉理论

视觉特征提取和表征是低级视觉的核心任务，也是分类识别等高级视觉任务的基础，其研究贯穿了计算机视觉的发展过程。起初的视觉特征提取方法依赖于人为经验及精巧的提取器设计，而随着深度学习的兴起，基于数据驱动的学习方法成为主流，从而形成了基于学习的视觉理论。

在深度学习出现之前，基于学习的视觉理论主要依靠人的认知和经验来设计特征提取模型和算法，其中最具代表性的是流形学习理论。流形学习理论认为，物体图像的表示存在其“内在流形”，如人脸图像就具有非线性流形结构。因此，流形学习就是从图像数据中学习其内在流形表达的过程，这种学习过程一般通过求解一种非线性优化问题来实现。流形学习面临的难点问题是没有严格的理论来确定内在流形的维度，并且在实际应用中存在复杂度高且效果不理想等问题。深度学习的成功主要得益于数据积累和计算能力的提高。以视觉分类任务为例，ImageNet 等大规模图像数据集，以及 VGG、AlexNet 和 ResNet 等深度学习网络模型层出不穷，计算机视觉也在图像分类任务上有了很大进步。目前，大模型的出现，尤其是能处理视觉信息的多模态大模型的出现，将更进一步推动计算机视觉的发展和广泛应用。

总之，经典的视觉理论为当今计算机视觉技术的发展提供了坚实的基础。从马尔计算视觉理论到主动视觉理论，再到多视几何视觉理论和基于学习的视觉理论，这些理论和方法构成了计算机视觉理论体系的核心。它们不仅在技术发展的早期阶段起到了推动作用，而且在今天的研究和应用中仍然具有重要的参考价值。

1.5 计算机视觉的应用和面临的挑战

目前，计算机视觉理论和技术已经广泛应用于多个领域，并深入人们日常生活的方方面面。常见的计算机视觉应用领域包括安全监控、工业检测、国防军事、遥感气象、医疗诊断、文化教育、智能交通和娱乐影视等，如图 1-4 所示。

安全监控是计算机视觉技术应用最早且最广泛的领域。我国已经建成了大规模的安全监控网络，其利用计算机视觉的目标检测、对象识别和场景理解等技术，实现了主要公共场合的视频监控，有效防范了安全事故和违法犯罪的发生。

在工业检测领域，计算机视觉技术广泛应用于产品的自动检测、质量控制和机器人引导等方面，例如，利用计算机视觉技术可以快速准确地检测和定位产品的缺陷部位，从而显著提高工业生产中产品质量控制的效率。

在医疗诊断领域，计算机视觉技术在 MRI 和 CT 扫描等医疗影像分析中广泛应用。计算机视觉模型的训练和自动识别，可以帮助医生快速准确地诊断疾病，并在与检验报告、病历和诊断报告等多模态数据联合训练后，可以辅助医生制定全面可行的治疗方案和建议。

在智能交通领域，计算机视觉技术除了在传统的基于视频的交通行为和违章检测等方面进行应用外，在自动驾驶等新业态中也得到了广泛应用，例如，自动驾驶车辆通过融合多路点云和视频传感器，可实现车辆的全方位环境感知，从而实现车辆的自动导航、路径规划和行为决策等。

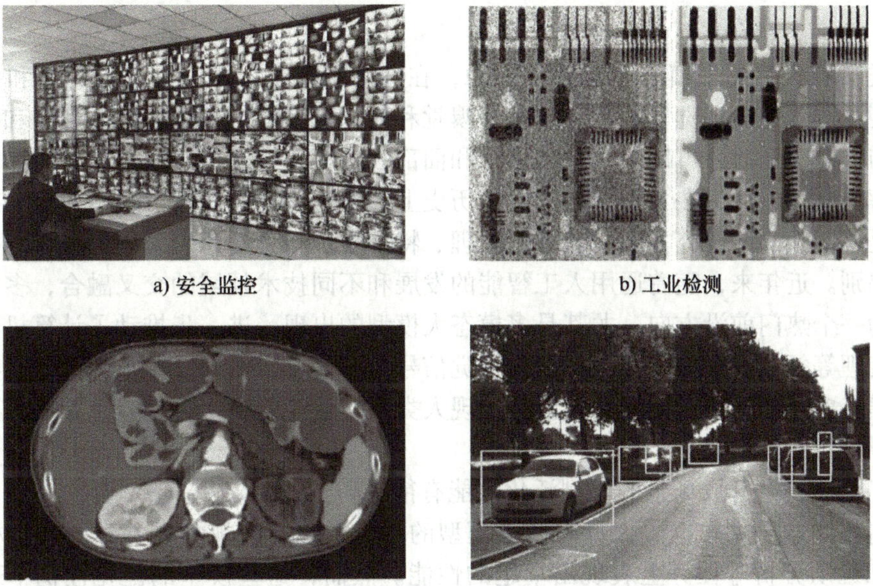

a) 安全监控　　b) 工业检测

c) 医疗诊断　　d) 智能交通

图 1-4　计算机视觉应用场景

目前，计算机视觉理论和技术已经取得了显著的进展，尤其是在一些特定的视觉任务上，如面部识别、物体检测和图像分类等。近年来大模型等技术在计算机视觉领域的应用，使得以往难以解决的计算机视觉难题有望找到解决的技术途径。然而，与人类的智能视觉系统相比。目前计算机视觉理论和技术还存在很大差距，要使计算机视觉具有类似于人的视觉功能，还面临着一系列重大挑战，主要体现在以下四个方面。

（1）人类视觉系统的机理还未完全研究清楚

人类视觉系统的机理为计算机视觉理论和系统的建立提供了良好的启发和借鉴，例如，马尔计算视觉理论提出的从底层视觉基元，到中层 2.5 维草图，再到高层三维形状的视觉信息处理过程与人类视觉系统的信息加工过程基本一致。因此，研究人类视觉系统的机理将为计算机视觉理论和技术的发展提供基础理论和技术原理支撑。然而，人类视觉系统是一个高度复杂的生物神经系统，目前在人类视觉认知和视觉结构等方面的研究虽然取得了很大进展，但人类视觉系统的许多功能、行为和机制目前还不是很清楚，如视觉注意力、视觉记忆和视觉理解等。从这一方面看，计算机视觉理论突破和技术进步，依赖于人类视觉系统机理方面的研究突破和进展。

（2）视觉感知技术有待变革

计算机视觉自诞生以来，其前端的视觉信息感知一直依赖于成像设备和技术。虽然成像技术在过去几十年间得到了飞速发展，数码相机、摄像机和智能手机等图像感知设备无处不在，且其图像采集性能（如像素分辨率、采集帧率、动态范围和图像质量等）得到了大幅提高，但现有成像设备的同步工作原理与人眼的异步成像原理完全不同，现有成像设备在弱光、逆光和高对比度等复杂场景下的适应性与人眼的适应性也存在很大差距。不过近年来出现的模拟人眼成像的事件相机等新型成像设备，已经表现出相比传统相机的一些优势。因此，计算机视觉理论和技术的突破，也需要视觉感知技术的变革和创新。

（3）多模态融合需要深入探索

人类具有天然的多模态融合感知能力，在通常情况下，眼、耳、口、鼻和手等器官可以高度协调地完成视觉、听觉、味觉、嗅觉和触觉等多模态信号的融合感知和处理。例如，人与人在谈话时，可以同时感知语音和面部表情等多模态信号，并进行自然的融合处理和理解交互。然而，在人工智能的发展历史上，语音识别和处理、自然语言处理和计算机视觉是相对独立的研究方向，其数据处理、特征表示和分类识别采用的方法和技术存在很大的差别。近年来，随着通用人工智能的发展和不同技术领域的交叉融合，多模态融合感知成为一个热门前沿方向，尤其是多模态大模型的出现，进一步推动了计算机视觉与自然语言处理等领域的交叉融合。然而，视觉信号与其他模态信号存在很大的模态异构，目前的多模态融合技术还处于探索阶段，实现人类自然智能的多模态融合感知还需要长期的努力。

（4）面向复杂开放场景的模型泛化性能有待提高

目前，受益于大数据、大算力和大模型的推动，计算机视觉在基本的目标检测、分类识别和运动分析等任务上表现出卓越的性能。然而，这些模型的泛化性仍不理想，尤其是在面向复杂开放场景时经常表现不佳。例如，在特定数据集上训练的模型，在新的数据集、新的类别和未知任务上的测试结果往往不够理想。现有计算机视觉模型与人类的知识学习和记忆机制有很大的差别，存在学了新知识忘了旧知识的“灾难性遗忘”难题。因此，研究和探索人类视觉系统适应新场景和新对象的学习机制，以及对知识的记忆机制，有助于扩展现有模型的泛化能力，推动计算机视觉技术在实际复杂场景中的应用。

计算机视觉理论和技术正在从面向特定视觉任务的研究向具有多模态融合和泛化性等特征的通用人工智能高级阶段演进。未来的计算机视觉研究需要进行跨学科的合作，结合人工智能、机器学习、神经科学和认知科学等多个领域的知识，重点突破三维重建、复杂场景理解、跨媒体智能等计算机视觉核心和难点问题。

本章小结

本章主要介绍了计算机视觉的基本概念、发展历程、经典理论、应用场景以及挑战。通过对这些内容的学习，读者可以更好地了解计算机视觉的总体情况，从而为学习具体的计算机视觉方法和技术奠定基础。

思考题与习题

1-1 分析人类视觉系统的特点，并叙述这些特点如何影响计算机视觉系统的设计。

1-2 图像处理在计算机视觉系统中有什么作用？通过两个常用的图像处理实例来说明。

1-3 解释马尔计算视觉理论中的“三维表达”过程，并说明为什么这一过程在计算机视觉中至关重要。

1-4 基于学习的计算机视觉理论与传统计算机视觉理论有什么不同？请叙述深度学习如何改变了计算机视觉领域的研究和应用。

1-5 举例说明哪些计算机视觉理论受到了人类视觉机制的启发。

1-6 讨论跨模态学习在计算机视觉中的重要性，并举例说明在实际应用中的哪些场景需要跨模态学习。

1-7 调研现有计算机视觉大模型的研究现状，并分析其中一个典型模型的原理和特点。

1-8 思考计算机视觉与其他学科（如神经科学、认知科学）的交叉可能带来的新方向，并分析这些交叉研究如何帮助解决计算机视觉领域的难题。

参考文献

[1] ROBERTS L G. Machine Perception of Three-Dimensional Solids，Optical and Electro-optical Information Processing[M]. Cambridge：MIT Press，1963.

[2] MARR D. Vision：A Computational Investigation into the Human Representation and Processing of Visual Information[M]. San Francisco：W.H. Freeman，1982.

[3] LOWE D G. Three-Dimensional Object Recognition from Single Two-Dimensional Images[J]. Artificial Intelligence，1987，31（3）：355-395.

[4] HARRIS C，STEPHENS M. A Combined Corner and Edge Detector[C]//Alvey Vision Conference. Manchester：University of Manchester，1988，15（50）：147-152.

[5] LOWE D G. Object Recognition from Local Scale-Invariant Features[C]//The Seventh IEEE International Conference on Computer Vision. Piscataway：IEEE，1999：1150-1157.

[6] VIOLA P，JONES M. Rapid Object Detection Using a Boosted Cascade of Simple Features[C]//The 2001 IEEE Computer Society Conference on Computer Vision and Pattern Recognition. Piscataway：IEEE，2001：511-518.

[7] DALAL N，TRIGGS B. Histograms of Oriented Gradients for Human Detection[C]//The 2005 IEEE Computer Society Conference on Computer Vision and Pattern Recognition. Piscataway：IEEE，2005：886-893.

[8] OJALA T，PIETIKÄINEN M，HARWOOD D. A Comparative Study of Texture Measures with Classification Based on Featured Distributions[J]. Pattern Recognition，1996，29（1）：51-59.

[9] HINTON G E，OSINDERO S，TEH Y W，et al. A Fast Learning Algorithm for Deep Belief Nets[J]. Neural Computation，2006，18（7）：1527-1554.

[10] REN S，HE K，GIRSHICK R，et al. Faster R-CNN：Towards Real-Time Object Detection with Region Proposal Networks[C]//Neural Information Processing Systems. San Diego：Neural Information Processing System Foundation，Inc.，2015：91-99.

[11] REDMON J, DIVVALA S, GIRSHICK R, et al. You Only Look Once: Unified, Real-Time Object Detection[C]//The IEEE Conference on Computer Vision and Pattern Recognition. Piscataway: IEEE, 2016: 779-788.

[12] RONNEBERGER O, FISCHER P, BROX T, et al. U-Net: Convolutional Networks for Biomedical Image Segmentation[C]//The International Conference on Medical Image Computing and Computer-Assisted Intervention. London: Springer, 2015: 234-241.

[13] HE K, GKIOXARI G, DOLLÁR P, et al. Mask R-CNN[C]//The IEEE International Conference on Computer Vision. Piscataway: IEEE, 2017: 2961-2969.

[14] GOODFELLOW I, POUGET-ABADIE J, MIRZA M, et al. Generative Adversarial Nets[C]//Neural Information Processing Systems. San Diego: Neural Information Processing System Foundation, Inc., 2014: 2672-2680.

[15] GATYS L A, ECKER A S, BETHGE M, et al. Image Style Transfer Using Convolutional Neural Networks[C]//The IEEE Conference on Computer Vision and Pattern Recognition. Piscataway: IEEE, 2016: 2414-2423.

[16] DOSOVITSKIY A, BEYER L, KOLESNIKOV A, et al. An Image is Worth 16 × 16 Words: Transformers for Image Recognition at Scale[C]//International Conference on Learning Representations. Washington D. C.: ICLR, 2021: 1-22.

[17] RADFORD A, KIM J W, HALLACY C, et al. Learning Transferable Visual Models from Natural Language Supervision[EB/OL]. [2024-07-16]. https://arxiv.org/pdf/2103.00020.

[18] BAJCSY R. Active Perception[J]. Proceedings of the IEEE, 1988, 76 (8): 996-1005.

[19] ALOIMONOS J. Purposive and Qualitative Active Vision[C]//The 10th International Conference on Pattern Recognition. Piscataway: IEEE, 1990:346-360.

[20] ROWEIS S T, SAUL L K. Nonlinear Dimensionality Reduction by Locally Linear Embedding[J]. Science, 2000, 290: 2323-2326.

第 2 章　图像表示和处理

导读

计算机视觉处理的对象是视觉信号，而视觉信号的基本表示形式是图像，图像经过采样和量化后形成离散的二维数字图像形式，并作为后续视觉任务的主要输入数据。为了保证后续视觉任务的开展，原始的图像还需要进行去噪、增强和变换等一系列处理，以获得视觉质量更好和满足任务需求的图像。本章首先介绍图像的采样和量化方法，以及图像表示的基本性质和常用数学工具。在此基础上，本章重点介绍图像处理的常用技术，包括亮度变换、直方图变换、空域滤波和频域滤波。最后，本章还会介绍图像处理和图像特征表示中最常用的卷积神经网络技术。

通过对本章的学习，读者可掌握图像表示的基本概念及其数学基础，熟悉常用的图像处理方法及其技术特点，并能够根据应用需求选择合适的图像处理工具进行图像处理和增强，从而为后续的视觉特征提取和高级视觉任务的开展奠定基础。

本章知识点

- 图像的表示
- 图像处理数学基础
- 常用图像处理技术
- 卷积神经网络基础

2.1　图像的表示

根据视觉成像原理，图像是三维世界在可见光照射下于成像系统像平面上的二维投影，如小孔成像模型中物体在像平面上的倒影图像。因此，图像可以用定义在一个二维平面上的连续函数来表示，即 $f(x,y)$，其中 (x,y) 是成像平面上的坐标位置，其函数值 $f(x,y)$ 代表该坐标处图像的亮度或灰度值。对于彩色图像，这种标量函数可以扩展到矢量函数，即每个坐标的函数值是一个矢量，包含三个颜色分量（R、G、B）的值。上述图像的函数表示无论是成像平面还是函数值都取值于连续的实数空间，是一种数学上的抽象表示，而计算机系统处理的信号一般是离散的数字信号，因此需要对图像进行采样和量化，形成离散的数字图像，以便在计算机中进行存储、处理和显示等操作。

采样和量化是将连续图像信号转化为离散数字图像的重要步骤，其中采样是指在图像平面以一定的空间分辨率对图像的坐标进行离散化采样，而量化则是指对图像的灰度值进行离散化表示。

对于一幅连续图像$f(x,y)$，如图 2-1a 所示，要实现离散化，首先要对图像函数在成像平面上进行离散采样，即在图像连续的x轴和y轴方向上进行离散值的采样。为了便于理解采样和量化过程，这里以x轴方向上的一条扫描线 AB 为例来说明图像采样的过程。图 2-1b 所示为图像上x轴方向上的一条扫描线 AB 上的连续灰度曲线，其中曲线局部的随机波动变化是由图像噪声引起的。所谓采样就是对该连续曲线沿x轴方向进行离散采样，通常采用等间隔采样，即采样间隔为Δx，这样可以得到代表原曲线的一组离散采样点，如图 2-1c 所示，其中曲线在采样点的灰度值是连续的浮点型数据，因此可进一步将灰度值离散化，即量化，从而得到由有限个灰度级表示的灰度值。如果采用 8 个灰度级，则对图 2-1c 中的连续灰度值就近取整，可得到图 2-1d 所示的离散量化结果。

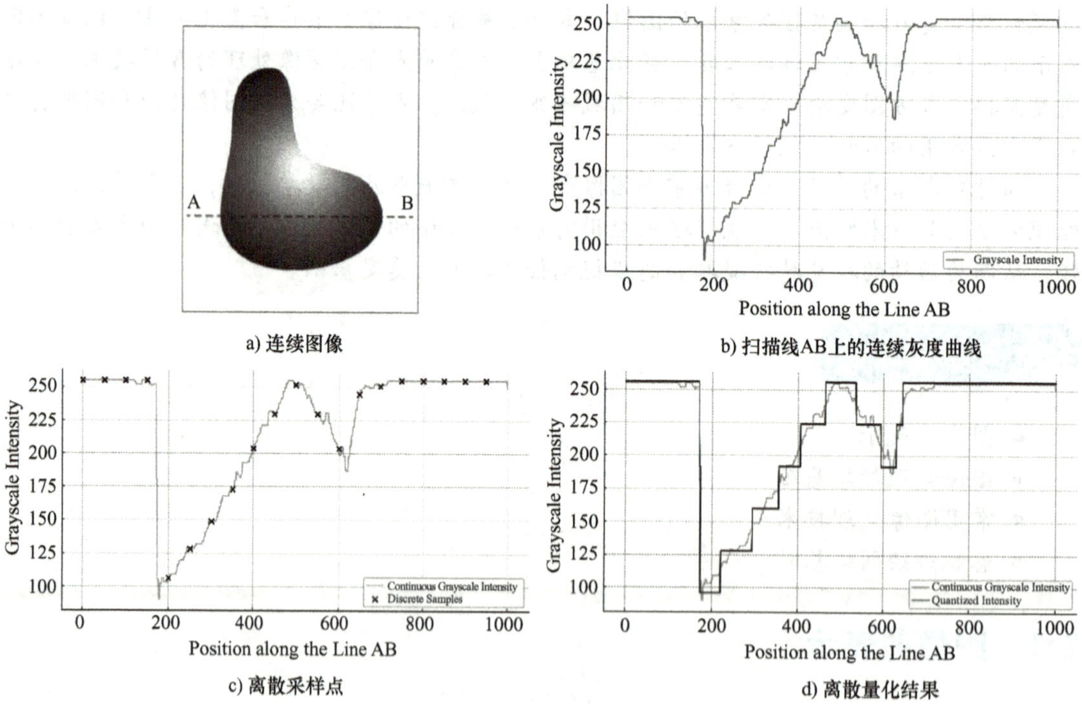

a) 连续图像　b) 扫描线AB上的连续灰度曲线　c) 离散采样点　d) 离散量化结果

图 2-1　采样和量化

按照上述采样过程，对于一幅二维连续图像$f(x,y)$，假设在x轴和y轴方向上的采样间隔为Δx和Δy，并且分别有M和N个采样点，即$x=m\Delta x$ $(m=1,2,\cdots,M)$，$y=n\Delta y$ $(n=1,2,\cdots,N)$，则采样后可以得到一个$N\times M$大小的矩阵$\boldsymbol{f}_s$，其元素为$f_s(m,n)=f(m\Delta x,n\Delta y)$，该过程也可以看作连续图像$f(x,y)$与采样函数的乘积，即

$$f_s(x,y)=f(x,y)s(x,y)=f(x,y)\sum_{m=1}^{M}\sum_{n=1}^{N}\delta(x-m\Delta x,y-n\Delta y) \tag{2-1}$$

式中，$s(x,y)=\sum_{m=1}^{M}\sum_{n=1}^{N}\delta(x-m\Delta x,y-n\Delta y)$ 为采样函数；$\delta(x,y)$ 为冲激函数。

进一步对采样后的图像 $\boldsymbol{f}_s$ 进行量化操作，即将每个采样点 $(m\Delta x,n\Delta y)$ 的灰度值 $f(m\Delta x,n\Delta y)$ 替换为与其最接近的整数值，就可以得到连续图像最终的二维离散化数字图像，该数字图像可用一个 $N\times M$ 大小的二维矩阵 $\boldsymbol{I}$ 来表示，该矩阵的一个元素称为一个像素，其量化后的灰度值称为该像素的值，即 $\boldsymbol{I}(x,y)$。连续图像与采样和量化后的效果如图 2-2 所示。

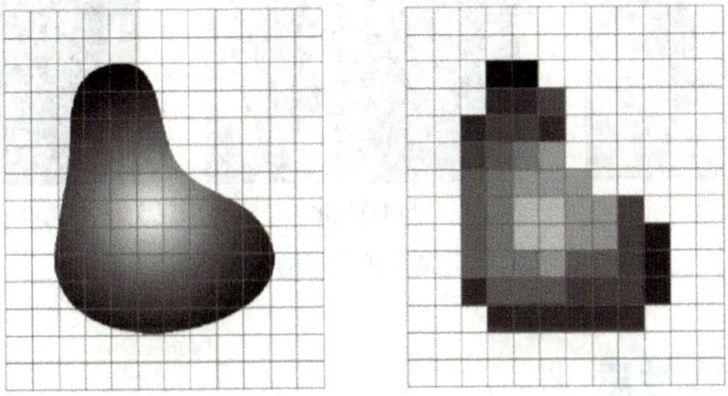

a) 连续图像　　b) 采样和量化后

图 2-2　连续图像与采样和量化后的效果

在图像的采样和量化过程中，连续图像的离散化表示会损失原始图像的部分信息，图像平面的采样间隔和量化的灰度级数量会对数字图像的质量产生影响。其中，采样间隔大小的设置需要根据原始图像视觉信号的变化程度选择合适的大小，以最大程度地保持原始的视觉信号。具体来说，采样间隔的选择可以根据香农采样定理来确定。

香农采样定理又称奈奎斯特采样定理，它是信息论（特别是通信与信号处理学科）中的一个基本结论。对于时域信号，香农采样定理可表述为：当时间信号函数 $f(t)$ 的最高频率分量为 f_m 时，$f(t)$ 的值可由一系列采样间隔小于或等于 $\frac{1}{2f_m}$ 的采样值来确定，即采样点的重复频率大于或等于 $2f_m$。

香农采样定理说明了采样频率与信号频谱之间的关系，是连续信号离散化的基本依据。根据香农采样定理，对于二维连续图像信号的采样，若要保证不损失原始信息，其采样间隔要小于图像细节变化高频信号频率倒数的一半，即

$$\Delta x\leqslant\frac{1}{2U},\ \Delta y\leqslant\frac{1}{2V} \tag{2-2}$$

式中，U、V 分别为 x 轴和 y 轴方向上的最高频率。

换句话说，要保证图像采样后信息不损失，则图像的采样间隔应小于或等于图像中感兴趣的最小细节尺寸的一半。

图像量化后的像素值一般用一个整数来表示，为了保持图像亮度的细微变化，量化的灰度等级要足够高。在大部分情况下，图像量化采用等间隔的量化方式，假设图像量化为 k 个灰度级，并且用二进制数来表示，则 b 位二进制数可表示的像素灰度等级共有 $k=2^b$ 个。例如，8 位灰度图像是指采用 8 位二进制数表示图像灰度值，共有 $2^8=256$ 个灰度等级。图 2-3 所示为 Lenna 图像的 8 位、4 位和 1 位（二值图像）量化效果。

a) 8位量化　　b) 4位量化　　c) 1位量化

图 2-3　不同灰度等级的量化效果

2.2　图像的基本性质

本节讨论数字图像的基本性质和像素间的几个重要关系。在提到特定像素时，本节将使用小写字母来表示，如 p 和 q 等。

2.2.1　距离

在许多计算机视觉任务（如图像分割、特征检测和图像分类等）中，会涉及度量像素之间的距离，下面给出像素距离的定义和几种常见的距离。理解不同的距离度量方法对于深入分析图像特性具有重要性。

对于坐标分别为 (x,y)、(u,v) 和 (w,z) 的像素 p、q 和 s，如果有：

1）$D(p,q)\geqslant 0$，并有当且仅当 $p=q$ 时 $D(p,q)=0$。

2）$D(p,q)=D(q,p)$。

3）$D(p,q)\leqslant D(p,s)+D(q,s)$。

则 D 是一个距离函数或距离测度。

数字图像中常见的距离度量有以下三种。

1. 欧几里得距离

欧几里得距离简称欧氏距离。它是最直观、最常用的距离度量，度量的是两个像素在二维空间中的直线距离。对于 p 和 q 两个像素，它们之间的欧氏距离 D_e 定义为

$$D_e(p,q)=[(x-u)^2+(y-v)^2]^{\frac{1}{2}} \tag{2-3}$$

按照这个距离定义，到像素点 (x,y) 的距离小于或等于 r 的所有像素，可以构成圆心在 (x,y)，半径为 r 的圆。在图像处理领域，欧氏距离常用于各种任务，如像素聚类和分割、目标跟踪和识别等。在像素聚类和分割任务中，例如，基于 K-means 聚类算法的像素聚类，欧氏距离可以用来确定像素点到各个聚类中心的距离，并归类像素点；在目标跟踪和识别任务中，欧氏距离可以用于计算候选对象与已知对象之间的距离。

2. 曼哈顿距离

曼哈顿距离也称为城市街区距离，这种距离度量源于城市环境中的网格，特别是像曼哈顿这样的城市，其街道大多呈网格状排列。曼哈顿距离是指在这样的网格系统中从一个点到另一个点的最短路径距离，且该路径必须沿着网格线走。像素 p 和 q 之间的曼哈顿距离 D_4 定义为

$$D_4(p,q)=|x-u|+|y-v| \tag{2-4}$$

按照曼哈顿距离的定义，到像素点 (x,y) 的距离 D_4 小于或等于 d 的像素是一个中心在 (x,y) 的菱形。曼哈顿距离在图像处理领域有多种应用。例如，在基于图的分割方法中，曼哈顿距离可以用于测量像素之间的差异，特别是在处理轴对称的特征时。在进行模式识别和特征匹配时，曼哈顿距离可用于计算不同图像特征之间的差异，如直方图、纹理模式等。在执行特定图像滤波时（如使用 Prewitt 算子进行图像边缘检测），曼哈顿距离可以用来计算像素邻域内的梯度。

3. 棋盘距离

棋盘距离又称切比雪夫距离，可在网格空间（如棋盘或像素网格）中衡量两点间的最短路径，棋盘距离尤其适用于可以对角移动的情形。这种距离度量在数学上定义为两点在各坐标轴上差值的最大值，像素 p 和 q 之间的棋盘距离 D_8 定义为

$$D_8(p,q)=\max(|x-u|,|y-v|) \tag{2-5}$$

按照棋盘距离的定义，到像素点 (x,y) 的距离 D_8 小于或等于 d 的像素是一个中心在 (x,y) 的正方形。在图像处理过程中，棋盘距离可以用于特征提取，尤其是在需要评估像素间“连接性”或“邻近性”时经常使用。例如，在执行图像分割或在二值图像中识别连通区域时，棋盘距离可以帮助确定哪些像素属于同一区域。图像分割或在二值图像中识别连通区域允许像素在八个可能的方向上相互“通达”，相较于仅使用传统的四方向（上、下、左、右）的连接，这种八方向连接可以提供更加自然的图像分割效果。

2.2.2 连通性

连通性是计算机视觉和图像处理中的一个基本概念，它描述了图像中像素之间的邻接关系或者像素的结合特性，以及像素形成的集合——区域的概念。在图像分析和处理任务

中，连通性用于确定哪些像素相邻，或者是否属于一个区域。连通性是一个重要的概念，它可以帮助识别和区分图像中的各种形状和结构。

在定义连通性前，首先需要定义像素的邻接性，即像素的邻接关系。像素的邻接关系可以借助距离来定义，常见像素的邻接关系有 4- 邻接和 8- 邻接。

1. 4- 邻接

图像中两个像素 p 和 q 具有 4- 邻接关系，当且仅当 $D_4(p,q)=1$ 。直观上，图像中一个像素与其上、下、左、右的四个像素具有 4- 邻接关系。

2. 8- 邻接

图像中两个像素 p 和 q 具有 8- 邻接关系，当且仅当 $D_8(p,q)=1$ 。直观上，图像中一个像素与其周围的八个像素具有 8- 邻接关系。

明确了像素的邻接关系，就可以定义两个像素的连通性，即在图像上存在两个像素之间的一条链路，链路上相邻的像素具有邻接关系。显然，像素的连通具有自反性、对称性和传递性。

在此基础上，可以定义图像上由像素组成的区域的概念：

令 S 表示图像中像素的一个子集。称两个像素 p 和 q 在 S 中是连通的，是指 p 和 q 是连通的且存在一条链路使其上的所有像素都属于 S。对于 S 中的任意像素 p，在 S 中连通到该像素的像素集合称为 S 的一个连通分量。若 S 仅有一个连通分量，则集合 S 称为连通集，又称为图像的一个区域。

区域可以进一步分为单连通和复连通两类。如果一个区域内的任意一条简单闭曲线都可以连续变形并收缩成区域内的一点，则该区域称为单连通区域。相反，如果一个区域内存在至少一条简单闭曲线，其内部不属于该区域，且不能连续变形收缩成该区域内的任意一点，则该区域称为复连通区域。直观上来看，单连通区域内部没有孔洞，复连通区域内部则存在一个或多个孔洞。

2.2.3 边缘和边界

在计算机视觉中，边缘和边界是比较容易混淆的概念，它们是两个既有区别又有关联的概念。

边缘是描述图像灰度特征的一个概念，边缘通常是指图像上灰度具有不连续性的像素，或者灰度变化剧烈的地方，它是一个有大小和方向的矢量。边缘代表了图像属性中的显著变化，如颜色、纹理和亮度的变化。边缘通常对应于物理世界中对象的轮廓、表面的变化、物体之间的分界线，或者其他视觉特征中的不连续性。

从数学的角度来看，边缘可以看作是图像函数的一阶导数具有局部极大值的像素集合。也就是说，当对图像应用梯度运算符时，边缘是指梯度幅值图像中高亮的像素区域。这些区域代表了图像中亮度变化最大的地方，即图像的边缘。这种检测梯度极大值的操作可以看作一种边缘检测方法。

边界是针对图像区域的一个概念，一般是指图像边界上的像素集合。对于图像上的一个区域 S，其边界是 S 像素集合的子集，其中的每个像素具有一个或多个 S 外的邻接像素。

因此，图像的边界是指图像中一个区域与另一个区域分界处的像素集合。边界往往定义了图像中物体的轮廓和形状，是物体内部像素与外部像素之间的分界线。与边缘相比，边界更多地关注闭合的轮廓线，它们通常用于描述和区分图像中的不同物体或具有某些特征的图像区域。

总之，边界和边缘不同，边界是与图像区域有关的概念，而边缘表示图像灰度或颜色变化的局部性质。边界和边缘也有一定的关联，如一种寻找边界的方法是连接图像中显著的边缘像素。

2.2.4 直方图

直方图是一种统计图表，用于描述数据分布的特征。在图像处理和计算机视觉领域中，图像的直方图是一个非常重要的概念，它反映了图像中像素灰度的分布情况，可以看作是图像的一种全局统计特征。对于灰度图像，其直方图是一个关于灰度级的图表，其中横轴代表可能的灰度等级，例如，8 位灰度图像通常是 0 ～ 255 的整数，纵轴表示图像中特定灰度值的像素数量。对于彩色图像，直方图通常要针对每个颜色通道（如红、绿、蓝）单独计算，因此可以得到多个直方图，每个直方图代表图像中一个颜色通道的像素强度分布。

图像的直方图提供了关于图像亮度、对比度和内容复杂度等方面的重要信息。例如，偏向低强度（暗）的直方图表明图像较暗，而偏向高强度（亮）的直方图表明图像较亮，集中在中间强度值的直方图表明图像具有中等的亮度和对比度。此外，直方图的形状和分布可以帮助理解图像的质量，以及如何调整图像的对比度和亮度，改善其视觉效果。

对于给定的具有 L 个灰度级的图像，其直方图可以用一个具有 L 个元素的一维数组 $\boldsymbol{H}$ 来表示，其中每个元素的值代表图像中具有该灰度值的像素的数量。因此，可以采用一个简单的算法来计算具有 L 个灰度级的图像 f 的直方图：

1）创建大小为 L 的一维数组 $\boldsymbol{H}$。

2）将数组 $\boldsymbol{H}$ 的所有元素初始化为 0。

3）对于图像 f 的每一个像素 (m,n)，有

$$\boldsymbol{H}[f(m,n)]=\boldsymbol{H}[f(m,n)]+1 \tag{2-6}$$

图 2-4 所示为给定图像及其直方图。

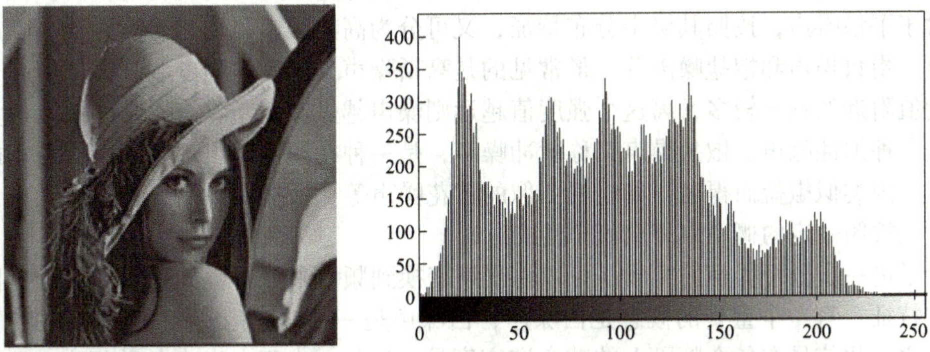

a) 给定图像　　b) 直方图

图 2-4　给定图像及其直方图

图像的直方图是描述图像灰度值总体分布的一种简单有效的方式，其具有一些良好的性质，如平移和旋转不变性。但需要注意的是，图像的直方图并不具有唯一性，一个直方图可能对应于多个图像。如在恒定背景的图像上改变物体位置不会影响图像的直方图。

另一方面，图像的直方图体现了图像的一些视觉效果，如亮度和对比度等。因此可以对一幅图像的直方图进行变换操作，从而改善图像的视觉效果。

2.2.5 图像中的噪声

图像在数字化、传输和存储过程中经常受到成像设备与外部环境干扰等因素影响，其像素值往往因包含一些随机误差而出现退化现象——这种退化现象通常称为噪声。噪声产生的原因有很多，通常包括外部因素引起的噪声和内部因素引起的噪声。外部噪声是由系统外部干扰引起的噪声，如外部电磁波经电源串入导致系统不稳定而产生的噪声。内部噪声是由成像系统的机械、电子部件和成像材料在工作过程中的不稳定而产生的噪声，如机械抖动、电流变化、感光材料和存储介质缺陷等因素导致的噪声。

噪声会对图像质量和视觉效果产生严重影响。例如，噪声的随机干扰导致图像细节变得模糊；噪声使图像的像素值变得不稳定，从而降低图像的对比度；噪声的存在会影响图像分析和处理等视觉任务的效果，对视觉对象的检测、识别和测量产生干扰。因此，需要研究噪声的建模和去噪方法，以消除噪声的影响，获得高质量的图像。

如果用 $f(x,y)$ 表示观测到的含噪声图像，$g(x,y)$ 表示真正的图像信号，$n(x,y)$ 表示噪声，则按照噪声与图像信号的关系，可以分为加性噪声和乘性噪声。

1. 加性噪声

加性噪声与图像信号无关，含噪声图像可表示为 $f(x,y)=g(x,y)+n(x,y)$。通常的信道噪声以及摄像机扫描图像时产生的噪声就属于加性噪声。

2. 乘性噪声

乘性噪声与图像信号有关，含噪声图像可表示为 $f(x,y)=g(x,y)+n(x,y)g(x,y)$。常见的电视图像中的噪声，以及胶片中的颗粒噪声就属于乘性噪声。

按照随机噪声统计特征是否稳定，噪声可以分为平稳噪声和非平稳噪声。平稳噪声是指统计特征不随时间变化的噪声，非平稳噪声则是统计特征随时间变化的噪声。

对于平稳噪声，按照其概率分布特征，又可分为高斯噪声、均匀噪声、瑞利噪声、伽马噪声、指数噪声和椒盐噪声等。最常见的是高斯噪声，其噪声强度服从高斯分布，即某个强度值附近的噪声较多，离这个强度值越远则噪声越少。高斯噪声通常与像素值大小无关，是一种加性噪声。椒盐噪声又称脉冲噪声，是一种在图像上出现很多随机白点或黑点的噪声，因类似椒盐而得名，如电视图像的雪花噪声等。椒盐噪声是一种逻辑噪声，其概率分布是按照一定的概率取离散值（黑或白）。

为了进一步分析噪声的组成，可以将噪声变换到频域来分析，如采用傅里叶变换得到其频谱特征。有一个重要的概念是白噪声，白噪声是一种功率谱密度为常数的随机信号。换句话说，此信号在各个频段上的功率谱密度是一样的，由于白光由各种频率（颜色）的单色光混合而成，因而此信号的这种具有平坦功率谱的性质也被称作是“白色的”，白噪声由此得名。白噪声的一个特殊情况是高斯白噪声。如果一个噪声的强度分布服从高斯分布，而它的功率谱密度又是均匀的，则称它为高斯白噪声。

为了刻画图像的质量，人们常用信噪比 *SNR* 度量图像信号与其噪声的大小，*SNR* 越大表明图像质量越好。图像信噪比定义为图像信号与噪声的功率谱之比，对于离散数字图像，其信号和噪声的功率谱分别为

$$F = \sum_{m=0}^{M-1}\sum_{n=0}^{N-1} f^2(m,n) \tag{2-7}$$

$$E = \sum_{m=0}^{M-1}\sum_{n=0}^{N-1} n^2(m,n) \tag{2-8}$$

则信噪比定义为

$$SNR = 10\lg\frac{F}{E} \tag{2-9}$$

即信号与噪声的方差之比取常用对数再乘以 10，以分贝（dB）为单位。

对于图像噪声的分析和度量，有助于研究和设计不同的图像去噪方法，如时域去噪方法和频域去噪方法。

2.3　图像处理数学基础

在计算机视觉的图像处理方面，卷积和傅里叶变换等数学工具扮演着重要的角色，为图像滤波和分析提供了理论基础。因此，在学习图像处理等内容之前，先要了解图像处理的数学基础。

2.3.1　卷积

卷积的数学概念最初源于对函数的研究。在数学上，卷积是两个函数的运算，这种运算首次由数学家在 18 世纪后期提出，并逐渐发展为一种重要的数学工具。

早期的卷积概念与积分变换相关，特别是在傅里叶分析中具有重要应用。在傅里叶分析中，卷积描述了如何将复杂的函数分解为简单函数的叠加，这在物理学和工程学的许多领域非常有用。在物理学中，卷积描述了一个系统对输入信号的响应。如一个物理系统的冲击响应可以通过卷积运算来模拟。这一概念在电子工程中尤其重要，例如，在电路分析中，卷积可以用来设计滤波器和信号处理系统。

在 20 世纪中期，随着计算机科学的兴起，卷积的应用更加广泛。在信号处理领域，卷积是基本的操作之一，可以用于分析和改变信号。在图像处理中，卷积被用来实现各种滤波效果，如模糊、锐化和边缘检测，即以图像为信号，并用特定的卷积核（或滤波器）来处理这些信号，从而实现图像的增强或特征提取。

随着深度学习的兴起，卷积的概念被引入卷积神经网络（CNNs）中，这是一种经过特别设计，用来处理图像等具有网格结构数据的人工神经网络架构。卷积神经网络可以自动从图像中学习特征，无须手动设计和编码图像特征。在许多计算机视觉任务中，卷积神

经网络被证明是一种极其有效的特征提取器。

在数学上，卷积可以通过积分来实现，对于两个定义在实数域上的一维函数 $f(t)$ 和 $h(t)$，它们的卷积可以定义为

$$(f*h)(t)\equiv\int_{-\infty}^{\infty}f(\tau)h(t-\tau)\mathrm{d}\tau=\int_{-\infty}^{\infty}f(t-\tau)h(\tau)\mathrm{d}\tau \tag{2-10}$$

设 a 是一个标量常数，f、g 和 h 是函数，则卷积满足

$$f*h=h*f \tag{2-11}$$

$$f*(g*h)=(f*g)*h \tag{2-12}$$

$$f*(g+h)=(f*g)+(f*h) \tag{2-13}$$

$$a(f*g)=(af)*g=f*(ag) \tag{2-14}$$

对卷积求导可得

$$\frac{\mathrm{d}}{\mathrm{d}x}(f*h)=\frac{\mathrm{d}f}{\mathrm{d}x}*h=f*\frac{\mathrm{d}h}{\mathrm{d}x} \tag{2-15}$$

从式（2-15）可以看出，对卷积函数求导与先对一个函数求导再卷积是等价的。这个性质是很有用的，例如，在图像的边缘检测中，为了去噪，通常要对图像进行平滑操作，即平滑滤波，然后通过微分求导算子检测边缘，这一过程可以转化为先对微分算子进行平滑，然后进行卷积操作，从而降低运算量。

对于二维函数 $f(x,y)$ 和 $h(x,y)$，它们的卷积可以类似地定义为

$$\begin{aligned}(f*h)(x,y)&=\int_{-\infty}^{\infty}\int_{-\infty}^{\infty}f(u,v)h(x-u,y-v)\mathrm{d}u\,\mathrm{d}v\\&=\int_{-\infty}^{\infty}\int_{-\infty}^{\infty}f(x-u,y-v)h(u,v)\mathrm{d}u\,\mathrm{d}v\\&=(h*f)(x,y)\end{aligned} \tag{2-16}$$

二维卷积同样满足式（2-10）～式（2-16）的性质。

对于离散数字图像，上述的连续积分运算可以转化为求和运算，从而得到图像上的卷积操作，即

$$g(m,n)=(f*h)(m,n)=\sum_{k=0}^{K-1}\sum_{l=0}^{L-1}f(k,l)h(m-k,n-l) \tag{2-17}$$

式中，$m=0,1,\cdots,(M-1)$；$n=0,1,\cdots,(N-1)$，M、N 为图像的大小；K、L 为卷积核的大小。

如果将 f 看作原始图像，则 h 可以看作卷积核，是一个 $K\times L$ 的小窗口，称为卷积掩码。卷积操作可以看作卷积掩码与图像的对应像素的加权求和，并且该窗口会滑过图像上的所有像素，改变像素的值，从而得到卷积后的图像 g。

在数字图像分析中，卷积核可以设计成不同的形式，以便实现不同的卷积效果，如图像平滑、锐化和边缘检测等。

2.3.2 傅里叶变换

傅里叶变换是一种数学变换，以法国数学家和物理学家傅里叶的名字命名。傅里叶变换可以追溯到 1807 年，当时傅里叶在研究热传导问题的过程中引入了这种变换。傅里叶指出：任何无论多么复杂的函数都可以表示为正弦和余弦函数的无限和。这些正弦和余弦函数后来也被称为函数的傅里叶级数。傅里叶的这一思想初看似乎非常大胆和具有争议，因为当时并未有足够的数学工具来证明所有类型的函数都可以用这种方式展开，但后来其理论逐渐被证实，并成为处理各种物理和工程问题的强大工具。

傅里叶级数在处理周期性信号时显示出强大的能力，但对于非周期性信号则需要进一步的扩展，于是在 19 世纪后期出现了傅里叶变换，它可将非周期性函数转换为连续的频率谱。傅里叶变换使得研究者能够在频域（频率空间）而非时域（时间空间）中分析信号，这在物理学和工程学中是一个重要的转变。在频域中，复杂信号的特征和结构会更加清晰可见，从而可以更容易地分析和处理这些信号。例如，在电子工程中，傅里叶变换是设计滤波器和信号处理系统的基础，在物理学中，傅里叶变换可以用来解析各种波动和振动问题。

随着计算技术的发展，傅里叶变换已经扩展到许多其他领域，包括图像处理、量子物理、声学、海洋学和经济学等。特别是在数字信号处理和计算机图像分析中，快速傅里叶变换（FFT）算法的发展极大地提高了信号处理的速度，使得实时信号和图像分析成为可能。

傅里叶变换改变了分析和处理数据的方式，也是现代科学和工程中不可或缺的工具之一。目前，傅里叶变换被广泛用于分析不同类型的信号（如时间信号和空间信号）在频域中的特性，它能够将一个复杂的信号分解成一系列简单的正弦波和余弦波的组合，每个波都有不同的频率、振幅和相位。

对于连续的一维时间信号 $f(t)$，其傅里叶变换为

$$F(\omega)=F\{f(t)\}=\int_{-\infty}^{\infty}f(t)\mathrm{e}^{-2\pi i\omega t}\mathrm{d}t \tag{2-18}$$

其逆变换为

$$f(t)=F^{-1}\{F(\omega)\}=\int_{-\infty}^{\infty}F(\omega)\mathrm{e}^{2\pi i\omega t}\mathrm{d}\omega \tag{2-19}$$

一维傅里叶变换可以很容易地推广到二维。对于二维连续函数 $f(x,y)$，其傅里叶变换由积分定义为

$$F(u,v)=\int_{-\infty}^{\infty}\int_{-\infty}^{\infty}f(x,y)\mathrm{e}^{-2\pi i(xu+yu)}\mathrm{d}x\mathrm{d}y \tag{2-20}$$

其逆变换为

$$f(x,y)=\int_{-\infty}^{\infty}\int_{-\infty}^{\infty}F(u,v)\mathrm{e}^{2\pi i(xu+yu)}\mathrm{d}u\,\mathrm{d}v \tag{2-21}$$

式中，(u,v) 为频率空间的坐标。

对于离散的数字图像，可使连续傅里叶变换离散化，将积分转换为求和的形式，此时离散图像的二维傅里叶变换即为

$$F(u,v)=\frac{1}{MN}\sum_{m=0}^{M-1}\sum_{n=0}^{N-1}f(m,n)\exp\left[-2\pi i\left(\frac{mu}{M}+\frac{nv}{N}\right)\right] \\ u=0,1,\cdots,(M-1) \\ v=0,1,\cdots,(N-1) \tag{2-22}$$

其逆变换为

$$f(m,n)=\sum_{u=0}^{M-1}\sum_{v=0}^{N-1}F(u,v)\exp\left[2\pi i\left(\frac{mu}{M}+\frac{nv}{N}\right)\right] \\ m=0,1,\cdots,(M-1) \\ n=0,1,\cdots,(N-1) \tag{2-23}$$

图像的傅里叶变换可以看作是将图像变换到其频域上进行处理和分析，$F(u,v)$ 是一个复数函数，令其实部和虚部分别为 $R(u,v)$ 和 $I(u,v)$，则其傅里叶频谱定义为

$$|F(u,v)|=[R^2(u,v)+I^2(u,v)]^{\frac{1}{2}} \tag{2-24}$$

可以看出，傅里叶频谱具有原点对称性，即

$$|F(u,v)|=|F(-u,-v)| \tag{2-25}$$

其相位角定义为

$$\varphi(u,v)=\arctan\left[\frac{I(u,v)}{R(u,v)}\right] \tag{2-26}$$

其功率谱定义为

$$|F(u,v)|^2=R^2(u,v)+I^2(u,v) \tag{2-27}$$

对图像进行傅里叶变换时，通常先将图像转换成灰度图，然后对其进行二维傅里叶变换。这个变换产生的频谱图显示了不同频率的强度分布。可以在频谱图上进行一系列的频域滤波处理，如低通滤波、高通滤波和带通滤波等。在处理完成后，可进行傅里叶逆变换，将图像从频域转换回空域，由此获得频域滤波后的图像。

2.4 常用图像处理技术

图像处理是底层视觉信息获取和特征表示的基础。图像处理的目的是改善原始图像的质量，减弱图像在采集、传输和存储等环节因内外干扰因素而产生的图像噪声、变形和退化等现象，并根据后续任务的需求，得到高质量的视觉效果和满足应用需求的图像。图像处理涉及的内容很多，这里重点介绍与底层视觉信息处理和特征提取相关的内容，包括亮度变换、直方图变换、空域滤波和频域滤波等。

2.4.1 亮度变换

在数字图像处理中，亮度变换是一个基本的操作。这种变换直接修改了像素的亮度值，从而改变了图像的整体视觉效果。亮度变换的效果取决于多种因素，包括像素自身的性质、像素在图像中的位置和所应用的变换类型。亮度变换通常涉及对像素值的数学运算，如线性变换、对数变换和幂律变换等。这些运算可以增加或减少像素的亮度值，从而改变图像的明亮程度。

对于给定的图像 $f(x,y)$，一般的亮度变换可以看作定义在像素值或灰度级上的函数，即

$$g(x,y)=T[f(x,y)] \tag{2-28}$$

式中，T 为亮度变换函数；$g(x,y)$ 为亮度变换后的图像。

亮度变换的一个简单形式是灰度级变换，该变换的 T 只取决于像素自身的值，与像素在图像中的位置无关，此时的亮度变换函数可写为

$$q=T(p) \tag{2-29}$$

式中，p 为图像原来的亮度值；q 为变换后的亮度值。灰度级变换可以看作图像灰度级的一种映射，图 2-5 所示为几种常见的灰度级变换曲线，其中 a 为可以实现底片效果的变换，b 通过分段函数增强了图像在亮度值 p_1 到 p_2 间的对比度，c 实现了图像的二值化。

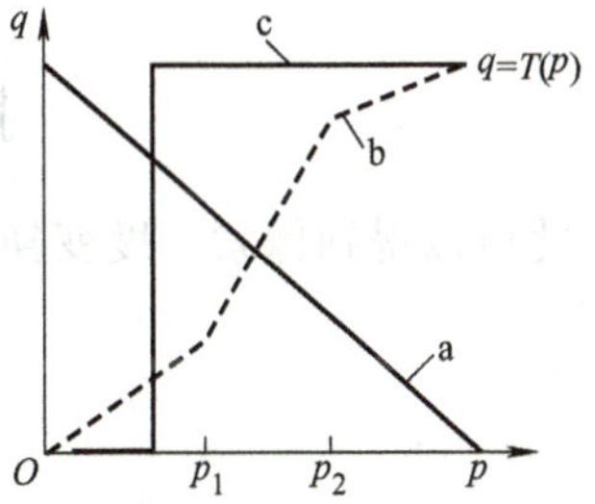

图 2-5　几种常见的灰度级变换曲线

比较复杂的灰度级变换可以通过映射查找表的形式来实现。例如，在 8 位灰度量化的情况下，像素值的灰度级范围是 0～255，由此实现的 T 的查找表含有 256 条记录，每一条记录都对应一个输入亮度值 p 和一个输出亮度值 q。通过查找表，可以快速找到每个输入亮度值对应的输出亮度值，从而实现灰度级变换。

2.4.2 直方图变换

在图像处理中，直方图变换是一种常用的全局图像增强技术，它通过调整图像的直方图来改善图像的视觉效果或满足某些特定应用的需求。直方图变换中最常见的是直方图均衡化。

直方图均衡化是一种将图像的直方图调整为均匀分布的过程，这样做可以提高图像的亮度值分布的均衡性，使图像中不同亮度值的出现概率接近，从而避免图像过亮或过暗。其基本原理是增强直方图极大值附近的对比度，并减小极小值附近的对比度，使得图像在整个亮度范围内具有相同的亮度分布。

对于一个输入图像 f，其直方图为 $\boldsymbol{H}(p)$，灰度级范围为 (p_0,p_k)，一个单调的像素亮度变换 $q=T(p)$ 可使输出直方图 $\boldsymbol{G}(q)$ 在整个输出亮度范围 (q_0,q_k) 内是均匀的。直方图可看作离散的概率密度函数，将直方图进行归一化和累加，可以得到每个像素值在图像中出

现的累积概率。对于具有 L（如 256）个灰度级、大小为 $M \times N$ 的图像，创建长度为 L 的数组 $\boldsymbol{H}_c$，初始化为 0 后，计算各灰度值的频数，得到累积直方图 $\boldsymbol{H}_c$ 为

$$\boldsymbol{H}_c(0) = \boldsymbol{H}(0) \tag{2-30}$$

$$\boldsymbol{H}_c(p) = \boldsymbol{H}_c(p-1) + \boldsymbol{H}(p), p = 1, 2, \cdots, (L-1) \tag{2-31}$$

因为图像有 M 行 N 列，均衡化后的直方图 $\boldsymbol{G}(q)$ 对应均匀分布的概率密度函数，故其函数值为一个常数，即

$$\boldsymbol{G}(q) = \frac{MN}{q_k - q_0}, q = q_0, q_1, \cdots, q_k \tag{2-32}$$

因此，转化前后满足累积直方图（直方图面积）相等，即

$$\sum_{i=p_0}^{p} \boldsymbol{H}(i) = \sum_{j=q_0}^{q} \boldsymbol{G}(j), q = T(p) \tag{2-33}$$

若满足“理想的”连续概率密度，则满足 $q = T(p)$ 的 p 、q 点的累积直方图相等，从而得到精确的均衡化直方图为

$$\int_{p_0}^{p} \boldsymbol{H}(s)\mathrm{d}s = \int_{q_0}^{q} \frac{MN}{q_k - q_0}\mathrm{d}s = \frac{MN(q - q_0)}{q_k - q_0} \tag{2-34}$$

由此可以得到像素亮度变换 T 为

$$q = T(p) = \frac{(q_k - q_0)}{MN} \int_{p_0}^{p} \boldsymbol{H}(s)\mathrm{d}s + q_0 \tag{2-35}$$

由积分形式表示的是理想的像素值分布，在数字图像处理中，通常采用求和来近似其离散的形式，即式（2-35）可以写为

$$q = T(p) = \frac{(q_k - q_0)}{MN} \sum_{s=p_0}^{p} \boldsymbol{H}(s) + q_0 \tag{2-36}$$

由于式（2-36）右侧的计算结果往往不是整数，因此通常采用就近取整的方式来近似计算均衡后的亮度值 q，这导致得到的直方图并不是理想的均衡直方图。下面展示的例子就说明了这一点。

上述的直方图均衡化过程包括以下四个步骤。

1）统计图像中各个像素值出现的频数，生成原始图像的直方图。

2）根据原始直方图，计算每个亮度值的累积直方图。

3）根据累积直方图，计算灰度级变换及其映射表。

4）根据映射表修改原图像的亮度值，获得直方图均衡化后的图像。

图 2-6 所示为一个直方图均衡化示例。其中，图 2-6a 所示为一张 8 位灰度级的原始图像，图 2-6b 所示为原始图像的直方图，图 2-6c 所示为经过直方图均衡化后的图像，图 2-6d 所示为均衡化后图像的直方图。

a) 原始图像

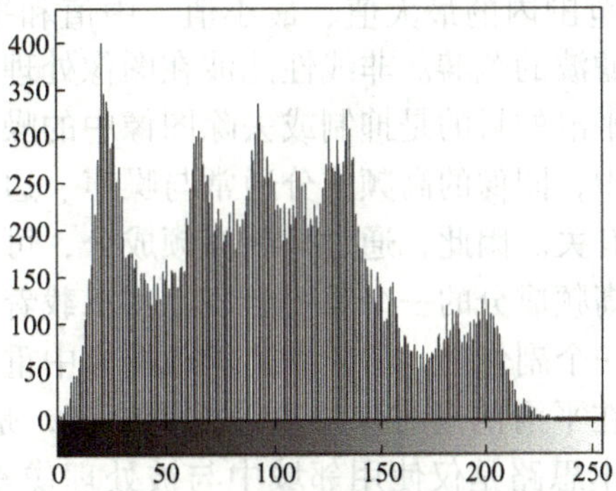

b) 原始图像的直方图

c) 直方图均衡化后的图像

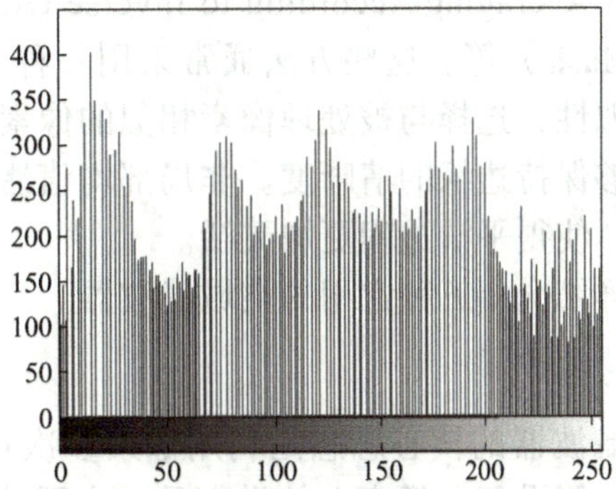

d) 均衡化后图像的直方图

图 2-6　直方图均衡化示例

2.4.3　空域滤波

空域滤波是一种在图像处理中广泛应用的局部预处理技术，它通过对图像中的当前像素及邻域内的像素进行运算（如加权平均）来生成新的图像。这种技术在信号处理领域称为滤波（Filtering），其核心思想是使用像素级的滤波器来减少图像中的噪声或增强图像的某些特性。空域滤波主要基于一个局部模板（也称滤波器）在图像上滑动，并对滤波器覆盖的区域内的亮度值进行特定计算，从而得到新的亮度值。这种计算方式只影响滤波器覆盖的区域，对图像的其他部分没有影响，因此是一种局部处理技术。

图像的空域滤波主要有两种类型：线性滤波和非线性滤波。如果只对各像素的亮度值进行线性运算（如加权操作），就称为线性滤波。例如，对于输入图像的像素 $f(m,n)$ 的一个局部邻域 Ω（一般表示为一个 $K\times L$ 大小的窗口），对其中的像素通过一个权系数函数 h 进行加权，则得到的输出图像的像素 $g(m,n)$ 可表示为

$$g(m,n)=\sum_{k=0}^{K}\sum_{l=0}^{L}f(k,l)\cdot h(m-k,n-l)=(f*h)(m,n) \tag{2-37}$$

式中，h 为滤波器、卷积掩膜、核或者滑动窗口。

如果对像素亮度值的运算比较复杂，则需要采用非线性滤波。例如，求一个像素周围

3×3 邻域范围内的最大值、最小值、中值和平均值等操作不是简单的线性加权，而是属于非线性滤波的范畴。非线性滤波在图像处理中扮演着重要的角色，尤其是在图像平滑方面。图像平滑的目的是抑制或去除图像中的噪声，这些噪声往往是由高频成分引起的。在频域分析中，图像的高频成分通常与噪声、边缘和其他细节有关，而低频成分则与图像的平滑区域有关。因此，通过抑制高频成分，可以实现图像的平滑处理。然而，图像的边缘也是图像高频成分的一个重要组成，其承载着丰富的细节和关键信息。因此，平滑操作往往会带来一个副作用，即模糊掉承载图像中重要信息的边缘。

如何在平滑的同时保持边缘的清晰度，是图像处理领域的一个重要课题。解决此类问题的基本思路是仅使用邻域中与被处理像素性质类似的像素进行平均。常用的方法有平均（Averaging）、限制数据有效性的平均（Averaging with Limited Data Validity）、反梯度平均（Averaging According to Inverse Gradient）和旋转掩膜平均（Averaging Using a Rotating Mask）等。这些方法通常采用一种“非局部均值滤波”的策略，通过比较像素之间的相似性，选择与被处理像素相似的像素进行加权平均。这样一来，在平滑噪声的同时，还能够保持边缘的清晰度。非局部均值滤波的优点在于，它利用了图像中丰富的自相似性信息，使得平滑过程更加灵活。

下面详细介绍五种常用的空域滤波器。

1. 平均滤波器

平均滤波器的核心思想是利用像素多次观测值的平均来减少信号中的噪声或高频成分。首先，假设每个像素上的噪声是一个平均值为 0、标准差为 σ 的独立随机变量。这意味着噪声的分布在平均意义上是没有偏见的，即噪声的正负值出现概率相同。在这种情况下，一个有效的方法是多次采集相同的静态景物，并对这些图像进行平均，由此消除噪声。这个过程可以表示为

$$f(m,n)=\frac{1}{n}\sum_{k=1}^{n}f_k(m,n) \tag{2-38}$$

经过多次平均，随机噪声的影响将逐渐减小，而图像的真实内容会逐渐凸显出来。然而在实际应用中，往往只能获得一幅带有噪声的图像。这种情况下难以实现多次时间采样的平均，但可以通过图像空间上局部邻域像素的平均来近似实现，即以当前像素为中心，取其周围的像素值进行平均，然后将这个平均值作为当前像素的新像素值。

在实际应用中，这种局部邻域的平均是离散卷积的一个特例，对于当前像素的一个 3×3 的邻域，一种简单的卷积掩膜 $\boldsymbol{h}$ 为

$$\boldsymbol{h}=\frac{1}{9}\begin{pmatrix}1&1&1\\1&1&1\\1&1&1\end{pmatrix} \tag{2-39}$$

除了全 1 矩阵，还存在其他形式的卷积掩膜，如

$$\boldsymbol{h}=\frac{1}{10}\begin{pmatrix}1&1&1\\1&2&1\\1&1&1\end{pmatrix} \tag{2-40}$$

和

$$h = \frac{1}{16}\begin{pmatrix} 1 & 2 & 1 \\ 2 & 4 & 2 \\ 1 & 2 & 1 \end{pmatrix} \tag{2-41}$$

这类卷积掩膜强调邻域中心像素的重要性，它们的权重分布如图 2-7 所示。在实际应用中，除了卷积掩膜的权重可以调节外，其邻域的大小也可以调整，如 5×5 的掩膜。

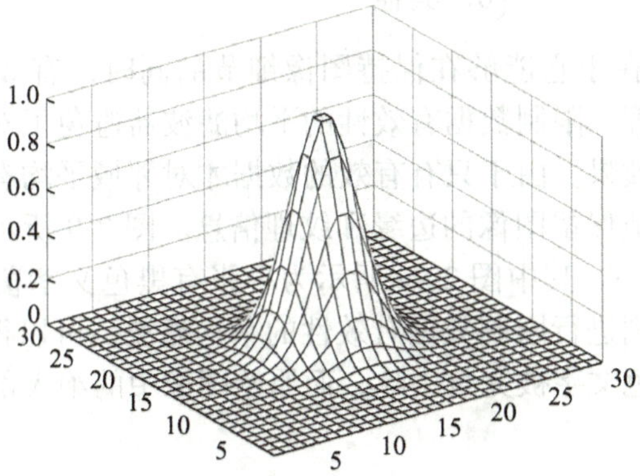

图 2-7　卷积掩膜的权重分布

图 2-8 所示为平均滤波器的一个实验结果，从图中可以看出，平均滤波器有助于消除图像的一些噪声，无论采用 5×5 掩膜还是 10×10 掩膜，都有一定效果。但由于平均的平滑作用，图像原本的边缘信息有所丢失，这导致图像变得模糊，尤其是掩膜的尺寸越大，图像看起来越模糊不清。为了解决这个问题，研究人员提出了许多改进的滤波算法，如中值滤波和双边滤波等，这些算法可以在减少噪声的同时保持边缘的清晰度。

a) 原始图像　　b) 加噪声结果　　c) 5×5掩膜　　d) 10×10掩膜

图 2-8　平均滤波器的一个实验结果

2. 限制数据有效性的平均滤波器

为了解决平均滤波器导致图像模糊的问题，限制数据有效性的平均滤波器应运而生。限制数据有效性的平均滤波器的核心思想是仅使用满足特定标准的像素进行平均，从而避免对整个邻域内的像素进行无差别处理，减少模糊。这种滤波器的关键在于设定一个有效数据范围 [min，max]，只有落在有效数据范围之外的像素值才会被其邻域的平均值替代，并且在进行邻域平均值计算时，只有有效数据才能参与，即只有有效像素才会对邻域平均值产生贡献。

为了更好地理解这种滤波器，需要先了解什么是有效数据范围。有效数据范围是一个设定的阈值区间，其通常根据图像的特性和处理的需求来确定。如果某个像素的灰度值落在这个区间之外，那么该像素就被认为是非法的，其值也会被邻域像素的平均值替代。在这个过程中，卷积掩膜权重的计算公式为

$$h(k,l)=\begin{cases}1 & \text{如果} f(m-k,n-l)\in[\min,\max]\\0 & \text{其他}\end{cases} \tag{2-42}$$

这种滤波器的优势在于它能够在保持图像细节的同时，有效去除噪声和异常值。由于只对非法像素进行处理，限制数据有效性的平均滤波器避免了对整个图像进行无差别的平均，从而减少了模糊效果。由于只有有效的数据才对邻域平均有贡献，限制数据有效性的平均滤波器能够更好地保留图像的边缘和纹理信息。图 2-9 所示为限制数据有效性的平均滤波器的一个实验结果，其中图 2-9a 所示为一张有黑色文字覆盖的图像。如果认为黑色文字是非法像素值，则进行限制数据有效性的平均滤波，可以得到图 2-9b 所示的结果。从结果中可以看出，黑色文字被完全去除，而原始图像中的绝大部分信息被完整地保留了下来。

a) 有黑色文字覆盖的图像　　b) 滤波后的图像

图 2-9　限制数据有效性的平均滤波器的一个实验结果

3. 反梯度平均滤波器

反梯度平均滤波器基于当前像素与相邻像素的差异来确定卷积掩膜中的权重大小，即相似像素权重大，不相似像素权重小。为了度量像素的相似性，人们引入了与梯度相关的度量方法，即反梯度。在图像处理中，梯度通常指的是图像中像素值的变化率，也就是亮度的变化程度。梯度越大，像素值的变化越剧烈，通常对应于图像的边缘或纹理部分。反梯度是梯度的倒数，即像素值变化率的倒数。从直观上看，反梯度大意味着像素值的差异小，因此在计算平均时应给予其较大的权重。在反梯度平均滤波器中，利用了反梯度的这一特性来计算卷积掩膜，并以此来更新图像中每个像素的亮度值。

使用反梯度平均滤波器处理图像时，首先要计算当前像素邻域中每个像素与当前像素比较的梯度值，然后对这些梯度值取倒数，得到反梯度值。具体来说，设像素 (m,n) 是卷积掩膜的中心对应的像素点，则其邻域内像素点 $(m-k,n-l)$ 相对于 (m,n) 的反梯度定义为

$$\delta(m-k,n-l)=\frac{1}{|f(m,n)-f(m-k,n-l)|},(m-k,n-l)\neq(m,n) \tag{2-43}$$

当 $f(m,n)=f(m-k,n-l)$ 时，令 $\delta(m-k,n-l)=2$ 。

基于上述反梯度值，可以得到当前像素的反梯度平均卷积掩膜为

$$h(k,l)=0.5\frac{\delta(m-k,n-l)}{\sum_{k=0}^{K}\sum_{l=0}^{L}\delta(m-k,n-l)} \tag{2-44}$$

当掩膜位于中心像素上时，令掩膜 $h(k,l)=0.5$ 。

可以看出，反梯度平均滤波器生成的卷积掩膜对于图像上的每个像素都是定制化的，因此更能体现图像的局部特点。这种滤波器在图像处理中有广泛应用，尤其是在图像平滑和边缘检测方面。通过调整反梯度掩膜的大小和形状，可以控制图像平滑的程度和边缘的锐度。例如，在图像平滑处理中，可以通过增大反梯度掩膜的大小来减少图像中的噪声和细节，使图像看起来更加平滑。在边缘检测方面，可以通过调整反梯度掩膜的形状和权重来强调图像中的边缘信息，从而更清晰地展现物体的轮廓。

4. 旋转掩膜平均滤波器

旋转掩膜平均滤波器的基本思想是通过搜索当前像素邻域中的一致性部分来避免边缘模糊，即仅在具有一致性的局部区域内进行像素的平均操作。这种滤波器在处理图像时，能够更好地保持边缘的清晰度，提高图像的整体质量。

对于图像中的一个像素，旋转掩膜平均滤波器会使卷积掩膜在像素周围旋转和移动，旋转移动过程中只要保证当前像素包含在掩膜内即可。在旋转和移动过程中，计算掩膜覆盖的每个图像窗内像素值的一致性。如果某个图像窗内像素值的一致性好，那么该位置就被认为是与当前像素更相似的一个区域，且应该利用该区域中的像素来进行平均滤波。

对于输入图像 f，其掩膜覆盖区域的一致性可以采用其像素值的方差来度量，设该区域 R 的像素数是 n，则该区域的一致性可以表示为

$$\sigma^2=\frac{1}{n}\sum_{(i,j)\in R}\left[f(i,j)-\frac{1}{n}\sum_{(i,j)\in R}f(i,j)\right]^2 \tag{2-45}$$

相比一般的平均滤波器，旋转掩膜平均滤波器能够更好地处理边缘像素。在一般的平均滤波器中，像素的平均操作会作用到边缘像素上，导致图像边缘变得模糊。而旋转掩膜平均滤波器能够自动排除那些不一致的区域，只对具有一致性的区域进行像素平均操作，从而有助于保留图像的边缘信息。除了避免边缘模糊外，旋转掩膜平均滤波器还具有其他一些优点。例如，它能够有效地去除图像中的噪声，并提高图像的对比度。

5. 中值滤波器

中值滤波器的基本思想是利用像素邻域中亮度的中值来代替图像中的当前像素值。这

种滤波器对于消除图像中的噪声（特别是椒盐噪声）具有显著的效果。

中值滤波器依赖于像素局部邻域中像素值排序的中值。中值是一组数值按大小顺序排列后位于中间的数，如果这组数值的个数是偶数，则中值取中间两个数的平均值。在图像处理中，每个像素邻域内的像素值具有局部相似性，因此从统计意义上讲，中值具有稳定性，并且能代表该邻域中最常出现的像素值，因此中值滤波器有助于去除局部邻域中的极端值，因为极端值一般会排列在队列的两端，这也是中值滤波器特别适合去除椒盐噪声的原因。椒盐噪声通常是由图像传感器失效、传输错误或解码错误引起的，其主要表现为图像中随机分布的黑色和白色像素点，即极端值。

中值滤波器的基本工作过程是：首先选择一个滤波器窗口，然后使该窗口在图像上滑动，接下来在每个像素位置，将窗口内的像素亮度值按大小顺序排列，取中间的值作为新的像素值。这样，每个像素值都会被其邻域内亮度的中值所代替。

图 2-10 所示为中值滤波器的一个实验结果，从图中可以看出，使用 2×2 的掩膜后，图像的质量已经大幅提升，而使用 3×3 的掩膜后，图像中的椒盐噪声基本已经被全部过滤，并且图像的边缘信息也被比较好地保留了下来。

a) 原始图像　b) 加噪声结果　c) 2×2掩膜　d) 3×3掩膜

图 2-10　中值滤波器的一个实验结果

中值滤波器的这种基于排序的滤波方法，从统计上可以较大概率地去除具有突变特性的噪声，对于椒盐噪声等极端值噪声具有良好的滤波效果。受中值滤波思想的启发，后来也出现了最大值、最小值、中点 (max + min) / 2 和最频值滤波等方法。当然，这些滤波方法也存在一些缺点。如它们的计算复杂度相对较高，因为需要对每个像素邻域内的像素进行排序操作，这可能导致在处理较大图像时运算速度较慢。

2.4.4　频域滤波

在数字图像处理中，频域滤波是一种应用十分广泛的技术，它可将图像变换到频域，然后在频域中对图像的频谱成分进行调整，接着逆变换回空域，从而实现图像质量的改善。

假定原图像为 $f(x,y)$，经傅里叶变换后为 $F(u,v)$，频域滤波就是选择合适的频域滤波器函数 $H(u,v)$，对 $F(u,v)$ 的频谱进行滤波，然后经傅里叶逆变换得到增强的图像 $g(x,y)$，该过程如图 2-11 所示。如何设计合适的频域滤波器函数（传递函数）$H(u,v)$，是频域滤波的关键。

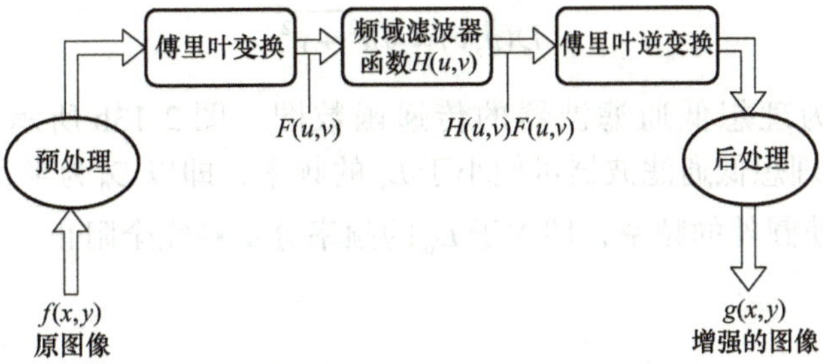

图 2-11　频域滤波过程

当图像从空间域变换到频域时，图像会被分解为一系列频谱成分，图 2-12 所示为图像的频域分布，在图像的频域中，外围是图像的高频分量，对应图像边缘、噪声和变化陡峭的部分；中央是图像的低频分量，对应图像变化平缓的部分。

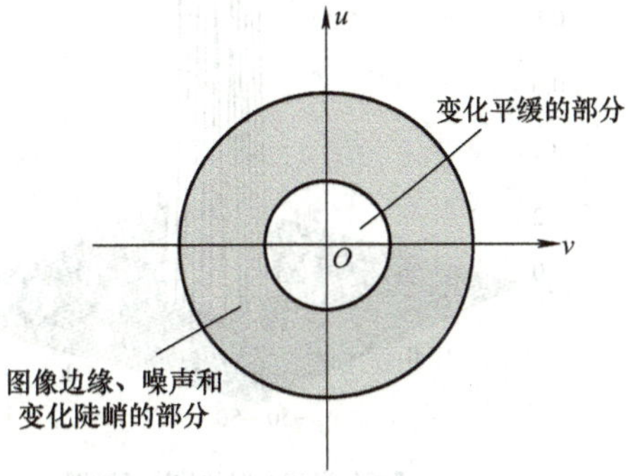

图 2-12　图像的频域分布

通过选择合适的频域滤波器函数，可以实现图像频谱成分的过滤和调整，因此频域滤波器函数的选择至关重要。设计不同的频域滤波器函数可形成多种频域滤波方式，如低通滤波、高通滤波、带通滤波、带阻滤波和同态滤波等。不同的频域滤波方式对频谱成分的处理不同，从而导致对图像处理的效果也各不相同。例如，低通滤波可以去除图像中的高频噪声，使图像更加平滑；高通滤波可以增强图像的边缘和细节，使图像的细节更加清晰。下面介绍常见的频域滤波方式。

1. 低通滤波

低通滤波（Low-pass Filters）是一种在频域中保留低频分量的滤波方式，即低通滤波器函数 $H(u,v)$ 可用来减弱或抑制高频分量。这种滤波方式与平滑滤波器有相似的效果，都可以消除图像中的随机噪声，减弱边缘效应，起到平滑图像的作用。低通滤波后的图像通常会显得更加平滑，虽然细节部分会被削弱，但图像的整体视觉效果可以保持。常见的低通滤波器有以下四种。

（1）理想低通滤波器

理想低通滤波器具有一个截止频率，在截止频率之内的频率，滤波器会使之完全通过，即低于截止频率的信号将保持其原始幅度不变，不会受到理想低通滤波器的任何影响。然而，一旦信号的频率超过截止频率，理想低通滤波器将呈现完全阻止状态，将高于截止频率的信号成分完全滤除。

一个二维理想低通滤波器的传递函数可以表示为

$$H(u,v)=\begin{cases}1 & D(u,v)\leqslant D_0\\0 & D(u,v)>D_0\end{cases} \tag{2-46}$$

式中，D_0 为截止频率，通常是一个给定的非负的量；$D(u,v)$ 为从频率平面的原点（0，0）到点 (u,v) 的距离，即

$$D(u,v)=\sqrt{u^2+v^2} \tag{2-47}$$

图 2-13a 所示为理想低通滤波器的传递函数图，图 2-13b 所示为其剖面图。通过图 2-13 可以看出，理想低通滤波器可使小于 D_0 的频率，即以 D_0 为半径的圆内的所有频率分量无损通过，而使圆外的频率，即大于 D_0 的频率分量被完全阻止。

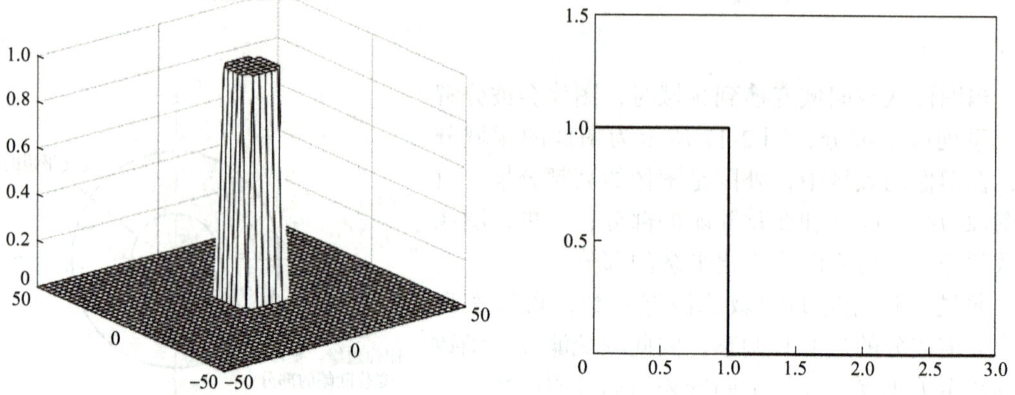

a) 理想低通滤波器的传递函数图　　b) 剖面图

图 2-13　理想低通滤波器

在图像的频谱中，其像素值代表幅值，而幅值的二次方和则代表了图像的能量，它反映了图像信号的整体活跃程度。因此，一幅 $N \times N$ 的图像，其总体能量可表示为

$$E_A=\sum_{u=0}^{N-1}\sum_{v=0}^{N-1}F^2(u,v)=\sum_{u=0}^{N-1}\sum_{v=0}^{N-1}[R^2(u,v)+I^2(u,v)] \tag{2-48}$$

图像中的大部分能量都集中在低频分量里，因此理想低通滤波器保留的低频信号是图像能量的主体，其能量的计算公式为

$$E_D=\sum_{u=0}^{N-1}\sum_{v=0}^{N-1}H(u,v)F^2(u,v) \tag{2-49}$$

因此，理想低通滤波器保留的图像能量的百分比可表示为

$$\alpha=\frac{E_D}{E_A}\times 100\% \tag{2-50}$$

这样一来，在设计理想低通滤波器时，可以根据保留能量的百分比来确定截止频率。

图 2-14 所示为理想低通滤波器对有高斯噪声图像的滤波效果。其中，图 2-14a 所示为原始图像，图 2-14b 所示为原始图像的频谱图，而图 2-14c，d，e，f 所示分别为图像能量保留 90%、95%、99% 和 99.5% 的效果图，从图中可以看出，尽管只有 10% 的高频能量被滤除，但图像中的绝大多数细节信息都已丢失了，当仅有 1% 的高频能量被滤除时，图像仍然不够清楚，并且伴有明显的振铃现象。

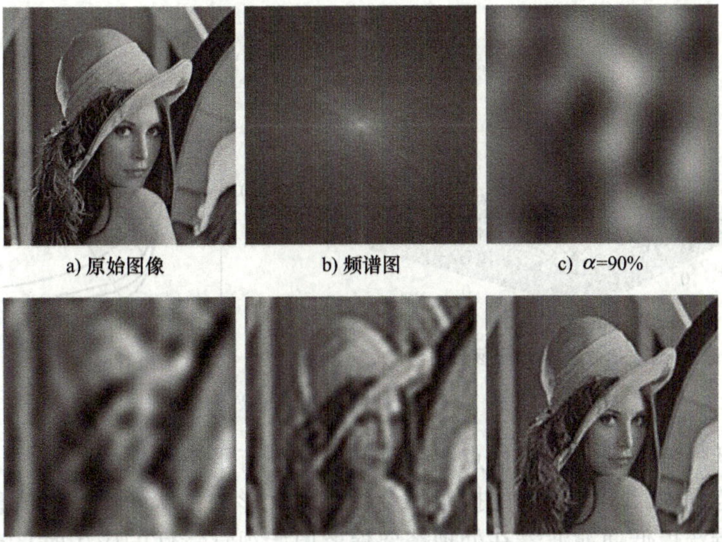

a) 原始图像　b) 频谱图　c) α=90%

d) α=95%　e) α=99%　f) α=99.5%

图 2-14　理想低通滤波器的滤波效果

振铃现象是指在图像灰度剧烈变化的区域出现的一种振荡现象，如图 2-15 所示。理想低通滤波器的平滑作用非常明显，但由于其变换有一个陡峭的波形，它的反变换 $h(x,y)$ 存在强烈的振铃现象，导致滤波后的图像产生模糊效果。这是理想低通滤波器的一个缺点。

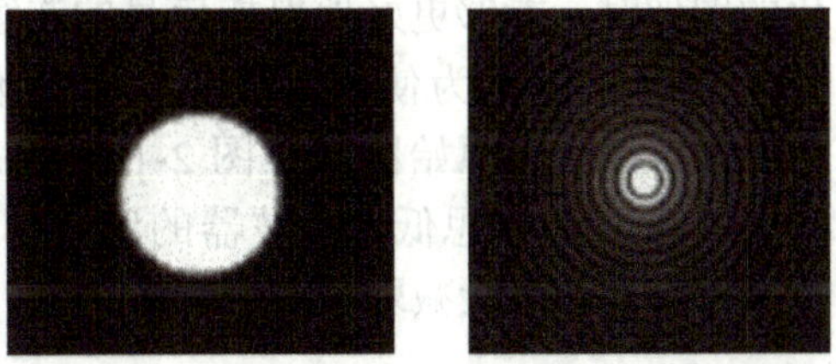

a) $H(u,v)$的图像　b) 反变换的振铃现象

图 2-15　振铃现象实例

（2）巴特沃思低通滤波器

理想低通滤波器具有陡峭的截止特性，它完全切断了高于截止频率的信号，并传输低于截止频率的信号。然而，理想低通滤波器具有振铃现象，并且在实际应用中难以实现。因此，研究者提出了一种巴特沃思低通滤波器（Butterworth Low-pass Filter，BLPF）。巴特沃思低通滤波器的设计灵感来源于巴特沃思滤波函数，其频率响应是一个关于频率的二次多项式的倒数。这种滤波器的特点是其通带内频率响应平坦，且在截止频率附近具有较为平滑的过渡特性。巴特沃思低通滤波器可以看作理想低通滤波器的变种，且在实际应用中具有良好的滤波性能。

一个 n 阶巴特沃思低通滤波器的传递函数可以表示为

$$H(u,v)=\frac{1}{1+\left[\dfrac{D(u,v)}{D_0}\right]^{2n}} \tag{2-51}$$

式中，D_0 为截止频率，一般取 $H(u,v)$ 下降到最大值的 1/2 时的频率。

巴特沃思低通滤波器的传递函数 $H(u,v)$ 是二维空间上的连续平滑曲面，如图 2-16a 所示，图 2-16b 所示为 $H(u,v)$ 在不同阶的情况下的径向剖面图。

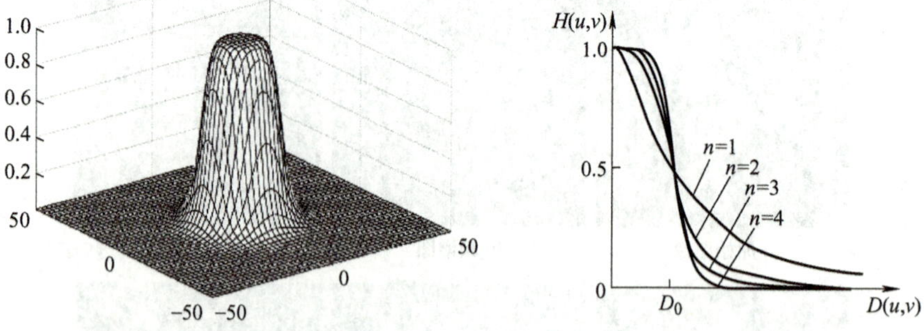

a) 巴特沃思低通滤波器的传递函数图 b) 径向剖面图

图 2-16 巴特沃思低通滤波器

巴特沃思低通滤波器的主要优点之一是其通带内有平坦的振幅响应，这意味着在这种滤波器的通带范围内，图像信息的振幅不会受到太大影响，从而保证了信息的完整性。这种特性使得巴特沃思低通滤波器在处理需要保留原始视觉特性的应用时具有很大优势。此外，巴特沃思低通滤波器还具有较为平缓的过渡特性，即在其通带与阻带之间，滤波器的响应曲线是平滑的，没有陡峭的截止点。这种特性使得巴特沃思低通滤波器在处理连续变化的图像时，能够更好地保持信号的连续性，减少失真。

图 2-17 所示为使用二阶巴特沃思低通滤波器（n=2）进行图像滤波的结果，其中图 2-17a 所示为原始图像，图 2-17b，c，d，e 所示分别为采用截止频率为 5、11、22 和 45 的二阶巴特沃思低通滤波器的滤波效果。从图 2-17 中可以看出，与理想低通滤波器相比，振铃现象大大减弱了。

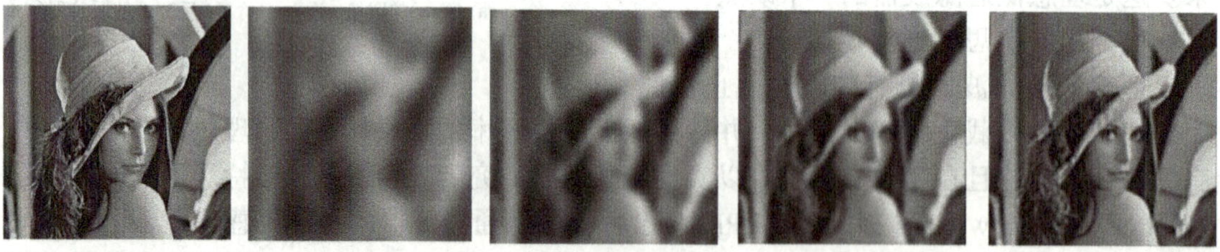

a) 原始图像 b) D_0=5 c) D_0=11 d) D_0=22 e) D_0=45

图 2-17 使用二阶巴特沃思低通滤波器的滤波效果

（3）梯形低通滤波器

梯形低通滤波器因其传递函数的形状呈梯形而得名，它在图像处理领域具有广泛的应用。梯形低通滤波器的设计思路与巴特沃思低通滤波器类似，希望避免理想低通滤波器截止频率陡峭的问题，但其传递函数更加简单，是一个分段定义的函数。梯形低通滤波器的传递函数可表示为

$$H(u,v)=\begin{cases}1 & D(u,v)\leqslant D_0\\ \dfrac{D_1-D(u,v)}{D_1-D_0} & D_0<D(u,v)\leqslant D_1\\ 0 & D_1<D(u,v)\end{cases} \tag{2-52}$$

图 2-18a 所示为梯形低通滤波器的传递函数图，图 2-18b 所示为其剖面图。

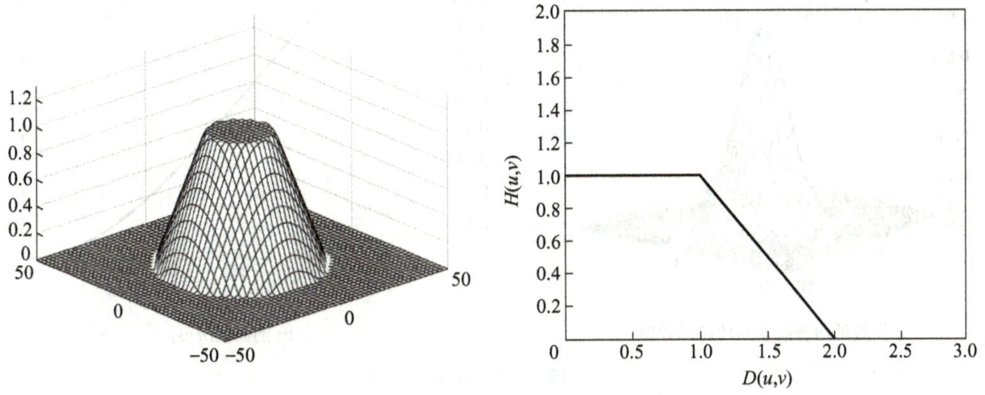

a) 梯形低通滤波器的传递函数图　　b) 剖面图

图 2-18　梯形低通滤波器

经过梯形低通滤波器处理的图像，其质量比使用理想低通滤波器处理时有所改善，振铃现象也有所减弱。在实际应用时，可调整 D_1 的值，使梯形低通滤波器既能实现平滑图像的目的，又能使图像保持足够的清晰度。

（4）指数低通滤波器

在众多滤波器中，指数低通滤波器（Exponential Low-pass Filter，ELPF）因其独特的工作原理而备受关注。指数低通滤波器的工作原理是通过指数衰减的方式，对输入信号进行平滑处理。这意味着在信号处理过程中，高频成分会逐渐减弱，而低频成分则得以保留。这种特性为图像质量的提升提供了有效的手段，使得指数低通滤波器在降低图像高频噪声方面表现出色。

传递函数选择指数函数并非偶然，而是基于其独特的数学性质。指数函数易于开展傅里叶变换，因此在设计和实现滤波器时能够简化计算过程，提高处理效率。此外，指数函数的稳定性也是其受欢迎的原因之一。在图像处理过程中，稳定性是一个至关重要的因素。稳定的滤波器能够在处理过程中保持图像的基本特征，避免引入过多的失真和噪声。指数低通滤波器的传递函数为

$$H(u,v)=\mathrm{e}^{-\left[\frac{D(u,v)}{D_0}\right]^{2n}} \tag{2-53}$$

式中，n 为滤波器的阶数，当 $n=1$ 时又称高斯低通滤波器；D_0 为截止频率，通常取 $H(u,v)$ 下降到最大值的 1/2 时的频率。

图 2-19a 所示为指数低通滤波器的传递函数图，图 2-19b 所示为一个 n=3 的指数低通滤波器的传递函数的剖面图。

由于指数函数的特性，指数低通滤波器在通过频率和截止频率之间没有明显的不连续性，而是存在一个平滑的过渡带，因此指数低通滤波器没有明显的振铃现象。通常情况下，指数低通滤波器的实用效果比巴特沃思低通滤波器稍差。

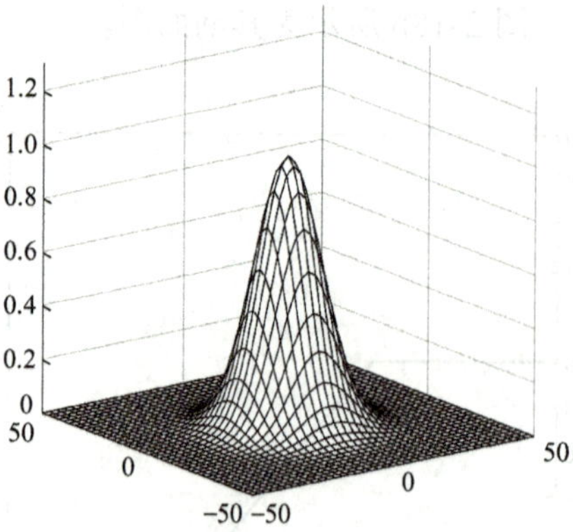

a) 指数低通滤波器的传递函数图

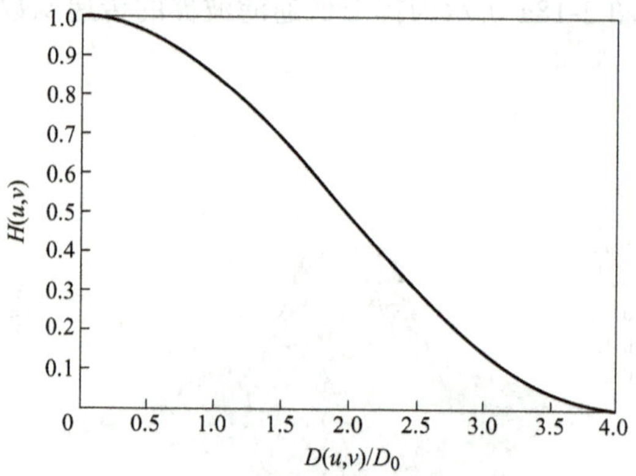

b) 剖面图(n=3)

图 2-19　指数低通滤波器

2. 高通滤波

图像的边缘和细节主要对应于高频成分，图像模糊主要是由高频成分较弱造成的。因此，当需要突出图像的边缘和细节时，可以采用高通滤波。高通滤波与低通滤波相反，它会抑制低频分量，从而增强高频分量。这样一来，图像的边缘等高频细节会变得更加清晰，从而实现图像的锐化效果，尤其是在处理模糊图像时，高频滤波特别有效。

（1）理想高通滤波器

理想高通滤波器（Ideal High-pass Filter，IHPF）与理想低通滤波器类似，其同样具有一个截止频率，但与理想低通滤波器相反，理想高通滤波器会使高频信号得以通过，而完全阻止低频信号的传递。

一个二维理想高通滤波器的传递函数可以表示为

$$H(u,v)=\begin{cases}0 & D(u,v)\leqslant D_0\\1 & D(u,v)>D_0\end{cases}\tag{2-54}$$

与理想低通滤波器类似，理想高通滤波器具有陡峭的截止特性。这意味着在截止频率附近，理想高通滤波器的响应会迅速下降，导致在频域中出现明显的边缘效应。图 2-20a 所示为理想高通滤波器的传递函数图，图 2-20b 所示为其剖面图。在实际应用时，这种陡峭的截止特性会导致振铃现象，即在图像的边缘出现不自然的环状伪影，从而影响图像的质量，降低其视觉效果。

为了缓解这些问题，在实际应用中通常采用一些改进的高通滤波器，如巴特沃思高通滤波器、指数高通滤波器和高斯高通滤波器等，它们有一个比较平滑的过渡区间，可以在确保滤除低频信号成分的同时保持图像边缘清晰，减少振铃现象，从而获得较好的图像滤波效果。

（2）巴特沃思高通滤波器

巴特沃思高通滤波器（Butterworth High-pass Filter，BHPF）的设计初衷在于避免理想高通滤波器的振铃现象，类似巴特沃思低通滤波器，巴特沃思高通滤波器也采用频率的多项式函数来实现，使得其频率响应曲线更加平滑。

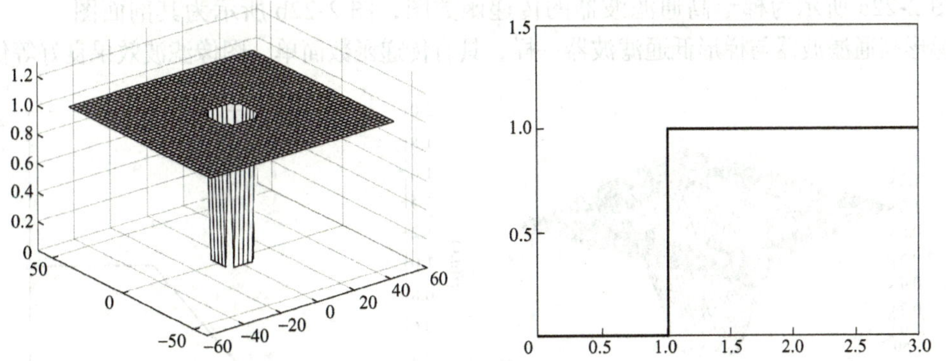

a) 理想高通滤波器的传递函数图　　b) 剖面图

图 2-20　理想高通滤波器

一个 n 阶巴特沃思高通滤波器的传递函数可以表示为

$$H(u,v)=\frac{1}{1+\left[\dfrac{D_0}{D(u,v)}\right]^{2n}} \tag{2-55}$$

其特性如图 2-21 所示，其中图 2-21a 为巴特沃思高通滤波器的传递函数图，图 2-21b 为其剖面图。

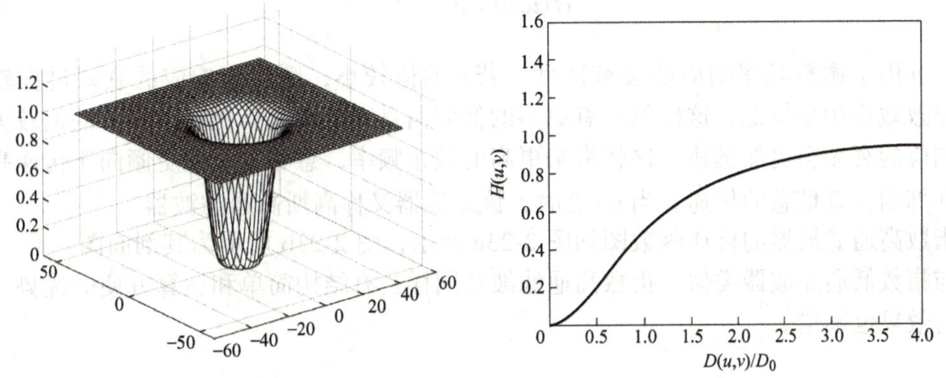

a) 巴特沃思高通滤波器的传递函数图　　b) 剖面图

图 2-21　巴特沃思高通滤波器

与巴特沃思低通滤波器类似，由于巴特沃思高通滤波器采用了平滑的传递函数，其振铃现象大大减弱，因此能够在不同的应用场景中获得良好的图像滤波效果。

（3）梯形高通滤波器

与梯形低通滤波器类似，梯形高通滤波器的传递函数为

$$H(u,v)=\begin{cases}0 & D(u,v)\leqslant D_0\\ \dfrac{D(u,v)-D_0}{D_1-D_0} & D_0<D(u,v)\leqslant D_1\\ 1 & D(u,v)>D_1\end{cases} \tag{2-56}$$

图 2-22a 所示为梯形高通滤波器的传递函数图，图 2-22b 所示为其剖面图。

梯形高通滤波器与梯形低通滤波器一样，具有传递函数简单、图像滤波效果良好等优点。

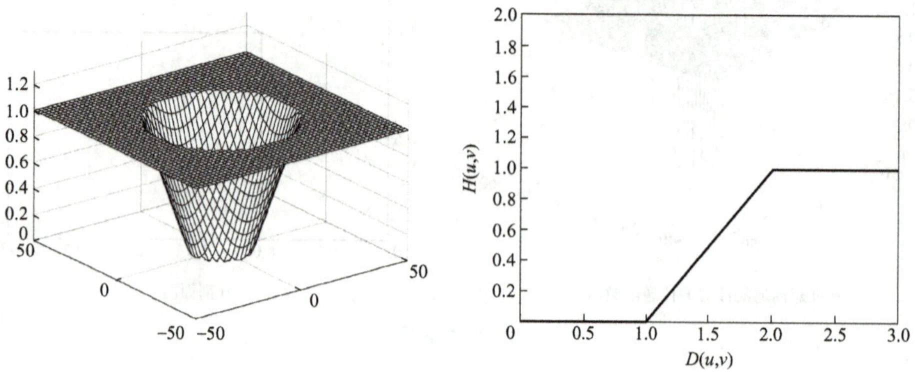

a) 梯形高通滤波器的传递函数图　　b) 剖面图

图 2-22　梯形高通滤波器

（4）指数高通滤波器

与指数低通滤波器类似，指数高通滤波器的传递函数存在指数项，这使得指数高通滤波器在处理图像时具有平滑的频率过渡特性。

指数高通滤波器的传递函数为

$$H(u,v)=\mathrm{e}^{-\left[\frac{D_0}{D(u,v)}\right]^n} \tag{2-57}$$

式中，n 用于调整频率响应的衰减速度。若 n 的值较小，则频率响应的衰减过程较为缓慢，导致截止频率较低，这样就会有更多的低频信息得以通过。相反，若 n 的值较大，则频率响应的衰减会更加迅速，这将带来更高的截止频率，意味着系统更倾向于传递高频信息，并抑制低频信息的传递。当 $n=2$ 时，该滤波器又称高斯高通滤波器。

指数高通滤波器的传递函数图如图 2-23a 所示，图 2-23b 所示为其剖面图。

与指数低通滤波器类似，指数高通滤波器同样具有结构简单和运算方便的优势，并且滤波的效果也不错。

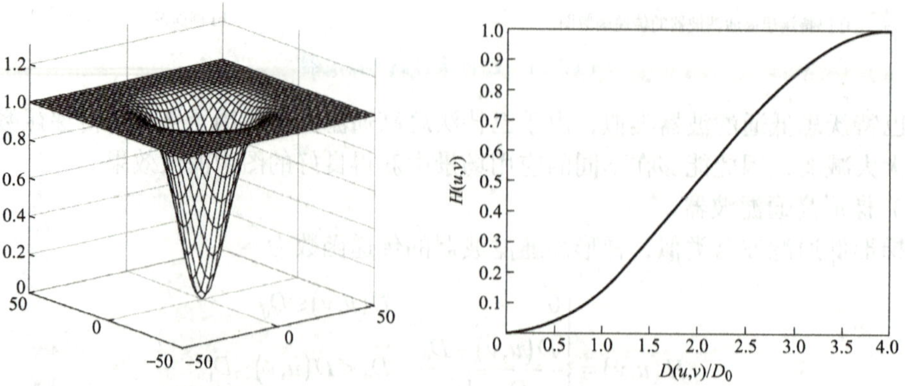

a) 指数高通滤波器的传递函数图　　b) 剖面图

图 2-23　指数高通滤波器

3. 带通与带阻滤波器

在某些情况下，信号或图像中的有用成分和希望除掉的成分可能会出现在频谱的不同频段，这时利用特定的传递函数来允许或阻止特定频段的通过就变得尤为重要。带通与带阻滤波器就是为解决此类问题而设计的频域滤波器。

带通滤波器只允许特定频带内的信号通过，同时阻止其他频带内的信号通过，因此这种滤波器可以用来选择性地强调图像中特定频率范围的信号。在设计传递函数时，需要让特定频段内的信号成分通过，并阻止其他高于或低于此频段的信号。

理想带通滤波器的传递函数为

$$H(u,v)=\begin{cases}0 & D(u,v)<D_0-\dfrac{w}{2}\\ 1 & D_0-\dfrac{w}{2}\leqslant D(u,v)\leqslant D_0+\dfrac{w}{2}\\ 0 & D_0+\dfrac{w}{2}<D(u,v)\end{cases} \tag{2-58}$$

式中，D_0为通过的频带中心；w为通过的频带宽度。

带通滤波器的传递函数图如图 2-24a 所示，图 2-24b 所示为其剖面图。

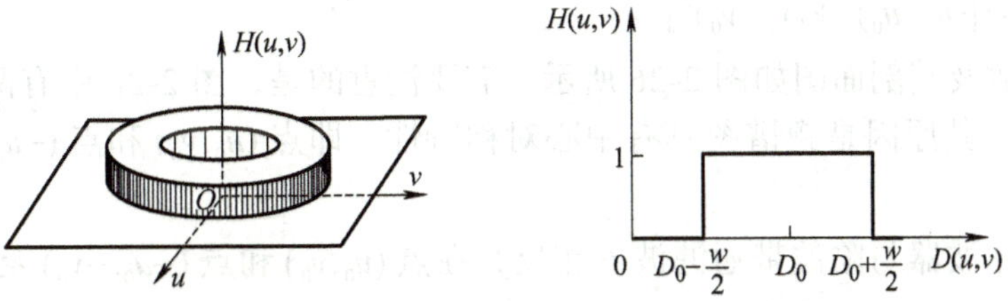

a) 带通滤波器的传递函数图　　b) 剖面图

图 2-24　带通滤波器

带阻滤波器与带通滤波器刚好相反，是一种抑制和阻止特定频段信号通过的滤波器。理想带阻滤波器的传递函数为

$$H(u,v)=\begin{cases}1 & D(u,v)<D_0-\dfrac{w}{2}\\ 0 & D_0-\dfrac{w}{2}\leqslant D(u,v)\leqslant D_0+\dfrac{w}{2}\\ 1 & D_0+\dfrac{w}{2}<D(u,v)\end{cases} \tag{2-59}$$

图 2-25 所示为一组带阻滤波器的实验结果，其中图 2-25a 所示为一张被正弦噪声污染的图像，图 2-25b 所示为图 2-25a 的频谱图，图 2-25c 所示为采用的理想带阻滤波器，图 2-25d 所示为带阻滤波后的结果。从结果中可以看到，带阻滤波器将图像中固定频率的正弦噪声基本去除，还原了图像的原有状态。

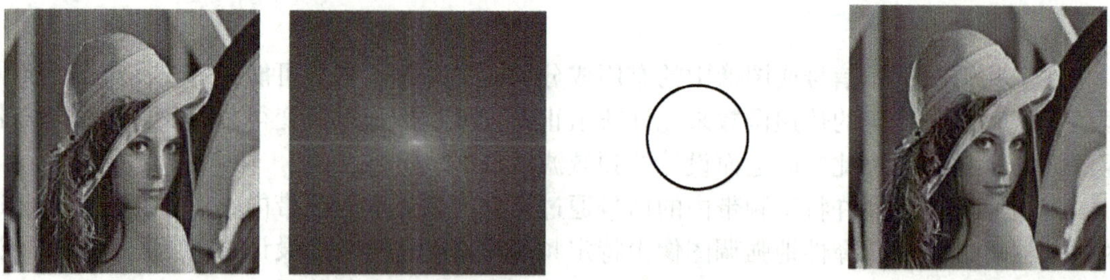

a) 被正弦噪声污染的图像　b) 图2-25a的频谱图　c) 采用的理想带阻滤波器　d) 带阻滤波后的结果

图 2-25　一组带阻滤波器的实验结果

带通或带阻滤波器可允许或阻止特定频带范围内的频率成分。有的时候，还需要更加精准地允许或阻止频谱图上的某个频率点 (u_0,v_0) 及其邻域的频率成分，这就需要设计更加精细的带通或带阻滤波器及其传递函数。其中具有代表性的是陷波滤波器。对于频谱图上的某个频率点 (u_0,v_0) 及其半径为 D_0 的邻域，理想陷波带通滤波器的传递函数可设计为

$$H(u,v)=\begin{cases}1 & D'(u,v)\leqslant D_0\\0 & D'(u,v)>D_0\end{cases} \tag{2-60}$$

式中，$D'(u,v)=[(u-u_0)^2+(v-v_0)^2]^{\frac{1}{2}}$。

该传递函数及其剖面图如图 2-26 所示。需要注意的是，图 2-26 中有两个圆形区域的频率允许通过，其原因是频谱图具有中心对称特性，即点 (u_0,v_0) 和点 $(-u_0,-v_0)$ 具有相同的频率值。

陷波带阻滤波器与陷波带通滤波器相反，在点 (u_0,v_0) 和点 $(-u_0,-v_0)$ 及其半径为 D_0 的邻域内的频率成分被阻止，而邻域之外的频率成分则允许通过。因此，陷波带阻滤波器的传递函数可通过陷波带通滤波器的传递函数来定义，即

$$H'(u,v)=1-H(u,v) \tag{2-61}$$

与理想低通或高通滤波器类似，理想带阻或带通滤波器和陷波滤波器都具有陡峭的截止频率特征，因此同样会出现振铃现象。为了解决该问题，同样可以采用一些平滑过渡的函数来构建更好的滤波器，如巴特沃思带通滤波器、巴特沃思带阻滤波器或巴特沃思陷波滤波器等。

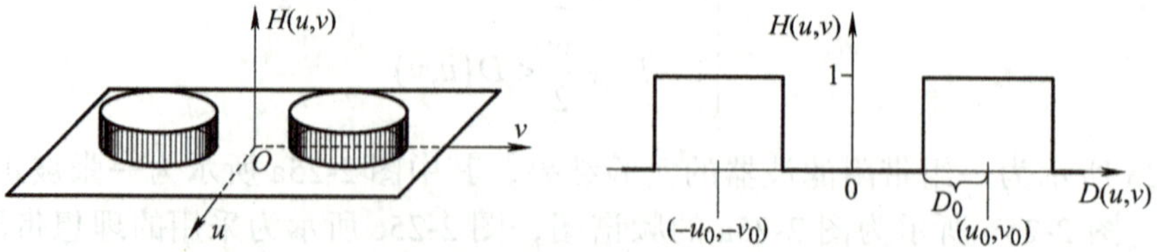

a) 理想陷波带通滤波器的传递函数图　b) 剖面图

图 2-26　理想陷波带通滤波器

4. 同态滤波

在日常生活中，经常会遇到由于照明条件不佳导致的照片或图像质量下降的情况。当物体受到照度不均匀的光照时，图像上照度暗的部分，细节往往难以辨认。这种情况在摄影、视频监控和医学影像等领域尤为常见。为了解决这个问题，研究者提出了同态滤波技术。同态滤波能够有效消除不均匀照度对图像质量的影响，同时不损失图像中的细节信息。这种技术特别适用于存在照明不均或阴影的情况，能显著改善图像的亮度和对比度。

同态滤波的核心思想源于照射反射模型，该模型将图像分解为两个关键分量：照射分量和反射分量。照射分量代表图像中由光照产生的图像亮度，反映了场景中光线的整体分布和强度，它决定了图像的整体亮度，通常具有在空间上缓慢变化的性质。反射分量反映了图像场景和物体本身反射特性对亮度的影响，体现了物体对光线的反射能力。它随图像细节的不同在空间上快速变化，包含了图像中的边缘、纹理等关键信息。在图像中，照射分量和反射分量共同作用，形成了最终的灰度图像。根据照射反射模型，图像是照度 $i(x,y)$ 在物体反射系数 $r(x,y)$ 作用下的结果，可表示为

$$f(x,y)=i(x,y)\cdot r(x,y) \tag{2-62}$$

同态滤波试图将图像的照射分量和反射分量分离开来，并分别对它们进行处理。这样一来，在保留图像细节的同时，可以消除照明不均对图像质量的影响。具体来说，同态滤波对图像进行傅里叶变换，将图像从空域转换到频域。在频域中，一般照射分量的频谱落在低频区域，而反射分量往往落在高频区域。然而 $F[f(x,y)]\neq F[i(x,y)]\cdot F[r(x,y)]$，因此不能直接对原始图像进行频域变换来实现反射和照射分量的分离，即在频域中不能直接对反射和照射分量分别进行处理。为了解决这个问题，应在同态滤波器中引入对数变换，从而将图像中的反射和照射分量在频域中分开，然后通过设计合适的滤波器对这两个分量分别处理，最后再通过指数变换变回原来的图像。

下面先进行对数变换，即

$$z(x,y)=\ln f(x,y)=\ln i(x,y)+\ln r(x,y) \tag{2-63}$$

则变换后的图像 $z(x,y)$ 满足

$$\ln f(x,y)=\ln i(x,y)+\ln r(x,y) \tag{2-64}$$

将式（2-64）中对数图像的傅里叶变换分别记作 $Z(u,v)=F[z(x,y)]$、$I(u,v)=F[\ln i(x,y)]$ 和 $R(u,v)=F[\ln r(x,y)]$，则可以得到以下同态滤波处理流程：

1）首先对图像进行对数变换，即

$$\ln f(x,y)=\ln i(x,y)+\ln r(x,y) \tag{2-65}$$

2）将对数变换后的图像进行傅里叶变换，得到其频谱图像为

$$F(u,v)=I(u,v)+R(u,v) \tag{2-66}$$

3）用同态滤波器的传递函数 $H(u,v)$ 处理频谱图像 $F(u,v)$，得到

$$H(u,v)F(u,v)=H(u,v)I(u,v)+H(u,v)R(u,v) \tag{2-67}$$

4）将同态滤波后的图像反变换回空域，得到

$$F^{-1}[H(u,v)F(u,v)] = F^{-1}[H(u,v)I(u,v)] + F^{-1}[H(u,v)R(u,v)] \tag{2-68}$$

式（2-68）可简写为

$$h_{\mathrm{f}}(x,y) = h_{\mathrm{i}}(x,y) + h_{\mathrm{r}}(x,y) \tag{2-69}$$

5）最后进行指数运算，将原来对数变换的图像变换到原始图像空间，得到最终的滤波后的图像为

$$g(x,y) = \exp[h_{\mathrm{f}}(x,y)] = \exp[h_{\mathrm{i}}(x,y)] \cdot \exp[h_{\mathrm{r}}(x,y)] \tag{2-70}$$

上面的处理流程可以用图 2-27 来表示。

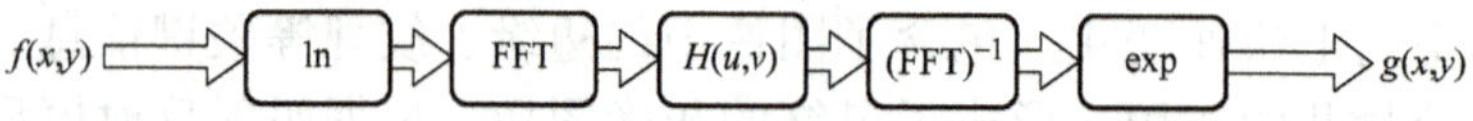

图 2-27　同态滤波处理流程

在同态滤波过程中，$H(u,v)$ 的设计至关重要。为了减少模糊，得到细节比较清楚的图像，$H(u,v)$ 一方面需要减弱低频成分，另一方面需要加强高频成分。因此在一般情况下，$H(u,v)$ 会被设计为如图 2-28 所示的径向剖面曲线，其中 $H_{\mathrm{H}} > 1$，$H_{\mathrm{L}} < 1$，它们分别用于增强高频成分和抑制低频成分。曲线中间的平滑部分可以参考巴特沃思滤波器、梯形滤波器或者指数滤波器的传递函数的设计思想来实现。例如可以利用高斯高通滤波器的传递函数来设计同态滤波器的传递函数，具体形式为

$$H(u,v) = H_{\mathrm{L}} + (H_{\mathrm{H}} - H_{\mathrm{L}})\mathrm{e}^{-C\left(\frac{D_0}{\sqrt{u^2+v^2}}\right)^2} \tag{2-71}$$

图 2-29 所示为一组同态滤波器的实验结果，从结果来看，同态滤波整体上改善了图像的亮度，这得益于同态滤波对低频成分的压缩。同时，图像的细节信息也得到了增强，这得益于同态滤波拉伸了高频成分的对比度。

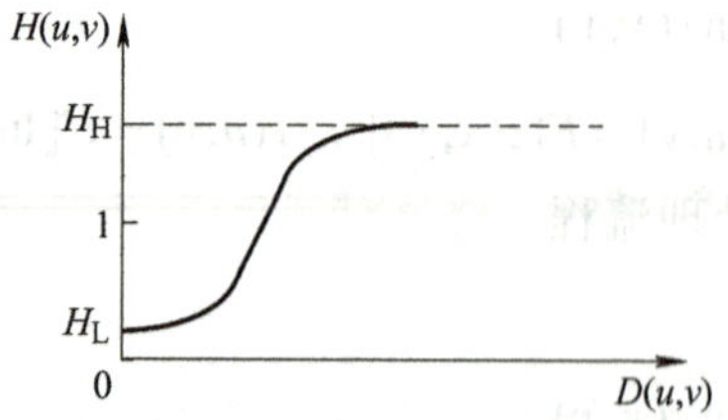

图 2-28　同态滤波器的传递函数径向剖面曲线

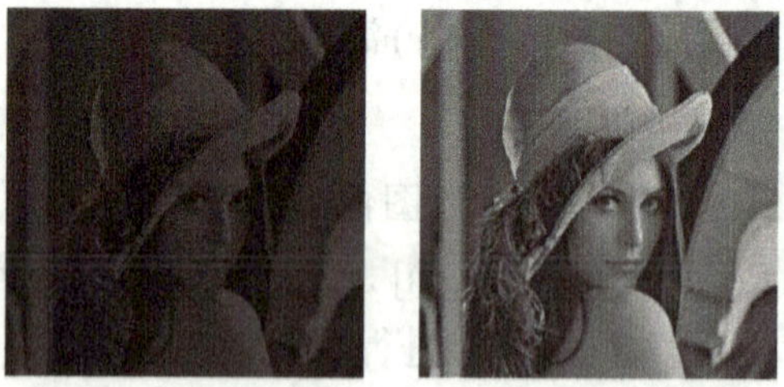

a) 降低曝光度的Lenna图　b) 同态滤波后的图像

图 2-29　一组同态滤波器的实验结果

同态滤波既能消除乘性噪声，还能压缩图像的整体动态范围并增加图像的细节对比度，因此在图像处理领域得到了广泛应用。在摄影领域，它可以提升暗部细节，消除阴影等；在视频监控领域，它可以改善夜间或低光照条件下的图像质量；在医学影像领域，它可以提高 X 射线、MRI 等图像的对比度和清晰度。

图像的滤波技术包括空域滤波和频域滤波。实际上，空域滤波和频域滤波既有联系又

有区别。在通常情况下，空域滤波的图像增强与频域滤波的图像增强具有类似的效果。例如，空域里的平滑滤波器与频域里的低通滤波器都具有平滑的作用，而空域里的锐化滤波器与频域里的高通滤波器都具有增强图像高频细节的作用。然而，空域滤波在实现时，通常会对图像的局部像素值进行操作，如基于邻域像素的平滑滤波器，频域滤波在实现时，会将空域图像变换到频谱图像，该频谱图像是关于整个空域图像的频率分布，已经不能体现图像像素的信息，因此在频谱图像上的滤波操作具有全局影响，即会影响空域图像的整体效果，如低通滤波会抑制图像中所有的高频信息。在实际应用中，如何选择空域滤波器或频域滤波器，需要根据图像的具体特点和实验效果来确定。

2.5　卷积神经网络基础

在计算机视觉技术和应用的发展过程中，卷积神经网络（Convolutional Neural Network，CNN）是相当重要的图像信号表示和处理工具，尤其是以残差网络为代表的深度卷积神经网络的出现，使得计算机在应对 ImageNet 等大规模图像分类任务时的能力首次超越了人类。目前，卷积神经网络已经成为几乎所有视觉任务中提取图像特征的基础，也是本书后续章节中经常会用到的技术。因此，本节主要介绍卷积神经网络的基本组成和原理，从而为学习后续的计算机视觉相关内容打好基础。

卷积神经网络是一种前馈型神经网络模型，通常包含卷积层、池化层和全连接层等组件，卷积神经网络一般通过上述组件的组合来学习和提取图像数据的多粒度特征。常见的卷积神经网络有 AlexNet、VGGNet 和 ResNet 等，下面以 AlexNet 为例来介绍卷积神经网络的主要组件和技术。

AlexNet 是一种经典的卷积神经网络模型，由 Alex Krizhevsky、Ilya Sutskever 和 Geoffrey Hinton 在 2012 年提出，它也是第一个利用图形处理器（Graphics Processing Unit，GPU）提升训练性能的深度网络架构。

AlexNet 网络的架构如图 2-30 所示，其主要由五个卷积层、三个最大池化层和三个全连接层组成，并且在每个卷积层后面都使用了一个名为“ReLU”的非线性激活函数。池化层用于执行最大池化操作，由于存在全连接层，输入图像的尺寸是固定的，即输入图像的维度为 224 × 224 × 3，并且由于进行了填充处理，实际上是 227 × 227 × 3。AlexNet 拥有超过 6000 万个参数。下面介绍 AlexNet 网络的主要组件。

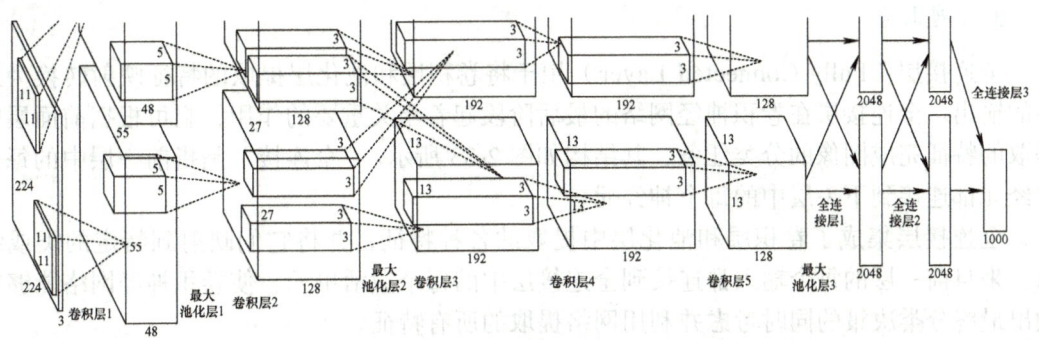

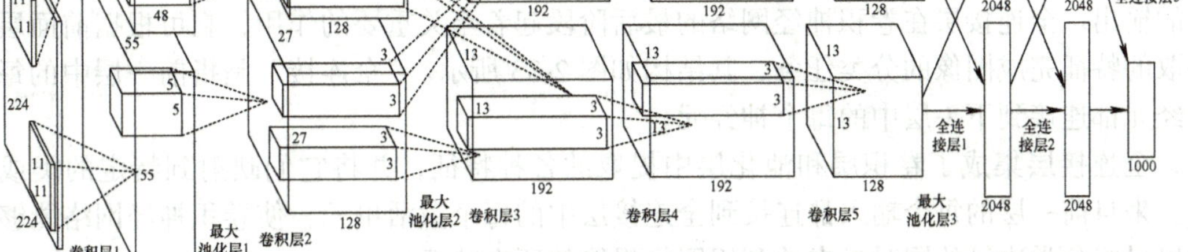

图 2-30　AlexNet 网络的架构

1. 卷积层

卷积层（Convolutional Layer）是卷积神经网络的核心组件，它构成了网络的主体。卷积层通过应用一系列卷积核（也称滤波器）来提取图像的局部特征。每个卷积核在输入图像上滑动，并计算与其权重相乘的局部区域像素值的加权和，从而提取图像的局部特征，如边缘、纹理和形状等。

图像的卷积操作过程如图 2-31 所示，卷积核会在整个图像上滑动，每滑动到一个像素的位置，卷积核的权重和其覆盖下像素的像素值之间将进行点积运算，从而将输入图像转换为一组卷积特征，并以特征图的形式输出。特征图可以看作是卷积核作用在图像局部区域后得到的特征表示，其中每个元素表示输入图像中对应点的局部邻域特征聚合。

卷积神经网络通常包含多个堆叠卷积层，这种分层架构使得卷积神经网络可以逐步提取原始图像数据中的多尺度视觉特征。卷积神经网络的底层卷积层可以提取图像的边缘、纹理和颜色等基元特征。而更高层的卷积层利用下层提取的特征图作为输入，可以提取图像中更复杂、更高层的图案、对象和场景等特征。

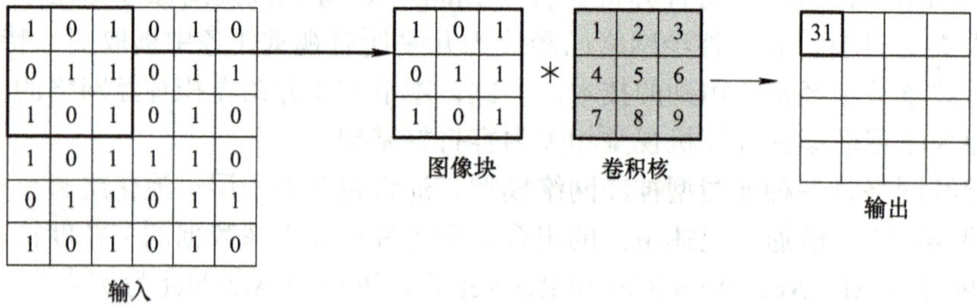

图 2-31 图像的卷积操作过程

2. 池化层

池化层（Pooling Layer）主要用于减小特征图的尺寸，池化层通常连接在卷积层之后，以便保留图像中最重要的特征。池化层会将特征图划分为若干个子区域，并对每个子区域进行统计汇总。从形式上讲，池化层的功能是逐步减小特征表示空间的大小，从而减少网络中的参数和计算量。常见的池化操作是最大池化（Max-pooling），如图 2-32 所示，它会选择每个区域中的最大值作为输出，这样可以减少计算量，并使模型对图像位置的变化更加鲁棒。

3. 全连接层

全连接层（Fully Connected Layer）用于将卷积层和池化层提取的特征映射转换为最终的输出。全连接层在卷积神经网络的最后阶段起着至关重要的作用，它可根据前面层中提取的特征完成图像的分类任务，其结构如图 2-33 所示。“全连接”是指前一层中的每个神经元都连接到下一层中的每个神经元。

全连接层集成了卷积层和池化层中提取的各种特征，并将它们映射到特定的类或结果。来自前一层的每个输入都连接到全连接层中的每个激活单元，使卷积神经网络能够在做出最终分类决策的同时考虑并利用网络提取的所有特征。

值得注意的是，卷积神经网络中并非所有层都是全连接的。由于全连接层具有许多参数，因此在整个网络中应用这种结构也会产生大量的参数，使得网络参数的规模快速增长，从而需要更多的内存和训练成本。同时，全连接会增加过拟合的风险。因此，限制全连接层的数量可以平衡网络模型的计算效率和泛化能力。

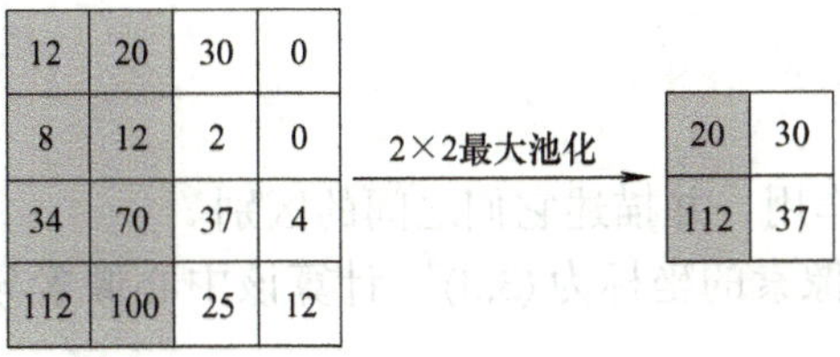

图 2-32　最大池化

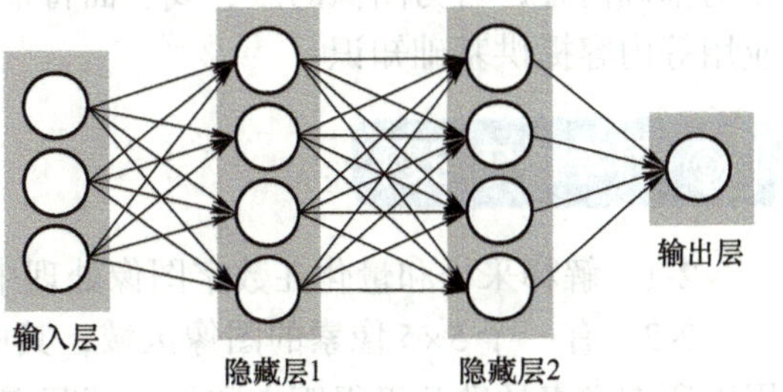

图 2-33　全连接层的结构

4. Dropout 技术

随着深度神经网络模型越来越大，其参数量也不断增长，因此防止过拟合就成为一个很重要的问题。AlexNet 采用了 Dropout 技术来防止模型过拟合，Dropout 技术可以看作一种正则化手段。在网络的 Dropout 过程中，神经网络中的神经元会以一定的概率被移除，而被移除的神经元在前向传播和反向传播中都不做任何贡献。神经网络的 Dropout 过程如图 2-34 所示，其中灰色的神经元已被移除，其连接边也不参与网络的训练。

除了上述组件和技术，AlexNet 还有其他优点和特征。例如，AlexNet 首次在卷积神经网络中引入了 ReLU 作为卷积层的激活函数，取代了之前常用的 Sigmoid 或 tanh。ReLU 具有计算简单、收敛速度快和可以缓解梯度消失问题等优点。AlexNet 在训练过程中采用了数据增强技术，通过对原始图像进行裁剪、翻转等操作，增加了训练样本的多样性，从而提高了模型的泛化能力。

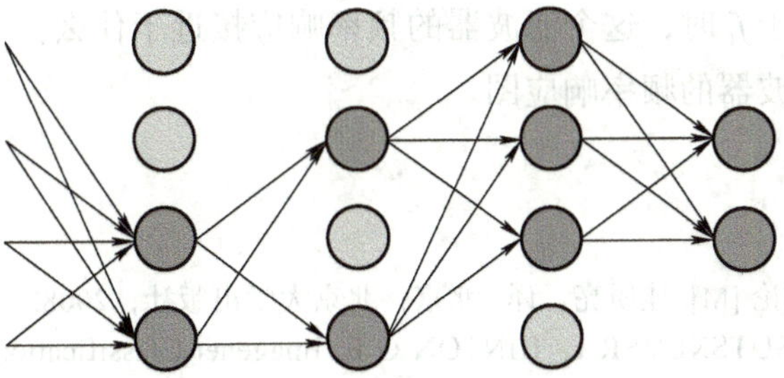

图 2-34　神经网络的 Dropout 过程

本章小结

本章主要介绍了图像表示和处理的相关内容，包括图像的表示和基本性质、图像处理数学基础、常用图像处理技术和卷积神经网络基础等。在图像的表示和基本性质部分，介绍了图像的采样和量化方法，实现了视觉信号的数字图像表示，同时介绍了图像的距离、连通性、边缘、边界、直方图和噪声等基本概念和性质。在图像处理数学基础部分，主要介绍了图像处理和计算机视觉中使用最多的数学工具——卷积和傅里叶变换的基本原理。

在常用图像处理技术部分，重点介绍了图像处理的常用技术，包括亮度变换、直方图变换、空域滤波和频域滤波等技术。在卷积神经网络基础部分，以 AlexNet 为例，重点介绍了图像处理和图像特征表示中最常用的卷积神经网络的主要组件。本章的内容是计算机视觉的基础内容，可为图像的点、线、面特征表示，以及三维重建、运动分析和计算机视觉应用等内容提供基础知识。

思考题与习题

2-1 解释采样和量化在数字图像处理中的作用，并描述它们之间的区别。

2-2 有一个 5×5 像素的图像区域，其中心像素的坐标为 (3,3) 。计算该中心像素与其周围所有像素的欧几里得距离和曼哈顿距离。

2-3 什么是连通性？什么是区域？什么是单连通区域？

2-4 图像的空域滤波与频域滤波有什么区别和联系？

2-5 设图像 $f(x,y)$ 的傅里叶变换为 $F(u,v)$，则该图像的灰度平均值与傅里叶变换的什么量有关系？如何计算？

2-6 如何设计一个低通滤波器的传递函数？

2-7 根据同态滤波的原理，设计一个传递函数并测试其效果。

2-8 什么是图像的噪声？常用的去噪方法有哪些？简述其原理。

2-9 有一个高通滤波器，其传递函数为 $H(f)=1-\mathrm{e}^{-\frac{(f-f_0)^2}{2a^2}}$，式中 f_0 为中心频率，a 为一个常数。

（1）解释这个滤波器的工作原理。

（2）如果 a 非常小，则这个滤波器有什么表现？

（3）当频率远低于 f_0 时，这个滤波器的频率响应接近于什么？

（4）当频率远高于 f_0 时，这个滤波器的频率响应接近于什么？

（5）画出这个滤波器的频率响应图。

参考文献

[1] 傅里叶 . 热的解析理论 [M]. 桂质亮，译 . 北京：北京大学出版社，2008.

[2] KRIZHEVSKY A，SUTSKEVER I，HINTON G E. Imagenet Classification with Deep Convolutional Neural Networks[C]//International Conference on Neural Information Processing Systems. San Diego：Neural Information Processing System Foundation，Inc.，2012：1097-1105.

[3] SIMONYAN K，ZISSERMAN A. Very Deep Convolutional Networks for Large-Scale Image Recognition[C]//International Conference on Learning Representations. Washington D. C.：ICLR，2014：1-14.

[4] HE K，ZHANG X，REN S，et al. Deep Residual Learning for Image Recognition[C]//IEEE Conference on Computer Vision and Pattern Recognition. Piscataway：IEEE，2016：770-778.

第 3 章　图像的点特征表示

导读

图像的点特征表示是许多计算机视觉任务的基础，如图像配准、检索和识别等任务往往涉及图像点特征的提取。本章从图像点特征表示的概念出发，首先介绍经典的 Harris 角点检测算法和 SIFT 关键点检测算法。在此基础上，本章介绍了两种基于深度学习的点特征学习算法 HardNet 和 Key.Net。最后，本章以图像配准为例，介绍了图像的点特征表示在计算机视觉任务中的应用。

通过本章的学习，读者将全面了解图像点特征的概念、表示方法、检测算法以及在计算机视觉中的应用，并且能够面向特定的计算机视觉任务选择合适的图像点特征提取方法，进而实现相应的算法。

本章知识点

- 图像点特征介绍
- 图像关键点检测算法
- 图像点特征应用

3.1　图像点特征介绍

在计算机视觉领域，图像的关键点（Key Point）是指图像中具有显著性质或特征的位置。这些关键点可以是图像中的角点、边缘和纹理变化等。关键点在图像处理和计算机视觉任务中起着重要的作用，例如，在目标检测、特征匹配、姿态估计和图像配准等常见的计算机视觉任务中，经常会涉及图像的关键点检测及点特征表示。

关键点常被用来描述图像中的局部信息，并且具有以下特点：

1）显著性：关键点通常位于图像中具有显著性质的位置，如角点、边缘交叉点或纹理丰富的区域，它们可以捕捉到图像中的重要特征。

2）不变性：关键点应该在图像的旋转、尺度变化和光照变化等常见变化下具有一定的不变性，这样可以使得关键点在不同条件下具有良好的匹配性能。

3）可重复性：关键点应该在不同的图像样本中有较高的重复率，这样才能进行特征匹配等任务。

常见的图像关键点检测算法包括 Harris 角点检测、SIFT（Scale-Invariant Feature Transform）、SURF（Speed Up Robust Features）和 ORB（Oriented FAST and Rotated BRIEF）等。这些检测算法能够自动地在图像中提取关键点，并计算出关键点的位置、尺度、方向和特征描述等信息。

3.2 图像关键点检测算法

本节首先介绍 Harris 角点检测和 SIFT 关键点检测。随后介绍基于深度学习的 HardNet 点特征学习和 Key.Net 关键点检测网络。

3.2.1 Harris 角点检测

在图像处理和计算机视觉领域，角点是指图像中边缘的交汇点，这些点通常具有与周围背景差异显著的特征。角点的主要特性是其局部区域内像素的梯度方向会发生显著变化，这种变化意味着无论图像如何旋转或变化视角，角点都容易被检测和识别。具体来说，一个角点的周围至少存在两个主要且不同的边缘方向。在这些点上，图像的强度（亮度或颜色）变化通常比边缘或平坦区域更加突出和复杂。常见的角点包括灰度梯度最大值对应的像素点、两条直线或曲线的交点等。

1. Harris 角点检测基本原理

Harris 角点检测算法由 Chris Harris 和 Mike Stephens 于 1988 年提出，它主要用于识别图像中的角点。Harris 角点检测算法主要根据图像的局部灰度特征来实现角点检测，即在图像的任何小区域内，如果一个滑动窗口无论如何移动，其内部的灰度变化都非常显著，则该区域内存在角点。这种显著的变化通常出现在图像边缘相交的交叉点位置，这些交叉点就是角点。Harris 角点检测的目的就是找到在窗口小范围移动时能引起大幅度灰度变化的特殊点，这些点在图像分析和处理中具有重要的应用价值。

人眼对角点的识别是通过一个局部的窗口滑动实现的，主要可以分成三种情况，如图 3-1 所示。

1）在各个方向上滑动窗口，窗口内灰度值都有较大变化，则认为窗口内存在角点，如图 3-1a 所示。

2）在各个方向上滑动窗口，窗口内灰度值未发生变化，则认为窗口内无角点，如图 3-1b 所示。

3）在某个方向上滑动窗口，窗口内灰度值具有较大变化，但在另一些方向上灰度值未发生变化，则认为窗口内可能存在边缘，如图 3-1c 所示。

2. Harris 角点检测算法的步骤

Harris 角点检测算法主要包含以下三个步骤。

（1）计算局部窗口内的灰度变化

令局部窗口 Ω 的中心位于灰度图像的某个位置 (x,y)，则该点的像素灰度值为 $I(x,y)$，

记录该窗口沿着 x 轴方向和 y 轴方向移动的位移量 u 和 v，则窗口移动后到达新的位置 $(x+u,y+v)$，该点的像素灰度值为 $I(x+u,y+v)$。此时，移动后的窗口与移动前的窗口内部像素灰度值的变化为

$$E(u,v)=\sum_{(x,y)\in\Omega}w(x,y)[I(x+u,y+v)-I(x,y)]^2 \tag{3-1}$$

式中，$E(u,v)$ 为滑动窗口沿某方向滑动时像素值的变化量，若窗口内存在角点，则 $E(u,v)$ 的值将会较大；$w(x,y)$ 为滑动窗口权重函数，即为窗口内的每个像素给定一个权重。

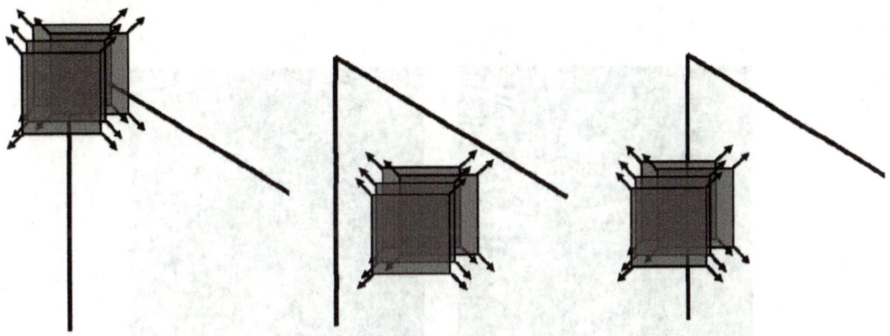

a) 窗口内存在角点　　b) 窗口内无角点　　c) 窗口内可能存在边缘

图 3-1　窗口滑动情况

如果窗口内的像素权重都设置为 1，则认为所有像素对灰度值的变化量具有同等贡献。也可以采用类似高斯分布来进行权重设置，此时即强调窗口中心像素对灰度值变化量的贡献大，而周围像素的贡献小。

对式（3-1）中的函数进行泰勒展开及简化，可得到近似公式，即

$$E(u,v)\approx(u,v)\boldsymbol{M}\begin{pmatrix}u\\v\end{pmatrix} \tag{3-2}$$

式中，矩阵 $\boldsymbol{M}$ 为

$$\boldsymbol{M}=\sum_{(x,y)\in\Omega}w(x,y)\begin{pmatrix}I_x^2 & I_xI_y\\ I_xI_y & I_y^2\end{pmatrix} \tag{3-3}$$

式中，I_x 和 I_y 分别为窗口内像素点 (x,y) 在 x 轴方向和 y 轴方向上的梯度值。

（2）计算角点响应函数

矩阵 $\boldsymbol{M}$ 体现了当前像素的局部灰度变化情况，利用它可以定义一个用来判断当前像素点是否为角点的响应函数 R，即

$$R=\det(\boldsymbol{M})-k[\mathrm{trace}(\boldsymbol{M})]^2 \tag{3-4}$$

式中，$\det(\boldsymbol{M})$ 为矩阵 $\boldsymbol{M}$ 的行列式；$\mathrm{trace}(\boldsymbol{M})$ 为矩阵 $\boldsymbol{M}$ 的迹；k 为经验参数，通常取 0.04 ～ 0.15。

如果当前像素响应函数的绝对值$|R|$较大，则该像素可能为角点；如果$|R|$很小，则该像素所处的区域较为平坦；如果R为负值，则该像素通常位于图像的边缘。

（3）角点判定

根据响应函数R值的大小，可以将当前像素判定为角点，或者认为其处于平坦 / 边缘区域。因此，通常会设定R的一个阈值来判断当前像素是否为角点。同时，为了避免角点过于密集，通常采用非极大值抑制方法来去除局部区域中响应值不是极大值的角点，仅保留在其邻域内具有最大响应值的角点。

图 3-2 所示为 Harris 角点检测的示例，其中图 3-2a，c 所示为原始图像，图 3-2b，d 所示为角点检测的结果。

a) 原始图像1　　b) 原始图像1角点检测的结果

c) 原始图像2　　d) 原始图像2角点检测的结果

图 3-2　Harris 角点检测的示例

角点检测对于图像分析有重要意义，因为角点是图像中信息密集、容易追踪和匹配的关键点。角点在保留图像图形重要特征的同时，还可以有效地减少信息的数据量，有利于提高图像匹配的可靠性和效率。因此，角点在三维场景重建、运动估计、目标跟踪、目标识别、图像配准与匹配等计算机视觉任务中有着广泛的应用。

3.2.2　SIFT 关键点检测

在图像处理和计算机视觉领域，关键点检测及其特征描述是识别、匹配和跟踪视觉对象的关键步骤。尺度不变特征变换（Scale-Invariant Feature Transform，SIFT）是由 David Lowe 在 1999 年提出的关键点检测方法，它旨在从图像中提取具有尺度不变性的关键点，并对光照变化、噪声和视角改变具有强大的鲁棒性。SIFT 广泛应用于图像匹配、机器人导航、三维模型构建和手势识别等领域。

1. SIFT 关键点检测核心思想

为了获得在图像各个尺度和位置上都具有稳定性的关键点，SIFT 会在图像的多尺度空间中检测极值点，以此寻找关键点。SIFT 核心思想是建立一个图像多尺度空间，确保关键点对图像尺度的变化保持不变性。SIFT 通过高斯差分（Difference of Gaussian，DoG）函数来近似拉普拉斯尺度空间，从而识别出在多个尺度空间中稳定的关键点。同时，SIFT 会构建关键点的方向直方图，生成 SIFT 关键点的特征描述子，以此实现 SIFT 的关键点检测和匹配具有旋转不变性。

2. SIFT 关键点检测主要流程

SIFT 算法是一个复杂的图像处理过程，其关键点检测和特征描述子构建可以分为以下四个主要步骤：尺度空间构建及极值点检测、关键点定位、方向直方图构建、特征描述子生成。

（1）尺度空间构建及极值点检测

尺度空间理论是 SIFT 算法的核心，其通过构建图像的不同尺度空间来形成图像金字塔并检测关键点，同时实现关键点检测的尺度不变性。图像的尺度空间通过连续的高斯模糊来构建，每个尺度图像都是上一个尺度图像的高斯平滑，并利用高斯差函数来检测尺度不变的潜在关键点。图像的尺度空间定义为一个函数 $L(x,y,\sigma)$，即

$$L(x,y,\sigma)=G(x,y,\sigma)*I(x,y) \tag{3-5}$$

式中，$I(x,y)$ 为输入图像 I 在 (x,y) 位置的像素值；* 为卷积操作；$G(x,y,\sigma)$ 为变尺度高斯函数，其定义为

$$G(x,y,\sigma)=\frac{1}{2\pi\sigma^2}\mathrm{e}^{-(x^2+y^2)/2\sigma^2} \tag{3-6}$$

式中，σ 为高斯函数的标准差，表示图像的高斯滤波范围，决定了图像的模糊程度，对应不同的图像尺度参数。

对于图像金字塔的每一层，其图像均由图像金字塔上一层最后一个图像的四分之一降采样得到，然后应用一系列的高斯核进行卷积，形成一组多尺度的图像，如图 3-3 所示。

在尺度空间中，极值点是潜在的关键点。通过比较一个像素点在当前尺度图像中与相邻的 8 个像素点，以及在尺度上下的 18 个像素点（总计 26 个邻域点）的灰度值，来确定该像素点是否为极值点。如果一个像素点在其邻域中具有最大或最小值，则它会被认为是潜在的关键点。这些关键点被认为具有尺度不变性，因为它们来自于多尺度的极值检测。这一步骤可以通过 DoG 图像来实现，如图 3-4 所示，DoG 图像是相邻尺度空间的高斯图像的差异，可表示为

$$\mathrm{DoG}(x,y,\sigma)=G(x,y,k\sigma)-G(x,y,\sigma) \tag{3-7}$$

式中，k 为相邻尺度间的固定常数比例。

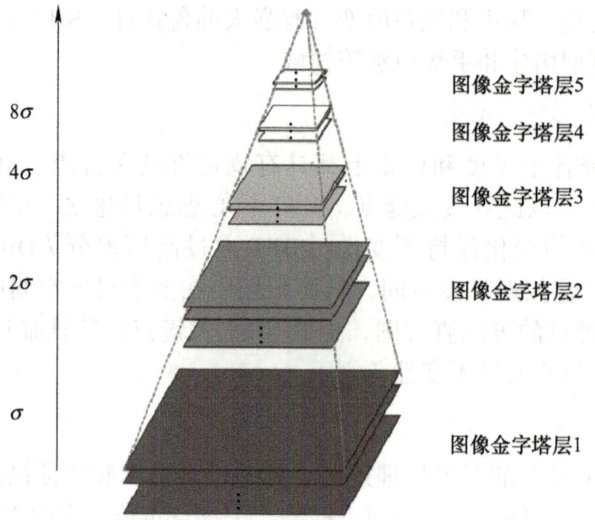

图 3-3　一组多尺度的图像

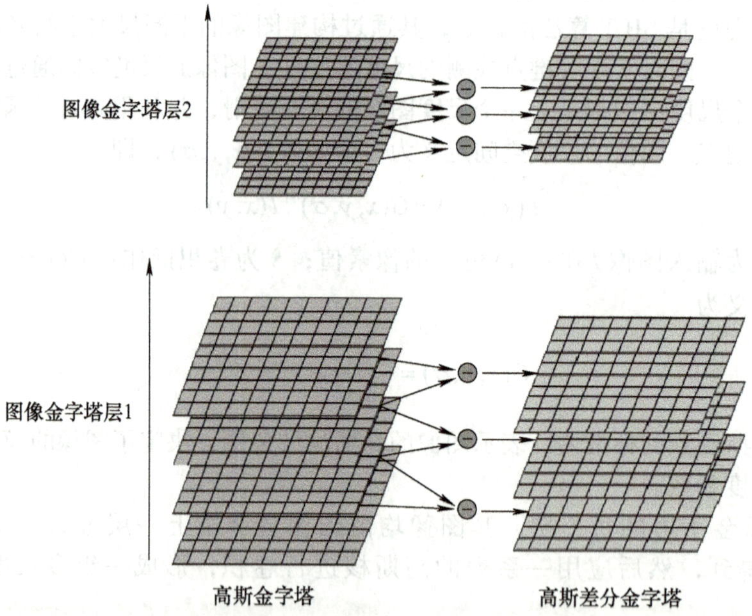

图 3-4　DoG 图像

（2）关键点定位

关键点定位是从尺度空间极值点中精确地确定关键点的位置和尺度，并去除那些对匹配质量贡献较低的点。SIFT 算法通过拟合一个三维二次函数对每一个候选关键点的位置进行精细定位。具体来说就是将 DoG 函数 $D(x,y,\sigma)$ 在极值点 $\boldsymbol{x}=(x,y,\sigma)$ 的附近进行泰勒展开，得到近似表示，即

$$D(\boldsymbol{x})=D+\frac{\partial D^{\mathrm{T}}}{\partial \boldsymbol{x}}\Delta \boldsymbol{x}+\frac{1}{2}\Delta \boldsymbol{x}^{\mathrm{T}}\frac{\partial^2 D}{\partial \boldsymbol{x}^2}\Delta \boldsymbol{x} \tag{3-8}$$

式中，$D(\boldsymbol{x})$ 为极值点 $\boldsymbol{x}$ 的 DoG 函数值；$\frac{\partial D^{\mathrm{T}}}{\partial \boldsymbol{x}}$ 为 DoG 函数的梯度；$\frac{\partial^2 D}{\partial \boldsymbol{x}^2}$ 为 DoG 函数的 Hessian 矩阵；$\Delta \boldsymbol{x} = (\Delta x, \Delta y, \Delta \sigma)$ 为相对于初始极值点 $\boldsymbol{x}$ 的偏移量。

对式（3-8）求一阶导数，并令一阶导数为 0，即可得到新的极值点对应的偏移量为

$$\Delta \boldsymbol{x} = -\frac{\partial^2 D}{\partial \boldsymbol{x}^2}^{-1} \frac{\partial D}{\partial \boldsymbol{x}} \tag{3-9}$$

如果 $\Delta \boldsymbol{x}$ 中任意一个偏移量大于 0.5，则意味着精确极值点更接近于另一个邻点，此时令 $\boldsymbol{x} = \boldsymbol{x} + \Delta \boldsymbol{x}$，即得到新的更精确的极值点，然后重复上述过程，直到偏移量变化较小或达到最大的迭代次数。

对于每一个精细定位后的关键点，可进一步通过计算其 DoG 函数值来判断该点是否具有足够的对比度。若该值小于某个阈值，则认为该点的对比度太低，不适合作为关键点，该点将会被丢弃。同时，要确保所选的关键点是角点而不是边缘，理想的角点应该在多个方向上有较大的曲率，而边缘点则通常在一个方向上曲率变化较大。通过计算极值点的 Hessian 矩阵两个特征值的比率，可以判断一个点是否位于边缘上。若比率大于某个阈值，则该点会被认为是边缘点，同样丢弃该极值点。

（3）方向直方图构建

为了增强关键点特征的旋转不变性，即在图像旋转时，关键点的特征描述仍能保持一致，SIFT 算法提出了构建关键点的方向直方图。对于每一个关键点，可利用其周围像素的梯度信息来构建方向直方图。

首先，需要计算关键点一个邻域内像素的梯度，包括梯度的大小和方向，具体计算公式为

$$m(x,y) = \sqrt{[I(x+1,y) - I(x-1,y)]^2 + [I(x,y+1) - I(x,y-1)]^2} \tag{3-10}$$

$$\theta(x,y) = \arctan\left[\frac{I(x,y+1) - I(x,y-1)}{I(x+1,y) - I(x-1,y)}\right] \tag{3-11}$$

式中，$m(x,y)$ 为利用图像两个方向的差分计算的像素 (x,y) 梯度大小；$\theta(x,y)$ 为梯度方向。

对于一个关键点及其邻域内的像素，可按照其梯度方向的角度划分成多个区间，通常分成 36 个区间，每个区间覆盖 10°，以此构建方向直方图，图中包括 36 个直方图的柱，每个柱的大小是梯度方向落在该区间的像素的梯度大小加权和，如图 3-5 所示。这里的加权可以采用简单的累加，也可以采用类似高斯分布的中心像素权重大的加权。

为了构建旋转不变的直方图特征，在上述直方图构建完毕后，通过搜索直方图的峰值来确定关键点的主方向，并将直方图对齐到主方向，即所有梯度方向减去主方向构建直方图，或者以主方向为 0° 对应的第一个直方图柱构建直方图，从而使得该关键点的特征描述具有旋转不变性。

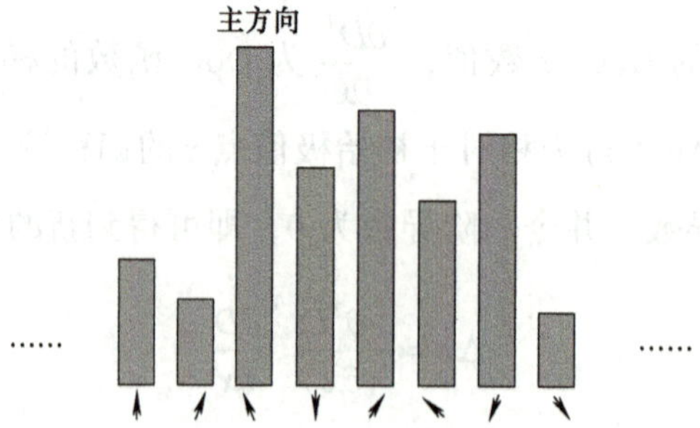

图 3-5　方向直方图及主方向

(4) 特征描述子生成

方向直方图的构建为生成旋转不变的 SIFT 特征描述子提供了很好的思路，为了提高特征描述的性能和后续的特征匹配精度，进一步构建了分区方向统计的 128 维 SIFT 特征描述子，具体的构建方法如下：

1）围绕每个关键点定义一个 16×16 像素的邻域窗口。该窗口从关键点的尺度空间中选择，窗口的大小会根据关键点所在的尺度进行调整。为了保持特征描述子的空间信息，这个 16×16 像素的窗口会进一步被划分为 16 个 4×4 像素的子区域。每个子区域将独立地收集和描述关键点周围的局部特征。对于每个 4×4 像素的子区域，计算其中每个像素的梯度大小和方向。方向通常根据关键点的主方向进行调整，以保证特征描述子的旋转不变性。调整后的方向可以计算为

$$\theta' = \theta - \theta_{\text{main}} \tag{3-12}$$

式中，θ为原始梯度方向；θ_{main}为关键点主方向。

2）对每个 4×4 像素的子区域，根据调整后的梯度方向构建一个 8 柱的方向直方图。每个柱覆盖 45°，每个柱的直方图是该角度区间的像素梯度大小的加权和，并使用高斯窗口对梯度大小进行加权，这样做会对子区域中心附近的像素产生更大的影响。

3）将所有 16 个子区域的方向直方图联合，形成一个 128 维（16×8 个方向）的特征向量。若需要提高特征向量对光照变化的鲁棒性，则需要对这个 128 维的特征向量进行归一化处理，即减少图像光照变化对特征描述子的影响。

图 3-6 所示为 SIFT 关键点检测示例，其中图 3-6a，c 所示为原始图像，图 3-6b，d 所示为 SIFT 关键点检测的结果，图中以关键点为圆心的圆的大小表示图像尺度大小，圆的半径表示主方向。

SIFT 关键点检测算法提出的关键点检测和特征描述子具有尺度和旋转不变性，且具有光照和视角的鲁棒性，在图像处理和计算机视觉领域占有重要的地位，是学术和工业应用中广泛使用的点特征表示技术之一。

3.2.3　HardNet 点特征学习

HardNet 是一种专门为提取鲁棒局部特征而设计的神经网络模型。它通过一种特殊的训练策略，即困难三元组损失（Hard Triplet Loss）来优化特征的区分能力。这种方法强调在特征空间中最小化相似特征之间的距离，同时最大化不同特征之间的距离。HardNet

的这种训练策略使得它在图像匹配、物体识别和三维重建等多种计算机视觉任务中表现出了优异的性能。

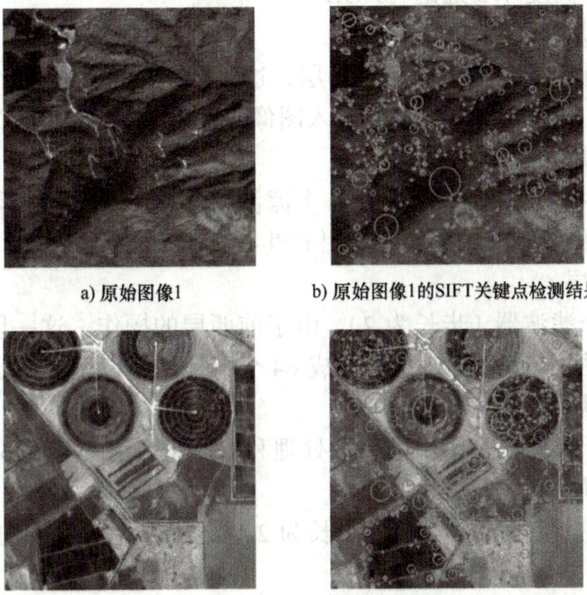

a) 原始图像1　　b) 原始图像1的SIFT关键点检测结果

c) 原始图像2　　d) 原始图像2的SIFT关键点检测结果

图 3-6　SIFT 关键点检测示例

1. 基本原理

HardNet 整体由两部分构成——骨干特征学习网络 L2Net，以及基于一个训练批次中困难样本的采样策略。

L2Net 于 2017 年被提出，其大大提高了当时的图像块匹配准确率。L2Net 的主要贡献是提出了一种渐进式采样策略，使得网络可以在有限的迭代周期里接触到尽可能多的训练样本，并通过在中间网络特征层引入监督信息来进一步提升特征描述子的判别力。之所以将网络命名为 L2，是因为网络利用 L2 距离约束特征描述子，直接输出 128 维的特征向量。描述子空间的特征向量非常便于执行最近邻搜索，因此为后续的匹配任务提供了便利。

L2Net 的整体结构如图 3-7 所示，其主要组成如下。

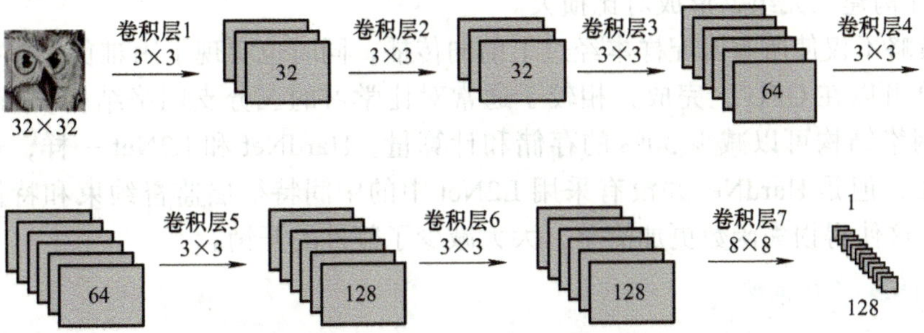

图 3-7　L2Net 的整体结构

（1）网络层输入

L2Net 的输入图像（见图 3-7 左上角）通常被表示为一个多维数组。对于彩色图像，其输入大小为宽度 × 高度 ×3 通道（RGB）。

（2）第一个卷积层

第一个卷积层即图 3-7 中显示了 32 的层，这表示该层使用了 32 个滤波器（卷积核）。滤波器的大小为 3×3。每个滤波器扫描输入图像，并生成 32 个特征图。

（3）第二个卷积层

与第一个卷积层相似，这一层也有 32 个滤波器。这一层的输入是前一层生成的特征图。这一层会进一步提取图像中的特征，并产生 32 个新的特征图。

（4）第三个卷积层

这一层包含 64 个滤波器（步长为 2）。由于前两层的操作，这一层的输入特征图比最初的图像更具高阶特征。64 个滤波器会生成 64 个特征图，以便进一步提取特征。

（5）第四个卷积层

这一层也有 64 个滤波器，用于进一步处理和提取来自前一层的 64 个特征图。

（6）第五个卷积层

这一层的滤波器数量增至 128 个（步长为 2），这意味着 L2Net 正在处理越来越多的高级特征。

（7）第六个卷积层

与第五个卷积层类似，这一层也有 128 个滤波器，用于生成 128 个新的特征图。

（8）第七个卷积层

这一层同样使用 128 个滤波器，以此进行最后一次特征提取。不同于前面的卷积层，这一层采用了更大的 8×8 卷积核，从而对高级特征具有更大的感受野。

（9）网络输出层

经过所有卷积层后，特征图被展平为一个一维向量，最后形成图像的特征描述子。

除第七个卷积层外，每个卷积层操作之后都会添加批归一化（BN）层及 ReLU 激活函数，以便加速训练过程的收敛，并在一定程度上缓解梯度消失。

HardNet 继承了 L2Net 的网络结构，并且提出了一种更简单的采样策略，其网络输入为一批匹配的图像块对（即正样本对），然后分别经过特征提取网络得到对应的特征描述子，得到特征描述子后，对所有样本对计算距离矩阵，使得只有对角线上的元素为匹配样本对的距离。对于每一对正样本对，都挑选出批量内相对应的最困难的负样本对（即非匹配样本），并构建三元组，形成对比损失。

这一策略不仅使所有匹配样本经过了前向传播，同时也实现了困难负样本挖掘。距离矩阵的计算可以在 GPU 上完成，相较于通常对比学习的三分支网络结构，HardNet 采用的双分支网络结构可以减少 30% 的存储和计算量。HardNet 和 L2Net 一样，也有 128 维的特征向量，但是 HardNet 并没有采用 L2Net 中的中间特征层监督约束和特征描述子相关性约束，这使得损失函数更加简单，大大减少了额外的开销。

2. HardNet 采样策略

如图 3-8 所示，HardNet 采样策略主要包含以下步骤。

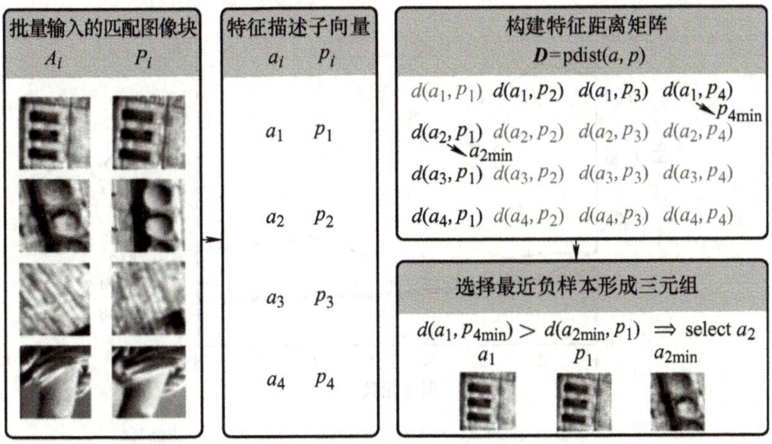

图 3-8　HardNet 采样策略

1）输入一个批量（Batch）的匹配局部图像块(A_i,P_i)，其中$i=1,2,\cdots,n$，A_i表示当前的锚点块，P_i表示与A_i匹配的图像块，即正样本。每个(A_i,P_i)对来自于同一个关键点。

2）通过网络计算每个输入图像块的特征描述子向量，令a_i和p_i分别表示A_i和P_i的特征描述子向量。

3）计算特征描述子向量的成对特征距离矩阵$\boldsymbol{D}=\mathrm{pdist}(a,p)$，其中每个距离元素定义为$d(a_i,p_j)=\sqrt{2-2a_ip_j}$。

4）对于每个匹配对(a_i,p_i)，找到其最近的非匹配描述子，即

$$p_{j,\min}=\arg\min_{j=1,2,\cdots,n,j\neq i}d(a_i,p_j) \tag{3-13}$$

$$a_{k,\min}=\arg\min_{k=1,2,\cdots,n,k\neq i}d(a_k,p_i) \tag{3-14}$$

5）从每个四元组$(a_i,p_i,p_{j,\min},a_{k,\min})$中选择一个三元组，如果$d(a_i,p_{j,\min})<d(a_{k,\min},p_i)$，则选择$(a_i,p_i,p_{j,\min})$，否则选择$(p_i,a_i,a_{k,\min})$，即选择最近的非匹配样本。

6）构建三元组损失（Triplet Margin Loss），即

$$L(a_i,p_i,p_{j,\min},a_{k,\min})=\frac{1}{n}\sum_{i=1}^{n}\{\max[0,1+d(a_i,p_i)]-\min[d(a_i,p_{j,\min}),d(a_{k,\min},p_i)]\} \tag{3-15}$$

式中，$\max[0,1+d(a_i,p_i)]$使得匹配样本对（即正样本对）的距离最小；$\min[d(a_i,p_{j,\min}),d(a_{k,\min},p_i)]$使得最近的负样本对的距离最大化，从而使得模型在正样本和负样本之间做出更明确的区分。

HardNet 的训练依赖于批样本的规模，即 Batch 的大小，图 3-9 所示为不同大小的 Batch 对模型特征学习的影响。可以看出，随着 Batch 的规模逐渐增大，HardNet 的匹配效果逐渐提升，其中 FPR 指标越低代表效果越好。

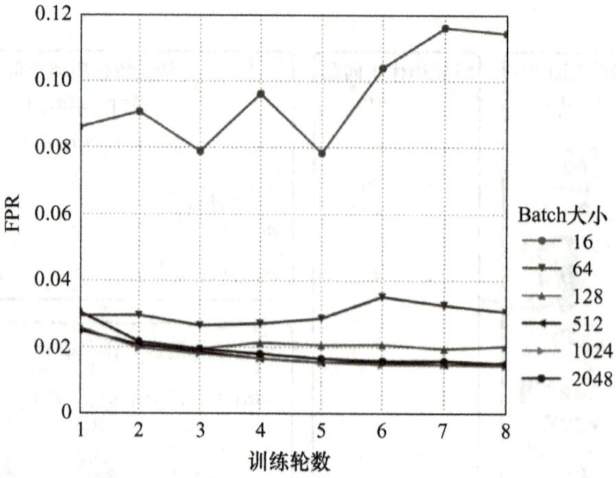

图 3-9　Batch 的大小对 HardNet 模型特征学习的影响

3.2.4　Key.Net 关键点检测网络

传统的关键点检测器通过手工设计的算子来定位几何结构。如 Harris 和 Hessian 检测器使用一阶和二阶图像导数来查找图像中的角或斑点，这些检测器得到了进一步扩展，可以处理多尺度和微小的变换。后来，SURF 使用积分图像和 Hessian 矩阵的近似加快了检测过程。KAZE 及其变体 A-KAZ 提出了多尺度的改进，与广泛使用的高斯金字塔相比，Hessian 检测器适用于一个线性扩散尺度空间。SIFT 会在多个尺度水平上寻找关键点，而 MSER 会分割并选择稳定区域作为关键点。尽管传统的关键点检测器取得了很大的成功，但它们在恶劣天气和光照变化下识别稳健兴趣点的性能受限，基于深度学习的方法可以有效地对抗恶劣天气和光照变化，并获得高度稳健的可重复性关键点。结合上述手工设计和深度学习方法的优点，Key.Net 提出了一种新式关键点检测方法。

1. 基本思想

Key.Net 关键点检测网络将手工设计的基于梯度的特征、低级特征的组合和多尺度金字塔表示等方法与卷积神经网络特征提取器组合在一个浅层、多尺度的体系结构中，构建了一个浅层、多尺度的网络架构，实现了图像关键点的高效稳定检测。

Key.Net 关键点检测网络的结构如图 3-10 所示，首先，对于待检测关键点的图像，为了实现多尺度的特征检测，通过下采样构建多尺度的图像金字塔；然后，在不同尺度的图像上提取多通道的特征图，这里包括手工特征和可学习特征；接下来，将不同尺度的特征进行上采样，恢复到原始图像大小，并进行特征拼接，形成多尺度空间特征；最后，在多尺度空间特征上，通过网络学习关键点响应，检测图像的关键点。

2. 特色和核心模块

Key.Net 关键点检测网络的特色和核心模块主要包括：

（1）多尺度表示

为了能够检测到在不同尺度下稳定的关键点，从而增强对尺度变化的鲁棒性，Key.Net 使用了多尺度方法，即对输入图像进行多尺度处理（每个尺度的图像按 1.2 倍进行下采样)。网络会在每个尺度下分别提取特征图，然后对所有尺度下生成的特征图进行上采样，并进行拼接，形成多尺度特征图，以此生成最终的关键点响应图。

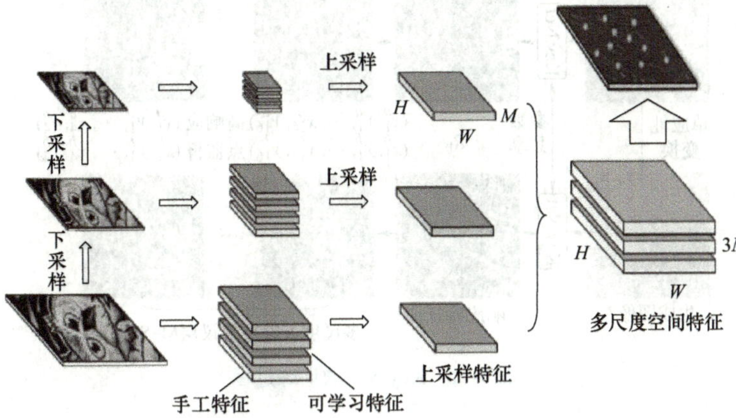

图 3-10　Key.Net 关键点检测网络的结构

（2）手工特征和可学习特征的结合

为了结合传统手工设计的点特征描述的知识经验，并考虑到基于深度学习的点特征更具适应性的优势，Key.Net 同时利用了手工特征滤波器和卷积滤波器来提取图像的特征，即设计了以下两类滤波器。

1）手工设计的滤波器：Key.Net 受到传统关键点检测器（如 Harris 和 Hessian）的启发，采用基于图像导数（包括一阶和二阶导数）的滤波器来检测图像中的显著结构，如角点和斑点。这些手工设计的滤波器有助于指导学习滤波器的学习。

2）学习滤波器：除了手工设计的滤波器，Key.Net 还采用卷积神经网络学习图像特征。这些学习滤波器经过训练，可进一步优化和选择关键点，并与手工设计的滤波器的响应合并。这样的结合方式减少了可学习参数的数量，提高了网络的稳定性和训练效率。

（3）多尺度关键点提议

为了检测最终的关键点，Key.Net 关键点检测网络在单层关键点提议（Index Proposal，IP）层的基础上，建立了多尺度关键点提议（Multi-scale Index Proposal，M-SIP）层，从而实现了不同尺度关键点的检测。

1）IP 层：此层负责从前一步生成的响应图中提取关键点的坐标。不同于非最大抑制等非可微方法，IP 层使用可微的空间 Softmax 操作来估计关键点的位置。

2）M-SIP 层：这是 IP 层的扩展，它在多个尺度上操作。该层允许网络在不同尺度上提取关键点，并确保检测到的关键点在多个尺度下都是稳定的。M-SIP 层有助于对关键点进行排序，确保只保留最稳定的关键点。

（4）基于几何单应性变换图像和孪生网络的网络训练

如图 3-11 所示，为了训练 Key.Net，对于给定的图像 I_a，通过构建几何单应性变换随机生成成对的图像 I_b，然后分别送入权重共享的 Key.Net 孪生网络，得到其响应特征图 R_a 和 R_b，并在多尺度关键点提议层 M-SIP 选择高响应的关键点作为监督信息，实现模型的训练。

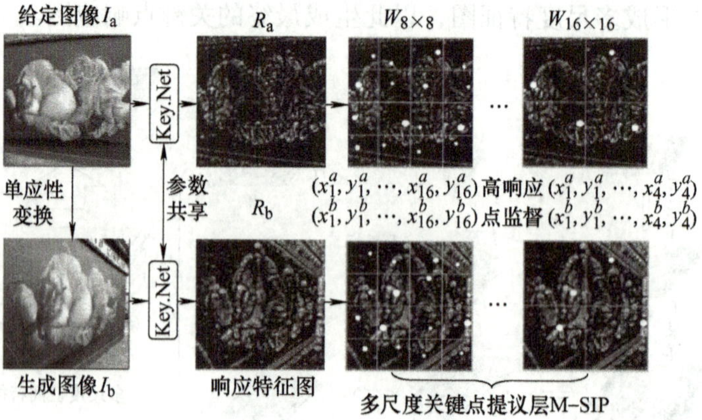

图 3-11　Key.Net 的训练过程

3.3　图像点特征应用

图像点特征在图像配准、目标检测和目标跟踪等许多计算机视觉任务中都有应用，本节以图像配准为例，介绍图像点特征应用。

1. 图像配准基本原理

图像配准是一种将存在视角差异、旋转变化、光照变化甚至模态差异的两幅或多幅图像进行像素级别对齐的过程。图像配准的目标是找到参考图像与待配准图像之间的变换函数，通过该函数对待配准图像进行变换，使其与参考图像对齐。具体而言，对于参考图像 P_1 和待配准图像 P_2，需要找到变换函数 f，使得参考图像中的每个像素点 $P_1(x,y)$ 都映射到待配准图像对应位置的像素点 $P_2(x,y)$。

在图像配准中，通常采用单应性矩阵 $\boldsymbol{H}$ 来描述变换函数 f。单应（Homography）是射影几何中的概念，又称为射影变换。它把一个射影平面上的点 $(x_1,y_1,1)$（三维齐次矢量）映射到另一个射影平面上，得到新的点 $(x_2,y_2,1)$，并且会把直线映射为直线，具有保线性质。单应性变换可以看作三维齐次矢量的一种线性变换，通常可以用一个 3×3 的非奇异矩阵表示，具体为

$$\begin{pmatrix} x_2 \\ y_2 \\ 1 \end{pmatrix} = \boldsymbol{H}\begin{pmatrix} x_1 \\ y_1 \\ 1 \end{pmatrix} = \begin{pmatrix} h_{11} & h_{12} & h_{13} \\ h_{21} & h_{22} & h_{23} \\ h_{31} & h_{32} & h_{33} \end{pmatrix}\begin{pmatrix} x_1 \\ y_1 \\ 1 \end{pmatrix} \tag{3-16}$$

利用单应性矩阵 $\boldsymbol{H}$，可以对图像中每个像素的位置进行空间变换。具体来说，对于坐标为 (x_i,y_i) 的像素点，其变换后在图像中的坐标为 (x_i',y_i')，变换的计算方式为

$$x_i' = \frac{h_{11}x_i + h_{12}y_i + h_{13}}{h_{31}x_i + h_{32}y_i + h_{33}} \tag{3-17}$$

$$y_i' = \frac{h_{21}x_i + h_{22}y_i + h_{23}}{h_{31}x_i + h_{32}y_i + h_{33}} \tag{3-18}$$

在求解矩阵 $\boldsymbol{H}$ 时，通常将 h_{33} 设为 1，因此矩阵 $\boldsymbol{H}$ 虽然有 9 个元素，但只有 8 个自由度。因此，理论上只需要 4 对匹配点的坐标即可唯一地求解出矩阵 $\boldsymbol{H}$。

2. 基于关键点特征的图像配准

基于关键点特征的图像配准通常会在参考图像和待配准图像上检测对应的关键点，并利用对应关键点来估计图像变换参数，实现图像配准，具体过程如图 3-12 所示，其主要包括以下步骤。

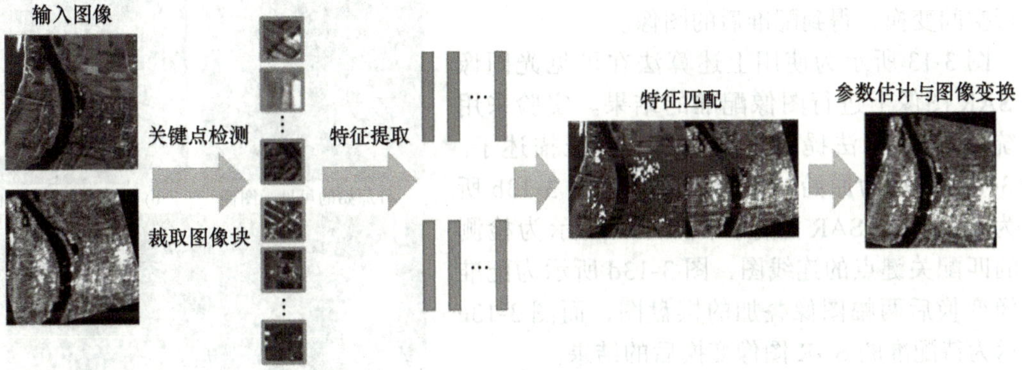

图 3-12　图像配准的具体过程

（1）关键点检测

从参考图像和待配准图像中提取关键点（也称特征点），这些点不会受到视角变换或尺度变化的影响，通常包括角点、拐点和直线交点等。常用的关键点检测器包括 SIFT、Harris、SURF 和 ORB 等。

（2）特征提取

从图像中检测到一定数量的关键点后，围绕这些关键点在图像中裁取图像块。然后提取这些图像块的特征。良好的特征提取器提取的特征应该具有足够高的判别性，即匹配的图像块提取到的特征应尽可能相似，不匹配的图像块提取的特征应不相似。常用的特征提取器包括 HardNet 等。为了使匹配的图像块提取到的特征尽可能相似，不匹配的图像块提取的特征不相似，常使用三元组损失来训练特征提取器。

（3）特征匹配

特征匹配即利用一定的度量标准来找到互相匹配的特征对，一般使用欧几里得距离作为标准来度量。由于图像的局部相似性，在检测到的关键点和提取的特征描述子中存在大量的错误匹配，所以要使用一定的策略进行筛选，最终得到可靠的匹配点对。在特征匹配阶段，通常先使用最近邻匹配法结合比例阈值法进行一次初筛，即要求最匹配的特征描述子的欧几里得距离 d_{first} 与第二匹配的特征描述子的欧几里得距离 d_{second} 满足比例阈值 $ratio$，即

$$\frac{d_{\text{first}}}{d_{\text{second}}} \leqslant ratio \tag{3-19}$$

使用最近邻匹配法对关键点进行初筛后，仍存在一定数量的错误匹配点对，这时通常使用 RANSAC 算法再进行一次筛选。RANSAC 算法首先从点对的集合中随机抽样，利用抽样的结果进行一次估计建模。然后利用估计的结果将其他样本代入计算误差，并将满足条件的样本扩充进抽样集合再进行重新估计，然后迭代此步骤，直至找到对所有样本的误差都足够小的模型作为最终的结果。

（4）参数估计与图像变换

利用经过 RANSAC 算法筛选后的点对计算变换矩阵 $\boldsymbol{H}$，最后利用变换矩阵 $\boldsymbol{H}$ 对待配准图像进行空间变换，得到配准后的图像。

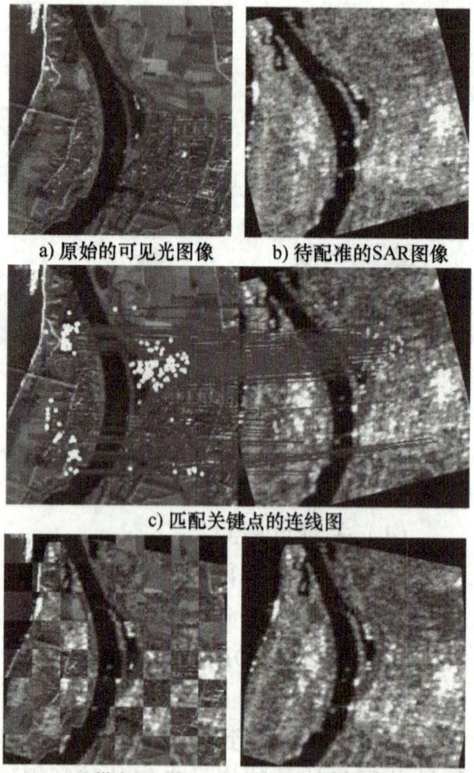

a) 原始的可见光图像　b) 待配准的SAR图像

c) 匹配关键点的连线图

d) 棋盘图　e) SAR图像变换后的结果

图 3-13　图像配准的结果

图 3-13 所示为使用上述算法在可见光图像和 SAR 图像上进行图像配准的结果。实验采用传统的 SIFT 算法提取关键点及其特征描述子。图 3-13a 所示为原始的可见光图像，图 3-13b 所示为待配准的 SAR 图像，图 3-13c 所示为检测到的匹配关键点的连线图，图 3-13d 所示为配准图像变换后两幅图像叠加的棋盘图，而图 3-13e 所示为待配准的 SAR 图像变换后的结果。

从图 3-13c 中可以看到，SIFT 等传统关键点提取算法能够找到大量的匹配点对，即使在可见光图像和 SAR 图像之间存在较大的异源差异的情况下，SIFT 依然可以找到匹配的关键点。

从图 3-13d 中可以看到，在可见光图像和变换后的 SAR 图像的拼接处，其拼接结果比较光滑，没有明显的错位，这表明配准的结果具有较高的精度。

通过上述图像配准步骤，能够成功地对可见光图像和 SAR 图像进行配准，从而为后续的多视角图像分析、多源信息融合、多时相变化检测等任务提供基础。

图像配准是一个复杂的视觉问题，虽然研究者提出了不同的方法和算法，但是在实际应用中，还需要考虑具体的应用场景，针对图像存在的噪声和畸变问题，以及多幅图像配准等更复杂的图像配准问题，选择适当的图像处理和校准方法，以及适当的图像配准方法，以获得准确的图像配准结果。

本章小结

本章介绍了图像的点特征表示。图像的点特征是计算机视觉领域的核心概念之一，它涉及图像中稳定且具有代表性的关键点的检测及其特征描述。关键点表示是指通过捕捉图像中某个点的显著性属性，如灰度值、梯度以及纹理等来表示其特征，为后续的图像配准、目标检测等任务提供基础。本章接下来介绍了主流的图像关键点检测算法，包括 Harris 角点检测和 SIFT 关键点检测等，它们适用于不同的应用场景。基于深度学习的 HardNet 点特征学习以及结合手工特征和深度特征的 Key.Net 关键点检测网络为读者提供了最新的研究视野。这些关键点的检测及其特征描述为图像配准等任务奠定了基础。

图像的点特征在计算机视觉中有着广泛的应用。图像的点特征是计算机视觉领域不可或缺的基础，掌握好这一概念和相关技术对于后续的计算机视觉任务至关重要。

思考题与习题

3-1　Harris 角点检测是否具有尺度不变性？为什么？

3-2　SIFT 特征描述子为什么具有旋转和尺度不变性？

3-3　对于给定图像，采用一种人为设计的图像关键点检测算法来检测其关键点。

3-4　简述 HardNet 的采样过程，并分析为什么该过程可以提高算法的效率。

3-5　Key.Net 结合手工设计和深度学习特征有什么好处？

3-6　对于给定图像，采用一种学习的图像关键点检测算法来检测其关键点。

3-7　OpenCV 是一个跨平台的计算机视觉库，其中已经实现了许多优秀的开源图像处理算法。请使用 Python 调用 OpenCV 的 SIFT 算法，实现图 3-14 中两幅图像的配准。

3-8　请将题 3-7 中 SIFT 算法提取到的描述符向量替换为 HardNet 学习到的描述符向量（预训练权重可以在 https://github.com/DagnyT/hardnet 中获取），并实现图 3-14 中两幅图像的配准。

a) 参考图像

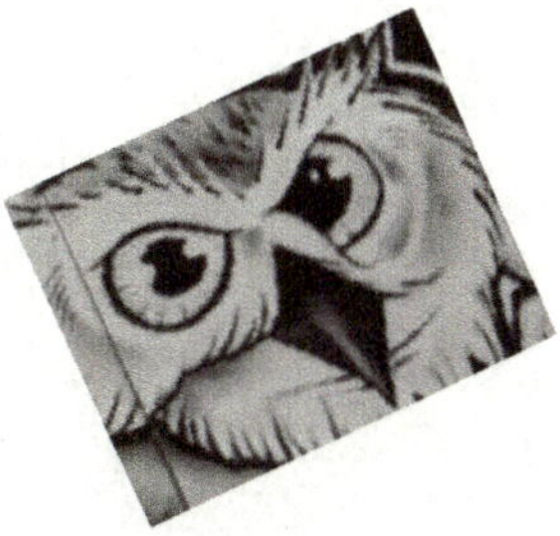

b) 待配准图像

图 3-14　题 3-7 图

参考文献

[1] 尚明姝，王克朝 . 基于多尺度 Harris 角点检测的图像配准算法 [J]. 电光与控制，2024，31（1）：28–32.

[2] HARRIS C，STEPHENS M. A Combined Corner and Edge Detector[C]//Alvey Vision Conference. Manchester：University of Manchester，1988，15（50）：10–5244.

[3] 姚依妮，王玮 . Harris 角点检测算法的应用研究 [J]. 智能计算机与应用，2022，12（8）：148–151.

[4] LOWE D G. Distinctive Image Features from Scale–Invariant Keypoints[J]. International Journal of

Computer Vision，2004，60：91–110.
[5] 朱林 . 基于 SIFT 算法的图像配准研究 [J]. 计算机与数字工程，2016，44（11）：2248–2251.
[6] 黄海波，李晓玲，聂祥飞，等 . 基于 SIFT 算法的遥感图像配准研究 [J]. 激光杂志，2021，42（6）：97–102.
[7] MISHCHUK A，MISHKIN D，RADENOVIC F，et al. Working Hard to Know Your Neighbor's Margins：Local Descriptor Learning Loss[C]//Neural Information Processing Systems. San Diego：Neural Information Processing System Foundation，Inc.，2017，30：1–12.
[8] BARROSO–LAGUNA A，RIBA E，PONSA D，et al. Key Net：Keypoint Detection by Handcrafted and Learned CNN Filters[C]//The IEEE/CVF International Conference on Computer Vision. Piscataway：IEEE，2019：5836–5844.
[9] SCHMITT M，HUGHES L H，ZHU X X. The SEN1–2 Dataset for Deep Learning In SAR–Optical Data Fusion[J]. ISPRS Annals of the Photogrammetry，Remote Sensing and Spatial Information Sciences，2018，4：141–146.

第 4 章　图像的线特征表示

导读

图像的线特征表示是图像底层视觉特征的重要部分，也是视觉目标边缘形状和轮廓表示的基础。本章主要介绍图像处理中常用的线特征表示方法，包括经典的边缘检测、基于模型的活动轮廓模型和主动形状模型，以及 Hough 变换。边缘检测通过识别亮度变化显著的点来提取图像的边缘，是图像的线特征表示的基本方法。活动轮廓模型（Snake 模型）利用能量最小化原理逐步逼近目标边界，广泛应用于图像分割。主动形状模型（ASM）是一种基于统计先验知识的形状轮廓搜索方法，适用于人脸等特定对象的轮廓搜索。Hough 变换是一种在参数空间进行线特征检测的方法，适合直线和圆等几何曲线的检测。本章通过理论和实例相结合的方式，详细介绍这些方法的基本原理和算法实现，从而帮助读者了解和掌握图像的线特征表示的主要技术。

本章知识点

- 边缘检测
- 活动轮廓模型（Snake 模型）
- 主动形状模型（ASM）
- Hough 变换

4.1　边缘检测

边缘检测（Edge Detection）是图像处理和计算机视觉中的一个基本问题，其主要目的是识别数字图像中亮度变化显著的像素点。图像属性中的显著变化通常反映了图像内容和光照的变化，包括深度的不连续性、表面方向的不连续性、物质属性的变化和场景照明的变化。边缘检测在图像处理和计算机视觉中，特别是在图像的线特征检测方面，具有重要意义。通过边缘检测，可以获得图像中对象的轮廓形状等高频信息，去除平坦区域等灰度变化不显著的区域，从而获得图像中的重要结构特征。

4.1.1 边缘和边缘检测

在边缘检测中，边缘是指图像中灰度级或颜色在空间上发生显著变化的区域，这些区域反映了图像中的重要特征和结构，如物体的边界、表面特性、材质变化和光照变化等。边缘检测算法的目标是找到这些显著变化点，以便提取图像中的关键信息。如果图像中的边缘能够被精确测量和定位，就能够对图像中的物体进行定位和测量，包括物体的面积、物体的尺寸和物体的形状等。

在数学上，边缘通常位于图像灰度具有一阶导数（梯度）极值或二阶导数（曲率）过零的地方，在这些地方，图像的梯度通常具有最大值，因此边缘可以通过图像梯度来进行检测。图像梯度反映了图像灰度值随空间坐标的变化率，体现了图像边缘的陡峭程度（大小）和方向。图像的梯度可以通过图像的一阶导数来计算。

图 4-1 所示为图像中水平方向 7 个像素点的灰度值显示效果，从图中可以很容易地判断出在第 4 和第 5 个像素点之间有一个边缘，因为它们之间发生了强烈的灰度跳变。当然，在实际的边缘检测中，边缘远没有图 4-1 中这样简单明显，需要取对应的阈值来区分它们。

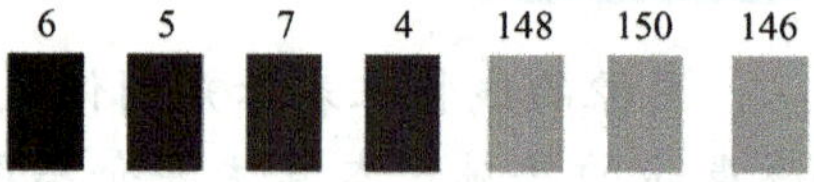

图 4-1 像素点的灰度值显示效果

图像边缘有许多形态，包括常见的阶梯型、屋脊型和线条型等，如图 4-2 所示。在实际中，边缘检测更多关注的是阶梯型和屋脊型边缘。阶梯型和屋脊型边缘的不同之处在于，阶梯型边缘的像素值会在上升或下降到某个值后持续下去，而屋脊型边缘的像素值存在先上升后下降的过程。

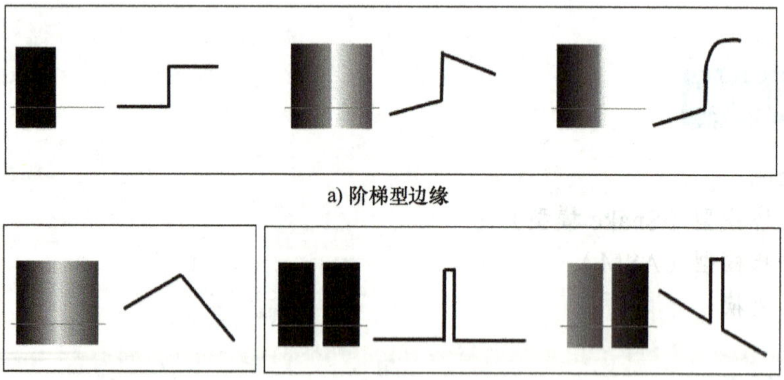
a) 阶梯型边缘

b) 屋脊型边缘　　c) 线条型边缘

图 4-2 边缘的形态

一般来说，图像的边缘检测主要有以下四个步骤。

（1）图像滤波

传统的边缘检测算法主要基于图像灰度的一阶和二阶导数，但图像导数的计算对噪声很敏感，因此在边缘检测之前，通常需要使用图像滤波器来抑制噪声，以改善边缘检测器的性能。需要指出的是，大多数图像滤波器在抑制噪声的同时也会造成边缘强度的损失，因此往往在增强边缘和抑制噪声之间需要有所权衡。

（2）边缘增强

边缘增强的原理是根据图像像素点及其邻域像素点的强度变化值，通过边缘增强算法将邻域（或局部）强度值有显著变化的点突显出来。边缘增强一般是通过计算梯度的幅值来实现的。

（3）边缘检测

边缘检测实际上就是寻找图像中像素值变化显著的像素点，即梯度幅值比较大的像素点。最简单的边缘检测判断依据是梯度幅值。然而，在图像中有许多点的梯度幅值都比较大，而这些点在特定的应用领域中并不都是边缘，在这种情况下，需要采用某种方法来确定哪些点是真正的边缘点。

（4）边缘定位

得到了边缘检测的像素点后，通常还需要精确地确定图像边缘的位置，甚至边缘的位置要可以在子像素分辨率上进行估计，同时边缘的方位也要可以被估计出来。

4.1.2　微分边缘检测

微分边缘检测主要利用图像的一阶微分或二阶微分来实现边缘检测的目的。其中，一阶微分边缘检测主要通过图像的梯度算子来实现，而二阶微分边缘检测主要通过图像的 Laplace 算子来实现。

首先讨论一阶微分边缘检测。对于一幅图像 $f(x,y)$，采用一阶微分检测其边缘时，在考虑边缘的大小和方向的情况下，一般采用图像梯度的强度和方向来实现。图像的梯度一般用 ∇f 来表示，它是式（4-1）定义的 x 和 y 方向图像一阶导数形成的向量，即

$$\nabla f \equiv \mathbf{grad}(f) \equiv \begin{pmatrix} g_x \\ g_y \end{pmatrix} \equiv \begin{pmatrix} \dfrac{\partial f}{\partial x} \\ \dfrac{\partial f}{\partial y} \end{pmatrix} \tag{4-1}$$

图像的梯度向量 ∇f 的方向表示图像 $f(x,y)$ 在当前像素灰度值变化最大的方向，而其幅值大小则表示在当前像素灰度值的变化率。

梯度 ∇f 的幅值大小用 $M(x,y)$ 表示，即

$$M(x,y) = \mathrm{mag}(\nabla f) = \sqrt{g_x^2 + g_y^2} \tag{4-2}$$

梯度 ∇f 的方向为

$$\Phi(x,y) = \arctan\left(\frac{g_y}{g_x}\right) \tag{4-3}$$

对于离散的数字图像，上述图像 $f(x,y)$ 在点 x 处的导数可以采用差分的形式来近似。具体来说，先考虑一维可导函数 $f(x)$ 及其在一点 x 处的泰勒展开，即

$$f(x+\Delta x) = f(x) + \frac{\mathrm{d}f}{\mathrm{d}x}\Delta x + o(\Delta x) \tag{4-4}$$

若令 $\Delta x=1$，并且忽略高阶无穷小量 $o(\Delta x)$，则可以得到该函数导数的一个近似计算公式，即

$$\frac{\mathrm{d}f}{\mathrm{d}x}=f(x+1)-f(x) \tag{4-5}$$

基于上面的推导过程，可以得到数字图像的梯度计算方法，即采用每个像素点位置处的差分来计算，此时 g_x 和 g_y 分别计算为

$$g_x=\frac{\partial f(x,y)}{\partial x}=f(x+1,y)-f(x,y) \tag{4-6}$$

$$g_y=\frac{\partial f(x,y)}{\partial y}=f(x,y+1)-f(x,y) \tag{4-7}$$

式（4-6）和式（4-7）如果看作是对图像 $f(x,y)$ 的一维滤波模板，如图 4-3 所示，就可以得到图像边缘检测的一个梯度算子，又称为边缘算子或边缘检测算子，即一阶微分算子。

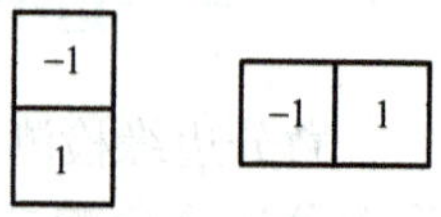

图 4-3　一维滤波模板

除了边缘检测算子，研究者后来又设计了一系列一阶微分算子，其主要思想是将图像的平滑滤波与微分算子结合，通过扩展算子的维度大小来消除噪声的影响，提高边缘检测的稳定性。常见的微分边缘检测算子包括 Roberts 算子、Prewitt 算子和 Sobel 算子等。

1. Roberts 算子

1963 年，Roberts 提出了这种边缘检测算子，因此这种算子被称为 Roberts 算子，又称为交叉微分算子。该算子基于交叉差分的梯度算法，常用来处理具有局部陡峭特性的低噪声图像，当图像边缘接近于 45° 或 −45° 时，该算子的处理效果更理想。Roberts 算子是一个 2×2 的模板，采用的是对角方向相邻的两个像素之差。从图像边缘检测的实际效果来看，其边缘定位较准，对噪声敏感。

Roberts 算子分为水平方向滤波算子和垂直方向滤波算子，由两个 2×2 的滤波算子组成，即

$$\boldsymbol{S}_x=\begin{pmatrix}1 & 0\\ 0 & -1\end{pmatrix} \tag{4-8}$$

$$\boldsymbol{S}_y=\begin{pmatrix}0 & -1\\ 1 & 0\end{pmatrix} \tag{4-9}$$

式中，$\boldsymbol{S}_x$ 为水平方向滤波算子；$\boldsymbol{S}_y$ 为垂直方向滤波算子。

对于离散图像，像素点 (i,j) 处的算子为

$$\boldsymbol{S}_x(i,j)=f(i,j)-f(i+1,j+1) \tag{4-10}$$

$$\boldsymbol{S}_y(i,j)=f(i+1,j)-f(i,j+1) \tag{4-11}$$

式中，$S_x(i,j)$ 为该像素水平方向的滤波值；$S_y(i,j)$ 为该像素垂直方向的滤波值。

该像素的 Roberts 算子的最终响应值为

$$s=\sqrt{S_x^2(i,j)+S_y^2(i,j)} \tag{4-12}$$

对于该算法来说，当图像边缘接近于 45° 或 –45° 时，处理效果最为理想。该算法也存在一些不足，如边缘的轮廓较粗、对于较大的图像噪声较为敏感等。Roberts 算子边缘检测的一个实例如图 4-4 所示。

a) 原始图像

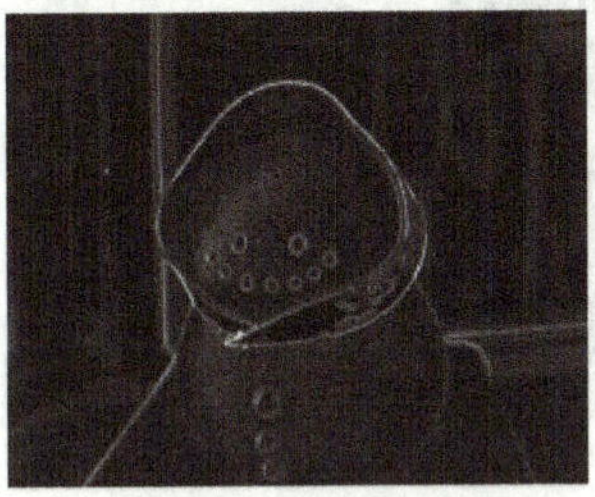

b) Roberts算子边缘检测结果

图 4-4 Roberts 算子边缘检测实例

2. Prewitt 算子

Prewitt 算子是 J. M. S. Prewitt 于 1970 年提出的一种检测算子。不同于 Roberts 算子采用 2 × 2 大小的模板，Prewitt 算子采用了更大的 3 × 3 的卷积模板。卷积模板的扩大，可以理解为更大范围的图像平滑处理，因此 Prewitt 算子具有更好的噪声鲁棒性。同时，Prewitt 算子采用水平 + 垂直的两个方向的算子去逼近图像梯度在两个方向上的分量，因此 Prewitt 算子的边缘检测轮廓在水平部分和垂直部分比 Roberts 算子检测出来的边缘要更加明显。Prewitt 算子的两个 3 × 3 的滤波算子为

$$S_x=\begin{pmatrix}-1 & 0 & 1\\ -1 & 0 & 1\\ -1 & 0 & 1\end{pmatrix} \tag{4-13}$$

$$S_y=\begin{pmatrix}1 & 1 & 1\\ 0 & 0 & 0\\ -1 & -1 & -1\end{pmatrix} \tag{4-14}$$

式中，S_x 为水平方向滤波算子；S_y 为垂直方向滤波算子。

Prewitt 算子的最终响应为

$$s(i,j)=\max[S_x(i,j),S_y(i,j)] \tag{4-15}$$

或者

$$s(i,j)=S_x(i,j)+S_y(i,j) \tag{4-16}$$

Prewitt 算子在最后确定边缘点时，通常会选择适当的阈值 T，当 $s(i,j)>T$ 时则认

为该像素点 (i,j) 为边缘点，否则就不是边缘点。这种简单的边缘判定方法并不合理，容易造成一些边缘点的误判。例如，当一些噪声点的灰度值很大或很小，特别是存在椒盐噪声时，往往会导致边缘点的错误判定。虽然 Prewitt 算子采用像素点周围的灰度平均对噪声进行抑制，但这种平滑操作只相当于对图像进行一次低通滤波，难以处理椒盐噪声，此时 Prewitt 算子对图像边缘的识别效果不佳。Prewitt 算子边缘检测的一个实例如图 4-5 所示。

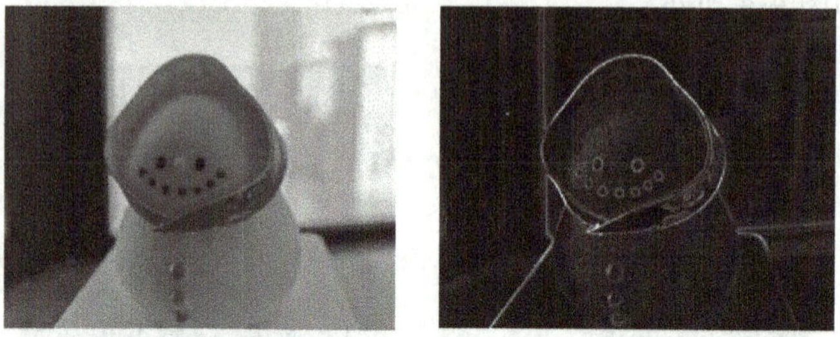

a) 原始图像　　b) Prewitt算子边缘检测结果

图 4-5　Prewitt 算子边缘检测实例

3. Sobel 算子

Sobel 算子最初在 1968 年由 Sobel 提出，当时称为“A 3 × 3 Isotropic Gradient Operator for Image Processing”，后来正式发表在 1973 年 Sobel 的相关专著里。Sobel 算子和 Prewitt 算子都采用加权平均，但是 Sobel 算子认为邻域像素对当前像素产生的影响不是相同的，距离不同的像素应有不同的权重，一般距离越远，产生的影响越小。因此，Sobel 算子结合了高斯平滑和一阶微分，设计了权重不同的滤波算子，即在中心像素附近的权重加大，而外围边缘的权重减小。具体来说，Sobel 算子同 Prewitt 算子一样，使用两组 3 × 3 的滤波算子，但与 Prewitt 算子不同，Sobel 算子加大了中心像素的权重，其两组滤波算子为

$$\boldsymbol{S}_x = \begin{pmatrix} -1 & 0 & 1 \\ -2 & 0 & 2 \\ -1 & 0 & 1 \end{pmatrix} \tag{4-17}$$

$$\boldsymbol{S}_y = \begin{pmatrix} 1 & 2 & 1 \\ 0 & 0 & 0 \\ -1 & -2 & -1 \end{pmatrix} \tag{4-18}$$

式中，$\boldsymbol{S}_x$ 为水平方向滤波算子；$\boldsymbol{S}_y$ 为垂直方向滤波算子。

Sobel 算子最终使用图像中每一个像素的水平部分和垂直部分的滤波结果来估计梯度值并进行边缘检测，具体计算与式（4-15）和式（4-16）相同。

Sobel 算子结合了高斯模糊和一阶微分进行边缘检测，因为高斯平滑具有较好的噪声抑制能力，所以 Sobel 算子具有良好的抗噪声能力和鲁棒性。Sobel 算子边缘检测的一个实例如图 4-6 所示。

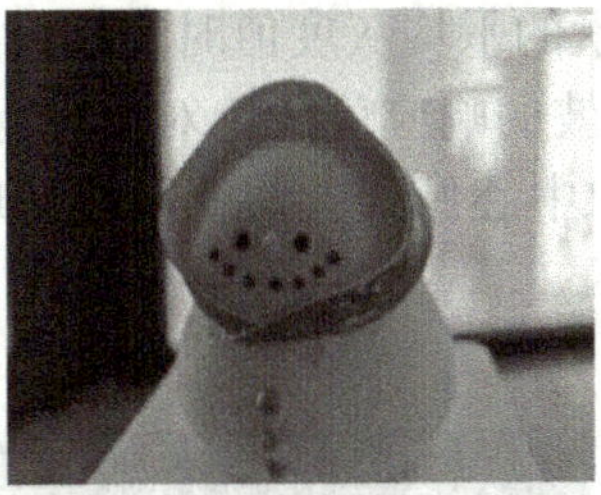
a) 原始图像

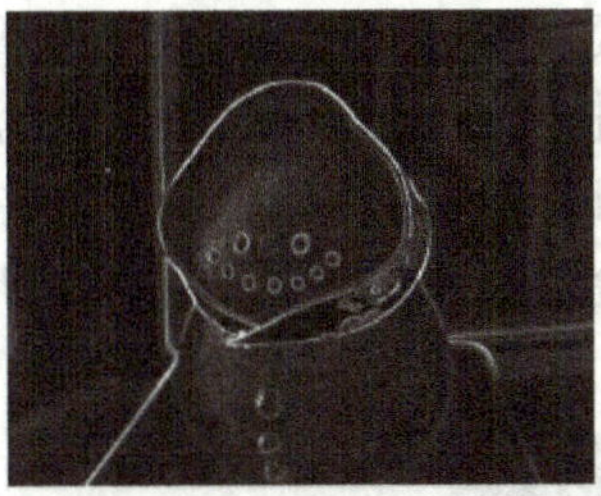
b) Sobel算子边缘检测结果

图 4-6　Sobel 算子边缘检测实例

上面介绍了三种一阶微分边缘检测方法，下面介绍以二阶微分为基础的边缘检测方法，包括 Laplace 算子和它与高斯滤波相结合的 Laplace of Guassian（LoG）算子。

4. Laplace 算子

Laplace 算子是最简单的各向同性微分算子，一个二维函数的拉普拉斯变换是各向同性的二阶导数，即 Laplace 算子的表达式为

$$\nabla^2 f(x,y)=\frac{\partial^2 f(x,y)}{\partial x^2}+\frac{\partial^2 f(x,y)}{\partial y^2} \tag{4-19}$$

使用 Laplace 算子进行边缘检测的思想是比较图像中心像素的灰度值与它周围其他像素的灰度值，如果中心像素的灰度值更高，则提升中心像素的灰度值；反之则降低中心像素的灰度值，从而实现图像锐化。

在设计 Laplace 算子时，对邻域中心像素的四方向或八方向求梯度，再将梯度相加，判断中心像素灰度值与邻域内其他像素灰度值的关系。对于四方向和八方向，有两种不同的模板设计。

Laplace 算子四方向模板为

$$\boldsymbol{H}=\begin{pmatrix}0 & -1 & 0\\ -1 & 4 & -1\\ 0 & -1 & 0\end{pmatrix} \tag{4-20}$$

Laplace 算子八方向模板为

$$\boldsymbol{H}=\begin{pmatrix}-1 & -1 & -1\\ -1 & 8 & -1\\ -1 & -1 & -1\end{pmatrix} \tag{4-21}$$

将上述 Laplace 算子模板应用于图像的滤波，即通过不同方向梯度的和来检测是否为边缘像素。其中四方向是对邻域中心像素的四个方向求梯度，八方向是对八个方向求梯度。从 Laplace 算子模板的设计中可以发现：

1）当邻域内像素灰度值相同时，模板的卷积运算结果为 0，即在图像平坦区域，Laplace 算子滤波不起明显作用。

2）当中心像素灰度值高于邻域内其他像素的平均灰度值时，Laplace 算子滤波为正数。

3）当中心像素灰度值低于邻域内其他像素的平均灰度值时，模板的卷积为负数。

因此，可以根据 Laplace 算子在图像上滤波的响应值的绝对值进行边缘检测。如果对卷积运算的结果乘以适当的衰弱因子并加在原中心像素上，就可以实现图像的锐化处理。Laplace 算子边缘检测的一个实例如图 4-7 所示。

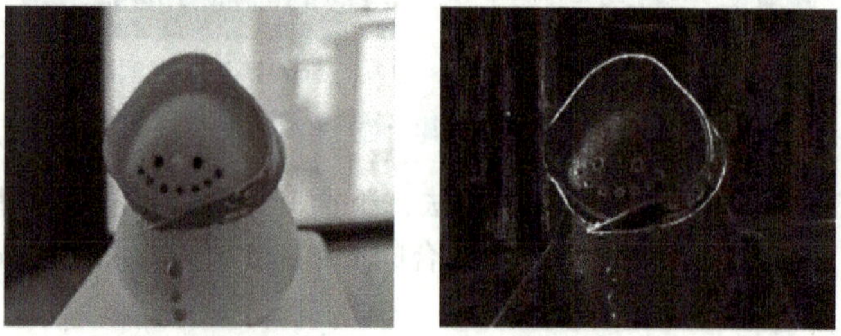

a) 原始图像　　b) Laplace算子边缘检测结果

图 4-7　Laplace 算子边缘检测实例

5. Laplace of Guassian（LoG）算子

直接使用 Laplace 算子进行边缘检测时，边缘检测的结果极易被噪声干扰，即 Laplace 算子的抗噪声能力非常弱。为此，Marr 和 Hildreth 将 Laplace 算子与高斯低通滤波相结合，于 1980 年提出了 Laplace of Guassian（LoG）算子，又称为马尔（Marr）算子。该算子先用高斯滤波器平滑图像，达到去除噪声的目的，然后用 Laplace 算子对图像进行边缘检测。这样既实现了降低噪声的效果，同时也使边缘更加平滑。LoG 算子已经成为阶跃边缘检测效果最好的算子之一。

对于二维高斯函数，即

$$G(x,y,\sigma)=\frac{1}{2\pi\sigma^2}\mathrm{e}^{-\frac{x^2+y^2}{2\sigma^2}} \tag{4-22}$$

应用 Laplace 算子可以得到

$$\nabla^2 G=\frac{\partial^2 G}{\partial x^2}+\frac{\partial^2 G}{\partial y^2}=\frac{-2\sigma^2+x^2+y^2}{2\pi\sigma^6}\mathrm{e}^{-\frac{x^2+y^2}{2\sigma^2}} \tag{4-23}$$

因此，LoG 算子定义为

$$\mathrm{LoG}=\sigma^2\nabla^2 G \tag{4-24}$$

LoG 算子是轴对称函数，且函数的平均值为 0，因此用它与图像进行卷积并不会对图像平坦区域的中心像素造成改变，但会使图像变平滑，且平滑程度与 σ 成正比。当 σ 较大时，高斯滤波起到了很好的平滑效果，较大程度地抑制了噪声，但同时也使一些边缘细节丢失，降低了图像的边缘检测效果；当 σ 比较小时，有较强的边缘检测性能，但对噪声比较敏感。因此，在实际应用 LoG 算子时，选取适当的 σ 值很重要，需要根据对边缘的检测能力和图像的噪声情况来确定 σ。

一个典型的 5×5 LoG 算子模板设计为

$$
\boldsymbol{H}=\begin{pmatrix} 0 & 0 & -1 & 0 & 0 \\ 0 & -1 & -2 & -1 & 0 \\ -1 & -2 & 16 & -2 & -1 \\ 0 & -1 & -2 & -1 & 0 \\ 0 & 0 & -1 & 0 & 0 \end{pmatrix} \tag{4-25}
$$

使用 LoG 算子对图像进行边缘检测时，类似于 Laplace 算子，对图像的每个像素用 LoG 算子模板进行卷积运算。LoG 算子边缘检测的一个实例如图 4-8 所示。

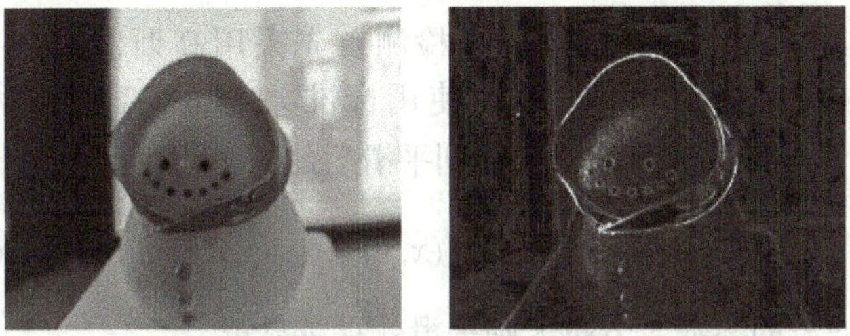

a) 原始图像　　　　b) LoG算子边缘检测结果

图 4-8　LoG 算子边缘检测实例

4.1.3　Canny 边缘检测

Canny 边缘检测由 John F. Canny 于 1986 年提出，是计算机视觉领域中的一种经典边缘检测算法。该算法通过一系列步骤精确地定位图像中的边缘，同时减少噪声干扰，确保检测结果的准确性和连续性。Canny 边缘检测在图像处理、模式识别和计算机视觉等领域广泛应用，尤其在图像分割和物体识别任务中表现出色，至今仍然是最有效的边缘检测算法之一。

1. 原理与准则

Canny 边缘检测算法的设计基于三个重要的准则，即检测准则、定位准则和单一响应准则，这些准则确保了边缘检测的有效性和鲁棒性。

（1）检测准则

检测准则强调的是边缘检测的灵敏度，即真正的边缘不应被遗漏，同时也不应有虚假的响应。换句话说，在噪声背景中要能准确地检测到真正的边缘，而不产生误报。这个准则保证了边缘检测的高检出率，同时减少了错误检测。

（2）定位准则

定位准则关注的是边缘检测的位置准确性。具体来说就是实际的边缘与检测到的边缘之间的距离应当尽可能小。这意味着边缘检测算法不仅要检测到边缘，还要精确地定位边缘位置，从而确保边缘的精度。

（3）单一响应准则

单一响应准则旨在确保每个边缘只产生一次响应，避免多重响应的情况。这要求检测器在处理被噪声干扰的边缘时，能有效区分并抑制多余的响应。该准则在一定程度上包含了检测准则，因为在对同一边缘有多个响应时，其中一些响应应被视为虚假响应。单一响应准则确保了边缘检测的稳定性和一致性。

上述三个准则共同构成了 Canny 边缘检测的基础，确保了算法在实际应用中的高效性和准确性。下面详细介绍 Canny 边缘检测的具体步骤及实现方法。

2. Canny 边缘检测流程

Canny 边缘检测流程包括五个主要步骤：高斯滤波、梯度计算、非极大值抑制、双阈值处理和边缘连接，如图 4-9 所示。每个步骤都有其特定的功能和目的，从而保证了边缘检测的鲁棒性和准确性。

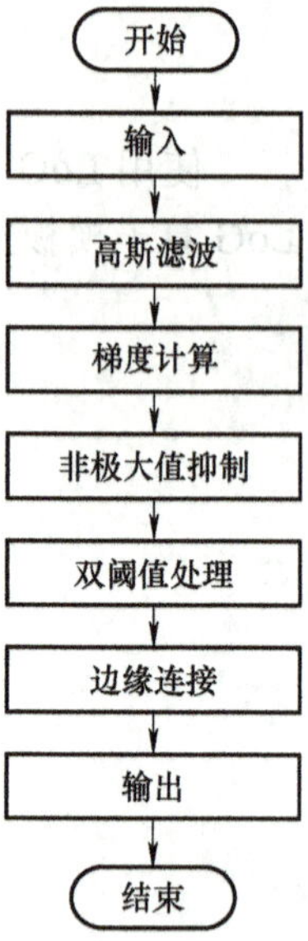

图 4-9　Canny 边缘检测流程

（1）高斯滤波

为了抑制图像中的噪声，Canny 边缘检测首先采用高斯滤波器对图像进行高斯滤波。对于图像 $f(x,y)$，使用标准差为 σ 的高斯函数 $G(x,y,\sigma)$ 作为滤波器进行平滑滤波，则得到平滑后的图像为

$$g(x,y)=G(x,y,\sigma)*f(x,y) \tag{4-26}$$

式中，σ 可以看作滤波的参数，σ 越大则平滑效果越显著。

（2）梯度计算

对于经过高斯滤波后的图像，下一步是计算其梯度。这一步骤的主要目的是找到图像中像素强度变化最快的地方，这些地方通常对应于图像的边缘。通过计算梯度的幅值和方向，可以确定边缘的位置和方向。

1）计算梯度：Canny 边缘检测采用有限差分法计算图像的梯度，即采用一阶有限差分来计算图像在 x 轴方向和 y 轴方向上的梯度，具体为

$$D_x(x,y)\approx\frac{g(x+1,y)-g(x,y)+g(x+1,y+1)-g(x,y+1)}{2} \tag{4-27}$$

$$D_y(x,y)\approx\frac{g(x,y+1)-g(x,y)+g(x+1,y+1)-g(x+1,y)}{2} \tag{4-28}$$

2）计算梯度幅值和方向：根据计算得到的 $D_x(x,y)$ 和 $D_y(x,y)$，计算每个像素点的梯度幅值 $M(x,y)$ 和梯度方向 $\theta(x,y)$，即

$$M(x,y)=\sqrt{D_x^2(x+y)+D_y^2(x+y)} \tag{4-29}$$

$$\theta(x,y)=\arctan\left[\frac{D_y(x,y)}{D_x(x,y)}\right] \tag{4-30}$$

式中，梯度幅值 $M(x,y)$ 为边缘的强度；梯度方向 $\theta(x,y)$ 为边缘的方向。

（3）非极大值抑制

在 Canny 边缘检测中，梯度计算之后的关键步骤是非极大值抑制。这个步骤的主要目的是细化边缘，确保检测到的边缘线条是精确的而不是粗糙的。非极大值抑制（Non-Maximum Suppression，NMS）是一种去除图像中边缘响应非极大值的像素点的技术，可

以抑制梯度幅值中的虚假边缘响应，只保留局部梯度幅值极大的像素点，这些像素点通常对应于实际的边缘。该步骤具体包括两个子步骤：

1）梯度方向量化：根据之前计算得到的梯度方向 θ，将每个像素点的梯度方向量化到四个主方向（0°、45°、90° 和 135°）之一，选择四个主方向中与该像素点梯度方向最接近的作为该像素点的方向，这样一来像素点的梯度方向可以近似用这四个主方向代替，从而简化后续的计算。

2）逐像素处理：对于图像中的每一个像素点，将其与梯度主方向上相邻的两个像素点进行比较。如果该像素点的梯度幅值不是最大的，则将其抑制为 0。具体来说，假设当前像素点位于 (x,y)，其梯度幅值为 $M(x,y)$，梯度方向为 $\theta(x,y)$，根据 $\theta(x,y)$ 的量化结果，比较 $M(x,y)$ 与其主方向上相邻两个像素点的梯度幅值：

如果 $\theta \approx 0°$（水平方向），则比较 (x,y) 与 $(x-1,y)$ 和 $(x+1,y)$。

如果 $\theta \approx 45°$，则比较 (x,y) 与 $(x-1,y-1)$ 和 $(x+1,y+1)$。

如果 $\theta \approx 90°$（垂直方向），则比较 (x,y) 与 $(x,y-1)$ 和 $(x,y+1)$。

如果 $\theta \approx 135°$，则比较 (x,y) 与 $(x-1,y+1)$ 和 $(x+1,y-1)$。

如果 $M(x,y)$ 小于其相邻两个像素点中任何一个的梯度幅值，则将 $M(x,y)$ 设置为 0。

通过上述处理，就可以精确定位图像中的边缘位置，并去除非边缘的响应，使得边缘检测结果更加清晰和准确。

（4）双阈值处理

双阈值（Double Thresholding）处理是设置两个大小不同的阈值来处理图像边缘像素，即设置高阈值 T_H 和低阈值 T_L，从而将图像中的边缘像素根据其梯度幅值分为三类：

如果 $M(x,y) \geqslant T_H$，则该像素被分为强边缘。

如果 $T_L \leqslant M(x,y) < T_H$，则该像素被分为弱边缘。

如果 $M(x,y) < T_L$，则该像素被抑制为非边缘。

根据上面的分类可以看出，强边缘是真正边缘的可能性更大，而弱边缘是虚假边缘的可能性更大。在实际应用中，通常将低阈值设为高阈值的一半。

（5）边缘连接

有了对边缘像素的分类，就可以通过边缘连接（Edge Tracking by Hysteresis）实现更完整的边缘检测。在双阈值处理过程中，已经将像素分为强边缘、弱边缘和非边缘。在边缘连接阶段，需要检查所有的弱边缘像素，根据其与强边缘的关系来决定是否将它们保留为边缘的一部分。具体过程如下。

1）检查弱边缘像素：对于每一个弱边缘像素，检查其是否与强边缘像素相连，即弱边缘像素的 8 个相邻像素中是否有一个是强边缘像素。

2）连接弱边缘：如果一个弱边缘像素与强边缘像素相连，则将其保留为边缘；否则将其抑制为非边缘。

3）重复检查：边缘连接是一个迭代过程，因此需要重复上述检查，直到所有的弱边缘像素都被处理。

边缘连接通过确保弱边缘像素与强边缘像素相连，进一步完善了边缘检测结果。这个步骤是 Canny 边缘检测中的最后一步，它确保了检测到的边缘是连续和完整的。通过边缘连接，可以获得更加精确和鲁棒的边缘检测结果。Canny 边缘检测的一个实例如图 4-10 所示。

a) 原始图像　　b) Canny边缘检测结果

图 4-10　Canny 边缘检测实例

4.2　活动轮廓模型（Snake 模型）

活动轮廓模型（Active Contour Model，ACM）即 Snake 模型，其最初由 Michael Kass、Andrew Witkin 和 Demetri Terzopoulos 于 1988 年提出，它通过迭代优化的方法，实现了图像中目标轮廓的提取。该模型是图像分割和轮廓检测的重要工具，在图像处理和计算机视觉领域具有广泛应用。

在许多计算机视觉任务，如医学图像分析、目标跟踪和形状识别等中，准确地提取目标物体的边缘和轮廓至关重要。传统的边缘检测方法通常依赖于图像的梯度信息，但在处理噪声、复杂背景或不完整边缘时，效果往往不够理想。Snake 模型通过引入内力和外力的平衡机制，可以较好地克服这些局限，取得更为稳定的轮廓检测结果。

Snake 模型的基本原理是通过最小化一个能量函数来逼近图像中的边缘。这个能量函数综合考虑了轮廓的内在属性（如连续性和光滑性）及图像的特征信息（如梯度），从而实现了对目标轮廓的精确描述。面向特定应用时，Snake 模型通常先定义一个可变形曲线，然后设计一个曲线上的能量函数，通过优化能量函数来驱动曲线变形，最终逼近图像中的目标边缘，如图 4-11 所示。

Snake 模型的关键是设计可变形曲线的能量函数，考虑到曲线的形变属性、目标图像的特征和人机交互等外部干涉的影响，通常应在能量函数中考虑曲线的内力、图像力和外力的作用效果。

对于 Snake 模型的可变形曲线，这里以弧长为参数，表示为参数曲线 $v(s)=[x(s),y(s)]$，式中 $[x(s),y(s)]$ 为曲线上点的坐标值，$s\in[0,1]$ 为弧长。由此 Snake 模型可变形曲线上的能量函数可表示为

$$E_{\text{Snake}}^{*}=\int_{0}^{1}E_{\text{Snake}}[v(s)]\text{d}s=\int_{0}^{1}\{E_{\text{in}}[v(s)]+E_{\text{img}}[v(s)]+E_{\text{ex}}[v(s)]\}\text{d}s \tag{4-31}$$

式中，$E_{\text{in}}[v(s)]$ 为曲线内部能量；$E_{\text{img}}[v(s)]$ 为从图像中得到的力产生的能量；$E_{\text{ex}}[v(s)]$ 为外部约束力产生的能量。下面分别介绍这三种力产生的能量的具体定义和表示。

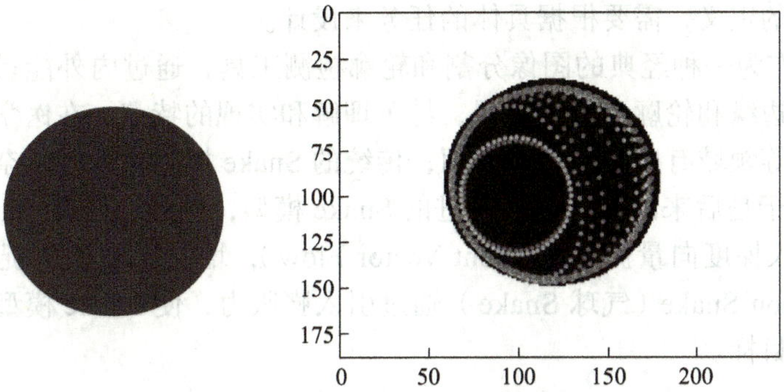

a) 原始图像　　b) Snake模型的形变过程

图 4-11　Snake 模型

1. 曲线内部能量

曲线内部能量通常考虑曲线的变形属性，如弹性（Elasticity）和刚性（Stiffness），它可以由曲线的一阶和二阶微分来定义，即

$$E_{\text{in}}[v(s)]=\alpha(s)\left|\frac{\text{d}v(s)}{\text{d}s}\right|^{2}+\beta(s)\left|\frac{\text{d}^{2}v(s)}{\text{d}s^{2}}\right|^{2} \tag{4-32}$$

式中，$\alpha(s)$ 和 $\beta(s)$ 为曲线弹性和刚性的权重因子。

当 $\alpha(s)$ 比较大时，曲线的弹性较小，当 $\beta(s)$ 比较大时，曲线不易出现急拐弯。注意这里的权重与弧长参数 s 有关，这意味着可以在曲线的不同位置设置不同的权重，即可变形曲线在不同的地方具有不同的材料属性。

2. 从图像中得到的力

从图像中得到的力，可以理解为根据图像的灰度值、边缘和纹理等特征定义的力，如一种图像力可表示为

$$E_{\text{img}}[v(s)]=\omega_{\text{img}}E_{\text{img}}[v(s)]+\omega_{\text{edge}}E_{\text{edge}}[v(s)] \tag{4-33}$$

式中，$E_{\text{img}}[v(s)]$ 为与像素灰度值相关的能量，例如，目标要收敛到亮区域，则亮区域的能量较小；$E_{\text{edge}}[v(s)]$ 为与图像边缘相关的能量，例如，目标要收敛到边缘处，则边缘处的能量较小，此时可以将 $E_{\text{edge}}[v(s)]$ 定义为像素梯度幅值的倒数，将曲线吸引到图像中具有较大梯度值的边缘处；ω_{img} 和 ω_{edge} 为权重。

3. 外部约束力

在定义了 Snake 模型的内部力和图像力的能量函数后，曲线的变形过程可以由能量最小化来完成。然而，当曲线的变形结果不理想时，通常需要来自外部约束力的影响，如用户可以用交互的方式让曲线朝向或是背离某些指定的特征。类似于图像处理软件的索套工具，可以按照用户的意图，通过交互来实现 Snake 曲线的变形。因此，来自外部的约束力的能量没有统一的定义，需要根据具体的任务来设计。

Snake 模型作为一种经典的图像分割和轮廓检测工具，通过内外能量的平衡，能有效地检测图像中的边缘和轮廓，具有直观、易于理解和实现的特点，在医学图像处理、物体轮廓检测和跟踪等领域有广泛应用。然而，传统的 Snake 模型在处理复杂形状或弱边缘时存在一定局限，于是后来出现了许多改进的 Snake 模型，例如，GVF Snake（梯度向量流 Snake）通过引入梯度向量流（Gradient Vector Flow），增强了模型捕捉凹陷边缘和弱边缘的能力。Balloon Snake（气球 Snake）通过引入膨胀力，使 Snake 模型可以更好地捕捉到封闭区域内的目标。

4.3 主动形状模型（ASM）

主动形状模型（Active Shape Model，ASM）最初由 Tim Cootes 和 Chris Taylor 于 1995 年提出，是一种基于点的统计特征进行特定对象形状轮廓检测的模型，它通过样本关键特征点局部特征的统计分析来建立参数化的可变形模型，以此检测目标对象的形状轮廓。

4.3.1 基本原理

ASM 采用点分布模型（Point Distribution Model，PDM）来描述对象形状的关键特征点，一般在建立模型时需要收集一组训练图像，图像中对象的形状轮廓使用若干个特征点（Landmarks）及其连线来表示，如图 4-12 所示为人脸轮廓形状的特征点。有了标定特征点的训练样本数据，ASM 首先对样本形状进行对齐，然后基于主成分分析（PCA）技术建立统计形变模型，提取形状的主要变化模式，接下来在目标图像上通过模型匹配来完成目标对象的形状搜索。上述过程可分为 ASM 建立和形状搜索两大部分，整体流程如图 4-13 所示。下面以人脸为例，详细介绍具体的步骤和实现过程。

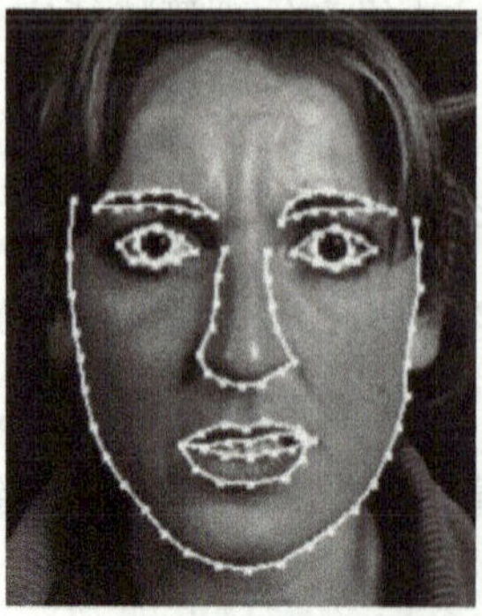

图 4-12　人脸轮廓形状的特征点

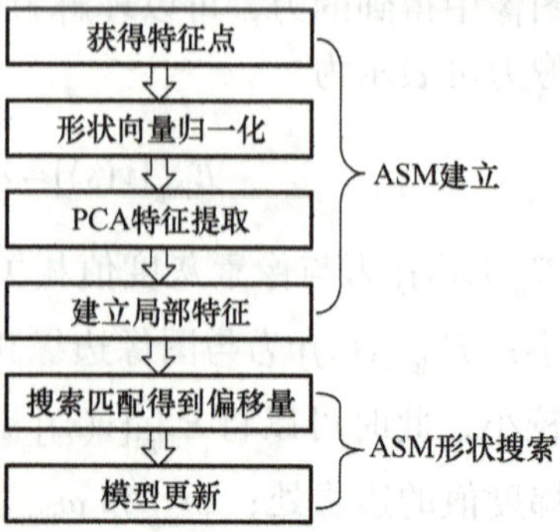

图 4-13　ASM 整体流程

4.3.2 ASM 的建立

对于训练集中标定了特征点的样本图像，其形状可以采用由各个标定特征点的坐标构成的向量来表示，即

$$\boldsymbol{x}_i=(x_{i0},y_{i0},\cdots,x_{ik},y_{ik},\cdots,x_{in},y_{in}),i=1,2,\cdots,N \tag{4-34}$$

式中，(x_{ik},y_{ik})为第 i 个训练样本上第 k 个特征点的坐标；n 和 N 分别为特征点的数量和样本的数量。

由于人脸图像的大小差异，以及人脸姿态位置的不一致，原始标定的人脸特征点坐标不在同一个坐标系中，因此需要将所有的形状向量归一化，即将它们统一到同一个坐标系中，以消除尺度、方向和位置差异带来的影响。

1. 人脸形状向量归一化

这里通过对形状向量进行适当的旋转、缩放和平移操作来实现归一化，即选择一个参考人脸形状，将其他人脸形状与之对齐。为了得到更好的参考人脸形状，可以采用一种迭代的逐步对齐方法。

人脸形状向量归一化的具体步骤如下：

1）选择一个人脸形状作为参考人脸形状，将训练集中的所有人脸形状向量与之对齐。

2）计算对齐后的人脸形状向量的平均值$\bar{\boldsymbol{x}}$。

3）将所有人脸形状向量与平均人脸形状向量$\bar{\boldsymbol{x}}$对齐。

4）重复步骤 2）和步骤 3），直到收敛。

这里的收敛条件可以设为两次平均人脸形状向量的误差小于给定的阈值，即可终止人脸形状对齐的迭代过程。

2. 建立 ASM

一旦完成了归一化操作，接下来采用 PCA 技术建立 ASM，主要步骤如下：

1）计算人脸形状向量的平均值，即

$$\bar{\boldsymbol{x}}=\frac{1}{N}\sum_{i=1}^{N}\boldsymbol{x}_i \tag{4-35}$$

2）计算各个人脸形状与平均人脸形状的差异，即

$$\boldsymbol{D}_i=\boldsymbol{x}_i-\bar{\boldsymbol{x}} \tag{4-36}$$

3）计算人脸形状差异的协方差矩阵，即

$$\boldsymbol{S}=\frac{1}{N}\sum_{i=1}^{N}\boldsymbol{D}_i\boldsymbol{D}_i^{\mathrm{T}} \tag{4-37}$$

4）计算协方差矩阵$\boldsymbol{S}$的特征值和特征向量，选择前 k 个特征值 λ_k 及其对应的特征向量$\boldsymbol{p}_k$，即

$$Sp_k = \lambda_k p_k \tag{4-38}$$

式中，p_k满足$p_k^{\mathrm{T}} p_k = 1$。

这里k的数量由特征值的累计值来确定，如使得$\sum_{i=1}^{k}\lambda_k > 95\%$的最小的$k$。

5）最后建立的 ASM 可表示为

$$x \approx \bar{x} + Pb \tag{4-39}$$

式中，P为k个特征向量组成的矩阵；b为包含了k个参数的组合系数向量。

b控制了人脸形状模型的形变，为了确保b产生的人脸形状相对合理，应在 ASM 中对b的取值进行限制，即

$$-3\sqrt{\lambda_i} \leqslant b_i \leqslant 3\sqrt{\lambda_i}, i = 1,2,\cdots,k \tag{4-40}$$

3. 建立特征点局部特征

为了能在每一次迭代过程中为每个特征点寻找新的位置，需要为它们建立局部特征表示。对于第i个特征点，其局部特征的创建过程如下：

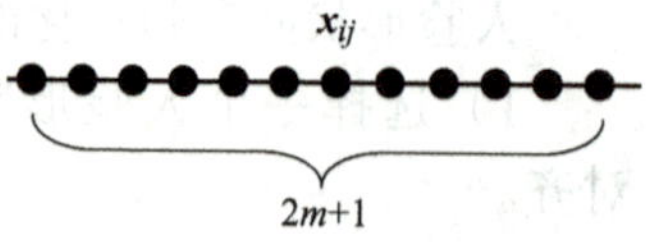

图 4-14　特征点及其一个方向上的邻接像素

如图 4-14 所示，在第i个训练图像上第j个特征点的一个方向上的两侧，分别选择m个像素，以构成一个长度为（$2m+1$）的向量，并对该向量所包含像素的灰度值求导，得到一个局部纹理g_{ij}，对训练集中其他训练样本图像上的第j个特征点进行同样的操作，便可得到第j个特征点的N个局部特征向量$g_{1j}, g_{2j}, \cdots, g_{Nj}$。然后，求取它们的平均值和协方差矩阵，得到

$$\bar{g}_j = \frac{1}{N}\sum_{i=1}^{N} g_{ij} \tag{4-41}$$

和

$$S_j = \frac{1}{N}\sum_{i=1}^{N}(g_{ij} - \bar{g}_j)^{\mathrm{T}}(g_{ij} - \bar{g}_j) \tag{4-42}$$

这样就得到了第j个特征点的局部特征。对其他所有的特征点进行相同的操作，就可以得到每个特征点的局部特征$\bar{g}_j$、$S_j (j = 1,2,\cdots,n)$。这样，一个新的特征点的特征g与其训练好的局部特征之间的相似性就可以用马氏距离来度量，即

$$f(g) = (g - \bar{g}_j)^{\mathrm{T}} S_j^{-1} (g - \bar{g}_j) \tag{4-43}$$

4.3.3　ASM 的形状搜索

在通过样本集训练并建立 ASM 后，即可对目标图像的对象进行形状搜索。

首先，对平均形状进行仿射变换，得到图像上一个初始人脸特征点位置为

$$\boldsymbol{x}_0 = M(s,\theta)(\bar{\boldsymbol{x}} + \boldsymbol{Pb}) + \boldsymbol{x}_\text{c} \tag{4-44}$$

式中，$M(s,\theta)$ 为对平均形状的旋转 θ 和缩放 s 操作；$\boldsymbol{x}_\text{c}$ 为平移量，此时 $\boldsymbol{b}=\boldsymbol{0}$；$\boldsymbol{x}_0$ 为根据图像目标确定的初始位置的模型。

使用该初始模型在图像中搜索目标形状，搜索到的形状的特征点与对应的标定特征点最为接近。这个搜索过程主要通过仿射变换和对参数 $\boldsymbol{b}$ 的调整来实现。具体算法可以通过反复执行以下两步来实现。

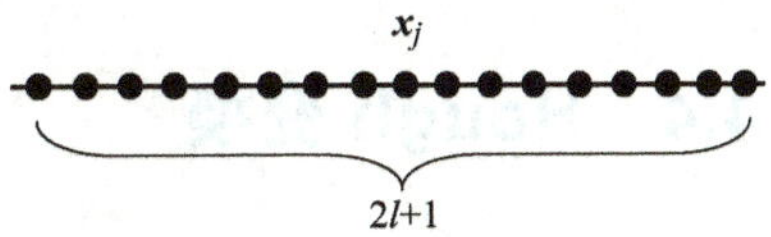

图 4-15　采样点

（1）搜索匹配得到偏移量

将初始 ASM 覆盖在目标图像上，可以在其第 j 个特征点垂直于相邻两个特征点的方向上各取 l 个采样点，如图 4-15 所示，通过类似于前面样本的处理，求得梯度并归一化获得特征点 j 的局部特征，对点 j 的 $2l$ 个梯度值，通过顺序采样可以得到（$2l-2m+1$）个新的待匹配局部特征，通过比较马氏距离与特征点 j 的样本统计局部特征，得到目标图像上相似度最高的点 (x_j', y_j')，从而计算该点的偏移量。使用类似的方法，可以获得所有特征点的偏移量，记为

$$\Delta\boldsymbol{x} = (\Delta x_0, \Delta y_0, \cdots, \Delta x_n, \Delta y_n) \tag{4-45}$$

（2）模型更新

将搜索匹配的偏移量 $\Delta\boldsymbol{x}$ 加到当前的模型 $\boldsymbol{x}_0$ 上，即可得到位置更新后的模型 $\boldsymbol{x}_1 = \boldsymbol{x}_0 + \Delta\boldsymbol{x}$，对于该模型，通过优化求解可以得到新的模型表示，即

$$\begin{aligned}(s^*,\theta^*,\boldsymbol{b}^*,\boldsymbol{x}_\text{c}^*) &= \arg\min_{s,\theta,\boldsymbol{b},\boldsymbol{x}_\text{c}} \left|\boldsymbol{x}_1 - [M(s,\theta)\boldsymbol{x}_0 + \boldsymbol{x}_\text{c}]\right| \\ &= \arg\min_{s,\theta,\boldsymbol{b},\boldsymbol{x}_\text{c}} \left|\boldsymbol{x}_1 - [M(s,\theta)(\bar{\boldsymbol{x}} + \boldsymbol{Pb}) + \boldsymbol{x}_\text{c}]\right|\end{aligned} \tag{4-46}$$

由此得到模型优化表示后的新模型为

$$\boldsymbol{x}_2 = M(s^*,\theta^*)(\bar{\boldsymbol{x}} + \boldsymbol{Pb}^*) + \boldsymbol{x}_\text{c}^* \tag{4-47}$$

令 $\boldsymbol{x}_0 = \boldsymbol{x}_2$，则可以重复上面的特征点搜索匹配和模型更新的过程，从而以迭代的方式实现对目标对象轮廓的搜索。迭代搜索过程的终止可以根据两次迭代的形状的变化量设定阈值来实现，或者设定最大的迭代次数。图 4-16 所示为 ASM 在目标图像上的人脸轮廓迭代搜索过程，可以看出经过十多次的迭代搜索，能够较高精度地得到人脸的轮廓。

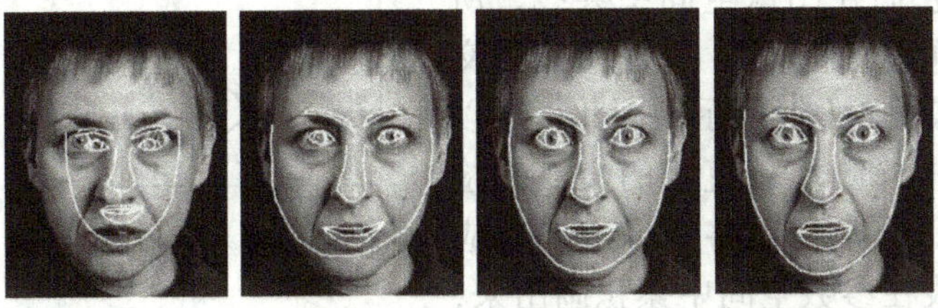
a) 初始化　b) 迭代2次　c) 迭代6次　d) 迭代18次

图 4-16　ASM 的迭代搜索过程

ASM 是一种基于统计模型的自适应形状匹配技术，广泛应用于人脸等对象的形状轮廓的搜索定位，具有良好的性能。但 ASM 没有考虑人脸的全局纹理特征，因此后来有学者提出了同时考虑人脸形状和纹理特征的改进模型，称为主动外观模型（Active Appearance Model，AAM）。虽然 ASM/AAM 具有良好的目标轮廓形状搜索能力，但其对模型的初始位置较为敏感，在实际使用中需要利用相关的目标检测技术来获得较为精确的初始位置。

4.4 Hough 变换

Hough 变换是一种数学工具，由 Paul Hough 在 1962 年的一个发明专利中提出，经过数十年的发展，其在计算机视觉和图像处理领域得到了广泛应用。它主要用于从复杂的图像中识别出直线、圆或其他几何曲线，从而实现对图像内容的理解与分析。

Hough 变换的核心思想在于将图像空间中的点映射到参数空间。在实际应用中，Hough 变换通常与边缘检测算法相结合。这些边缘检测算法（如 Canny、Sobel 等）能够有效地提取出图像中的边缘信息，将边缘点标记出来。随后，Hough 变换将这些边缘点映射到曲线的参数空间，并在参数空间进行曲线检测，由此得到图像上完整的边缘曲线。

4.4.1 直线检测

在直线检测的场景中，参数空间通常由两个参数组成，即直线的斜率和截距。设一条直线在原始图像空间中的斜截式方程为

$$y = kx + q \tag{4-48}$$

则这条直线与参数空间中的点 (k,q) 相对应。

对于在图像空间中过点 (x_0,y_0) 的一组直线，在参数空间中可用一条直线表示，即

$$q = -x_0 k + y_0 \tag{4-49}$$

因此，可以得到结论：图像空间中的一条直线对应其参数空间中的一个点，如果在参数空间中找到这个点，就可以找到在图像空间中对应的直线。利用这一结论，就可以将图像中潜在直线的检测转化为参数空间中点的检测，从而实现对图像中直线的检测。具体的直线检测过程可以通过图 4-17 所示的例子来说明，对于图 4-17a 中直线上的点，如 A、B、C 和 D，它们在参数空间中都对应于一条直线，因为它们在图像空间中共线，所以它们在参数空间中对应的 4 条直线必然交于一点，即 α，如图 4-17b 所示。因此，可以通过在参数空间中检测多条直线的交点来检测图像上的直线。通常只需将图像上点对应的参数空间的直线在参数空间中累积画出来，然后找到最亮的点即可。

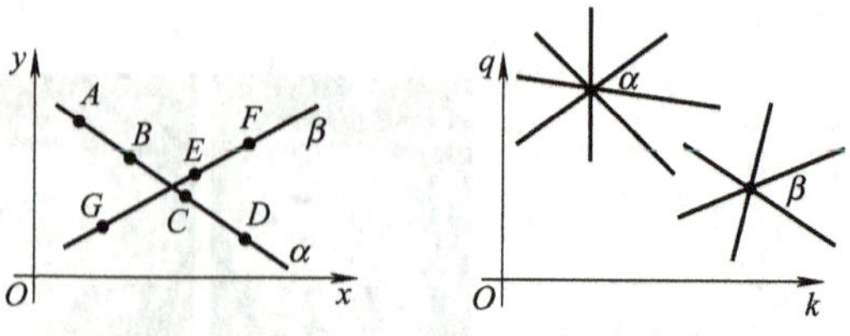

a) 图像中直线上的点　　b) 参数空间中的直线

图 4-17　直线检测实例

在实际的直线检测中，Hough 变换使用一个二维累积数组记录图像中的点在参数空间

中对应的直线的轨迹，即使用一个参数空间的二维数组，每经过一个轨迹，就对轨迹经过的数组元素加 1，在将图像中所有点对应的轨迹都画出之后，就可以提取具有较大值的数组元素 (k,q)，将其作为参数绘制图像空间的直线，即完成了直线的检测。

然而，使用直线的斜率和截距来计算时会面临一个问题，就是当图像中的直线垂直于 x 轴时，斜率 k 会变为无穷大，无法在参数空间中表示。因此，Duda 和 Hart 在 1976 年针对该问题改进了 Hough 变换，将直线的斜率和截距表示改为用法线和法线与 x 轴的夹角表示的极坐标形式，即

$$\rho = x\cos\theta + y\sin\theta \tag{4-50}$$

式中，ρ 为直线经过原点的法线的长度；θ 为法线和 x 轴的夹角。

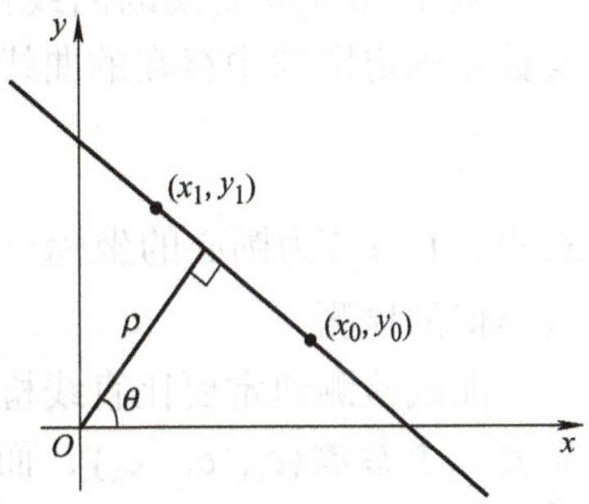

图 4-18　改进的 Hough 变换

如图 4-18 所示，此时该直线对应于参数空间中的一个点 (ρ,θ)，而直线上的两个点 (x_0,y_0) 和 (x_1,y_1) 则对应参数空间中的两条曲线，且它们交于一点。这样就可以在参数空间 (ρ,θ) 中进行与上述 (k,q) 空间类似的操作来进行直线检测，并避免斜率为无穷大的问题。

图 4-19 所示为 Hough 变换直线检测的过程及效果。首先，对原始图像进行边缘检测；然后，将边缘检测后的图像通过 Hough 变换将其变换到参数空间 (ρ,θ)；接下来，在参数空间中检测亮度的极大值点；最后，将这些极大值点对应的图像上的直线在原始图像上绘制出来。

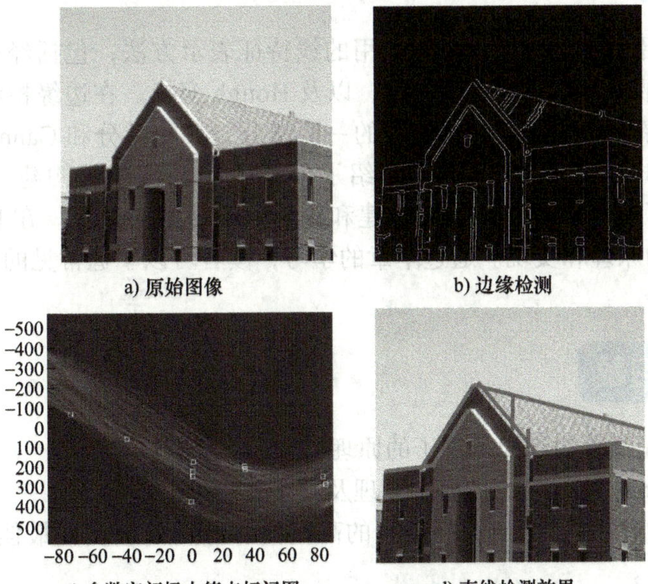

a) 原始图像　b) 边缘检测　c) 参数空间极大值点标记图　d) 直线检测效果

图 4-19　Hough 变换直线检测的过程及效果

Hough 变换作为一种高效的图像处理技术，即使面对图像中边缘不连续的情况，也能

有效地识别并检测出直线。相较于其他方法，Hough 变换的抗噪声性能更加优越，能够在复杂的图像环境中稳定工作，提取出有用的直线信息。这些优点使得 Hough 变换在图像处理领域得到了广泛的应用。

4.4.2 曲线检测

在现实世界中，某些物体的边界或轮廓是曲线，如圆、椭圆等。不同形状的几何特征需要不同的参数空间和方法来检测。直线和曲线在图像中的表现形式和参数化方式不同，因此检测方法也有显著差异。

基于 Hough 变换的曲线检测与直线检测类似，即通过在参数空间中寻找特定曲线的参数来确定图像中存在的曲线。例如，圆的方程在二维空间中表示为

$$(x-c_1)^2+(y-c_2)^2=c_3^{\,2} \tag{4-51}$$

式中，(c_1,c_2) 为圆心的坐标；c_3 为半径。这时就需要在三个参数的参数空间 (c_1,c_2,c_3) 中进行类似的检测。

曲线检测通常要比直线检测更复杂，主要原因是其参数空间维度更高。例如，检测圆需要三个参数 (c_1、c_2、c_3)，而检测椭圆则需要五个参数 (c_1、c_2、A、B、θ)，其中 A 和 B 分别为长轴和短轴的长度，θ 为旋转角度。参数空间维度的增加会显著增加计算和存储的复杂性。特别是随着参数空间维度的增加，累加器数组的大小和计算量都呈指数级增长。因此，直接应用标准 Hough 变换来检测复杂曲线在实际应用中可能效率不高。

本章小结

本章主要介绍了图像处理中几种常用的线特征表示方法，包括经典的边缘检测、基于模型的活动轮廓模型和主动形状模型，以及 Hough 变换。在边缘检测中重点介绍了基于微分算子的边缘检测方法，包括常见的一阶微分、二阶微分和 Canny 边缘检测等。在活动轮廓模型（Snake 模型）中重点介绍了模型的能量函数的构建。在主动形状模型（ASM）中介绍了其基本原理、模型构建和轮廓匹配搜索的过程。在 Hough 变换中重点介绍了直线检测的原理和实现。通过本章的学习，读者可以掌握常见的计算机视觉线特征表示方法的原理。

思考题与习题

4-1　简述常见微分边缘检测算子的原理。

4-2　简述 Canny 边缘检测的基本原理及其主要步骤。

4-3　给定一幅图像，如何选择适当的高阈值和低阈值以实现最佳的边缘检测效果？请描述选择的策略。

4-4　在 Canny 边缘检测的非极大值抑制中，为什么只在梯度的四个方向上搜索极大值？

4-5　在 Snake 模型中，如何通过能量函数控制轮廓点的移动？具体描述内部能量和

外部能量的作用。

4-6　在 ASM 的训练阶段，为什么要进行样本归一化？简述归一化的过程。

4-7　简述 ASM 目标轮廓检测的原理。

4-8　在 Hough 变换中，为什么要将直线方程从斜率 – 截距形式转换为极坐标形式？

4-9　在 Hough 变换中，参数空间的每个点代表什么？

参考文献

[1] ROBERTS L G. Machine Perception of Three-Dimensional Solids[D]. Cambridge：Massachusetts Institute of Technology，1963.

[2] PREWITT J M S. Object enhancement and extraction[M]//Picture Processing and Psychopictorics，New York：Academic Press，1970：75-149.

[3] SOBEL I，FELDMAN G. Pattern Classification and Scene Analysis[M]. New York：John Wiley & Sons，1973：271-272.

[4] MARR D，HILDRETH E. Theory of Edge Detection[J]. Proceedings of The Royal Society of London，Series B. Biological Sciences，1980，207（1167）：187-217.

[5] CANNY J F. A Computational Approach to Edge Detection[J]. IEEE Transactions on Pattern Analysis and Machine Intelligence，1986，8（6）：679-698.

[6] KASS M，WITKIN A，TERZOPOULOS D. Snakes：Active Contour Models[J]. International Journal Of Computer Vision，1988，1（4）：321-31.

[7] COOTES T F，TAYLOR C J，COOPER D H，et al. Active Shape Models-Their Training and Application[J]. Computer Vision and Image Understanding，1995，61（1）：38-59.

[8] COOTES T F，EDWARDS G J，TAYLOR C J. Active Appearance Models[C]//The 5th European Conference on Computer Vision. Berlin：Springer，1998，II（5）：484-498.

[9] HOUGH P V C. Method and Means for Recognizing Complex Patterns：U.S.，3069654[P]. 1962-12-18.

第 5 章　区域分割

导读

在图像处理领域，区域分割是一项至关重要的任务，也是许多图像分析和理解等高级计算机视觉任务的基础。区域分割旨在将图像分割成具有相似特征的区域或对象。这种方法通常以像素的相似性和空间的连续性为基础，实现图像区域或对象的分割，从而为进一步的图像分析和理解提供基础。

本章将介绍区域分割的主要方法，涵盖了从传统的基于阈值和区域增长的方法到最新的基于深度学习的方法。在介绍不同的区域分割算法时，将讨论它们的优势、局限以及适用场景。同时，本章也注重这些方法的原理分析，从而帮助读者对区域分割有更深刻的理解。

本章知识点

- 区域分割的概念
- 传统数字图像区域分割算法
- 基于深度学习的区域分割算法

5.1　区域分割的概念

区域分割是指将图像分割成具有相似特征的连续区域或对象的过程。令I表示一幅图像占据的整个空间区域，则区域分割是指将图像I分割成一组不相交的区域$R_1,R_2,\cdots,R_N$，并满足

$$I=\bigcup_{i=1}^{N}R_i$$

$$R_i\cap R_j=\varnothing, i\neq j$$

$$\text{sim}(p,q)=\begin{cases}\text{True} & p,q\in R_i\\ \text{False} & p\in R_i,q\in R_j, i\neq j\end{cases}$$

式中，sim(p,q) 为衡量像素 p 和 q 之间相似性的函数。

由此可见，所有区域的并集等于整个图像 I，每个区域都是一个由图像中的像素组成的连通子集；各个区域必须是不相交的，且分割后区域中的像素具有相似的特征，如颜色、亮度或纹理；图像中的每个像素都属于且仅属于一个区域。

显然，区域分割的核心任务在于将一张图像细分为符合事先定义的一组准则的多个独立区域。这些准则包括但不限于：

1）相似性准则，即基于像素的特征（如颜色、亮度或纹理等）相似度的度量，将具有相似特征的像素分配到同一区域。

2）连续性准则，即确保区域内的像素在空间上是相互连接的，通常通过保持像素之间的空间邻近性来实现。

3）紧凑性准则，即确保区域的形状是紧凑的，而不是碎片化的，这有助于提高区域分割结果的视觉质量和实用性。

4）唯一性准则，即确保每个像素只属于一个区域，避免像素的重叠或混淆。

这些预定义准则通常用于区域分割算法中的目标函数或约束条件，以便将图像分割成具有意义且符合人类感知的区域。不同的区域分割算法可能会对这些准则进行不同程度的权衡和调整，以适应不同类型的图像和应用场景。

5.2　传统数字图像区域分割算法

本节将深入探讨传统数字图像区域分割算法的原理，主要包括阈值分割法、区域生长法、分裂合并法和分水岭算法等。

5.2.1　阈值分割法

在阈值分割中，阈值代表一个或多个像素值，它将图像中的像素分为两个或多个不同的类别或区域。对于输入图像 f，假设其任意一点的灰度值为 $f(i,j)$，则经过阈值 T 分割后的图像 F 可以表示为

$$F(i,j)=\begin{cases}1 & f(i,j)\geqslant T\\ 0 & f(i,j)<T\end{cases} \tag{5-1}$$

扫描图像 f 中的所有像素，大于或等于阈值的部分被视为目标像素类别，小于阈值的部分被视为背景像素类别。通常情况下，目标像素用 1 表示，背景像素用 0 表示，但在实际的图像处理中，也可以使用任意两个不同的值。

式（5-1）对于整个输入图像 f 的所有像素采用了统一的 T，这种处理方法被称为全局阈值分割。适用全局阈值分割的条件较为苛刻，即当且仅当 T 是一个适合于整个图像的常数。

图 5-1 所示为一个全局阈值分割的例子，图中的物体彼此不接触，且它们的灰度值与背景的灰度值存在显著差异。图 5-1b 所示为阈值分割结果。与一般阈值分割不同，在本案例中，小于阈值的部分被视为目标，即黑色部分，而白色部分被视为背景。图 5-1c 和

图 5-1d 所示为不同阈值下的分割结果，阈值设定分别为 30 和 230。可以看出，阈值的选择对于分割结果至关重要，过低或过高的阈值都可能导致分割结果不理想。

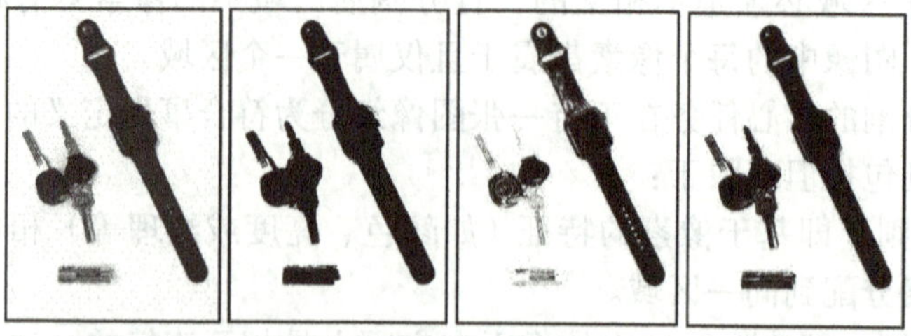

a) 原始图像　b) 阈值分割结果　c) 低阈值分割　d) 高阈值分割

图 5-1　全局阈值分割

然而，即便是最简单的图像，也可能存在物体和背景之间的灰度变化，这种变化可能是非均匀照明、输入设备参数差异或其他因素引起的。在这种情况下，采用多阈值分割可能会得到较好的结果。多阈值与图像局部特征相关，因此对于图像中的不同区域 R_i，阈值 T 的范围是不同的。多阈值分割后的图像也不是二值的，而是由一个非常有限的灰度值集合组成的图像，经过阈值 T 分割后的图像 F 可以表示为

$$F(i,j)=\begin{cases}1 & f(i,j)\in R_1\\2 & f(i,j)\in R_2\\\vdots & \vdots\\n & f(i,j)\in R_N\end{cases} \tag{5-2}$$

选择适当的阈值是阈值分割中的一个重要步骤。由图 5-1c 和图 5-1d 可以看出，阈值的选择对于分割结果至关重要，过低或过高的阈值都可能导致分割结果不理想。阈值可以事先设定，也可以通过自动化方法从图像的像素值分布中计算得出，然而人工设定的阈值极大依赖人的经验，并且没有一个统一的阈值适用于所有图像，这极大地影响了图像分割的效果。图 5-2 所示为根据灰度值的分布设置全局阈值和多阈值，通过计算图像的灰度分布，可以非常直观地找出适用于分割不同区域的阈值。

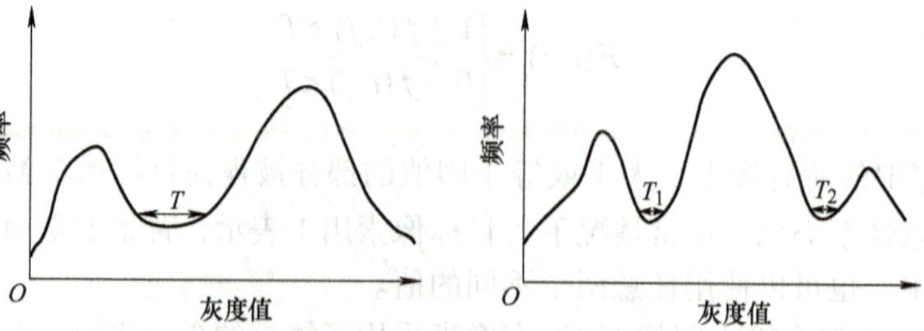

a) 设置全局阈值　b) 设置多阈值

图 5-2　根据灰度值的分布设置阈值

阈值分割法是一种基本的区域分割算法，其计算简单高效，处理结果直观，是最传统的区域分割算法之一，在区域分割应用中具有重要地位，在简单的应用中仍然被广泛采用。

5.2.2　区域生长法

区域生长法是一种根据预定义的生长准则，逐步将相邻像素合并为具有相似特征区域的图像分割算法。

首先，选择一个或多个种子像素作为生长的起点。这些种子像素可以由用户手动指定，也可以根据图像特征自动选择。然后定义一个生长准则，用于判断一个像素是否属于当前区域。生长准则可以根据像素之间的相似性来确定，如果一个像素与当前区域的像素相似性高于设定的阈值，则将其加入当前区域中。这里的像素相似性可以设定为两个像素的灰度差值，若差值小于设定的阈值，则将新的像素划入当前区域。从种子像素集合开始，逐步生长区域，并通过迭代的方式逐步添加与当前区域中像素相邻且满足生长准则的像素，直到满足停止条件为止。停止条件用来结束生长过程，如区域大小达到一定阈值或者无法找到满足生长准则的新像素。最后，将得到的区域标记在图像中，形成图像分割的结果。

一个基本的区域生长法如下：

1）设 S 为种子像素集合，R 为当前的生长区域，P 为待判断的相邻像素集合。

2）初始时，$R_0 = S$，P_0 为种子像素集合 S 的领域。

3）对于第 i 次生长，合并与 R_i 中的像素相邻且满足生长准则的像素，得到 R_{i+1}。

4）更新待判断的相邻像素集合 P_{i+1}。

5）重复上述步骤，直至满足停止条件。

生长准则的选择不仅受到任务本身的影响，还受到可用图像数据类型的显著影响。不同类型的图像数据具有不同的特性，因此需要根据图像的特性来选择合适的生长准则。图 5-3 所示为利用不同的生长准则分割同一幅图像的结果。灰度差异准则能够有效地识别图像中的边缘和细节，但其对噪声敏感，可能导致错误的增长，比较适用于需要提取边缘信息的图像（见图 5-3b）；纹理准则能够更好地识别图像中的复杂结构和纹理区域，但对没有明显纹理特征的图像表现不理想（见图 5-3c）；相似度准则处理图像简单且计算效率高，但有可能忽略像素间的细微差异，导致区域分割不够精细（见图 5-3d）。

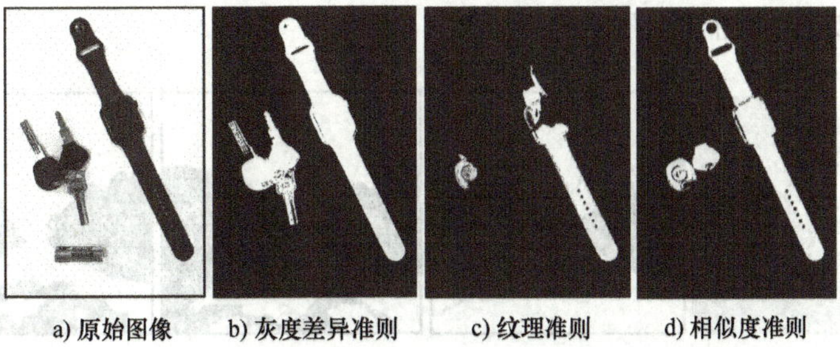

图 5-3　不同的生长准则的分割结果

在实际应用中，选择生长准则时需要综合考虑图像的类型和特性，以及相关任务的具体要求。有时可能需要结合多种特征来制定更有效的生长准则。例如，在彩色图像中，颜色的使用至关重要，如果彩色图像中缺乏固有信息，那么需要将彩色图像转化为灰度图像，并利用基于灰度级或空间性质的特征来制定合适的生长准则。

5.2.3 分裂合并法

分裂合并法的基本思想是通过分裂和合并两个相邻的区域，逐步实现图像分割，如图 5-4 所示，分割过程可类比为构建四叉树，其中每个叶子节点代表一个一致的区域。分裂和合并相当于四叉树中的删除或添加操作。在分割过程完成后，树的叶子节点数量即对应于分割后的区域数。

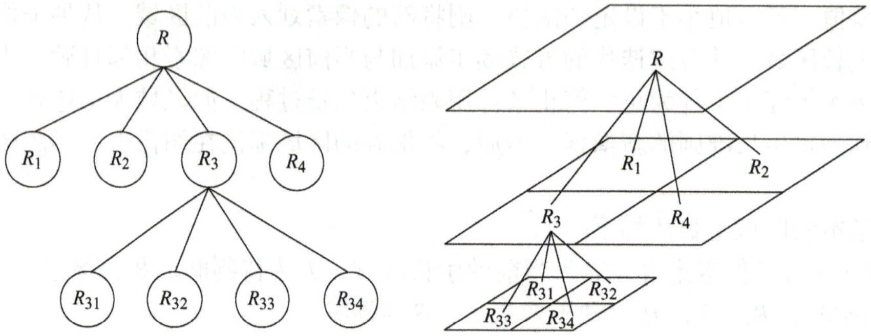

a) 构建四叉树　　b) 四叉树对应的图像区域

图 5-4　分裂合并法

分裂合并法首先将整个图像作为一个初始区域，并将这个区域放入一个待处理的区域列表中。然后从待处理的区域列表中选择一个区域进行分裂。分裂的策略根据不同的算法而有所差异，常见的方法包括根据区域的灰度平均值、方差或边缘信息等进行分裂。分裂的目的是将当前区域分成更小且更具有相似性质的子区域。接下来对分裂后的子区域进行合并，合并的策略也可以根据不同的算法而有所差异，通常是通过比较相邻区域之间的相似性来决定是否合并。如果相邻区域之间的相似性高于某个阈值，则将它们合并成一个更大的区域。当无法再进行分裂或合并操作时，停止算法。常见的停止条件包括达到预设的最小区域尺寸、区域间的相似度不再改变或者达到预设的最大分裂次数等。最后，将分裂合并得到的区域标记在图像中，形成区域分割的结果。图 5-5 所示为分裂合并法和其他区域分割算法在复杂布局图像上的效果。

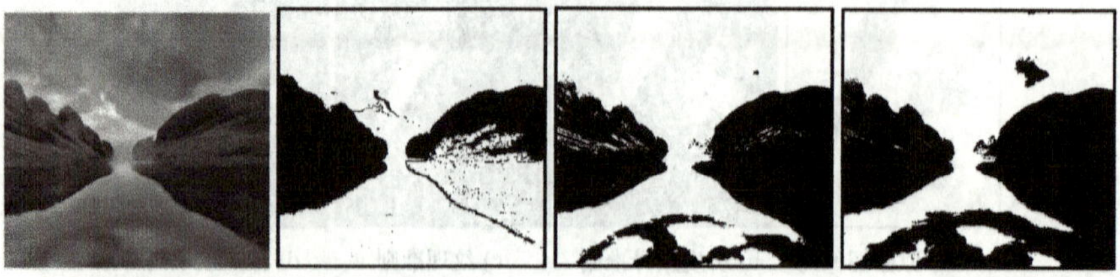

a) 原始图像　　b) 阈值分割法　　c) 区域生长法　　d) 分裂合并法

图 5-5　不同区域分割算法的分割效果

一个基本的分裂合并法总结如下：

1）如果图像中任意一个区域不是一致的，则分裂为四个不相交的子区域。

2）如果没有区域可以分裂，且存在任意两个邻接区域可以被合并为一个一致性区域，则合并它们。

3）没有区域可以合并时，停止操作。

分裂合并法相对复杂且计算量大，但对复杂图像的分割效果较好。

5.2.4　分水岭算法

分水岭的概念源于地形学，原指在地表地势高处形成的高地分隔了水流的路径，从而阻止水流从一个区域流向另一个区域。在图像处理中，若将图像数据视作地形表面，则其中梯度图像的灰度值可视为高程。因此，图像中的区域边缘可以类比为高的分水岭线，而梯度较低的区域则对应于集水盆地。

分水岭算法通过模拟水在每个集水盆地的填充过程来找出分水线，进而完成对图像的分割。图 5-6 所示为一个简单的实例，可以看出随着水位的逐渐上升，梯度较高的分水岭的轮廓越来越窄，最终会形成一条边界清晰的分水线。然而，在水位上升的过程中，两个集水盆地之间的水会相聚并淹没分水岭，此时即需要构建一座水坝，阻止来自该集水盆地的水与来自对应背景区域的水相聚。持续这一过程，直到达到最高水位，此时，分水线就是最终的分割边界。

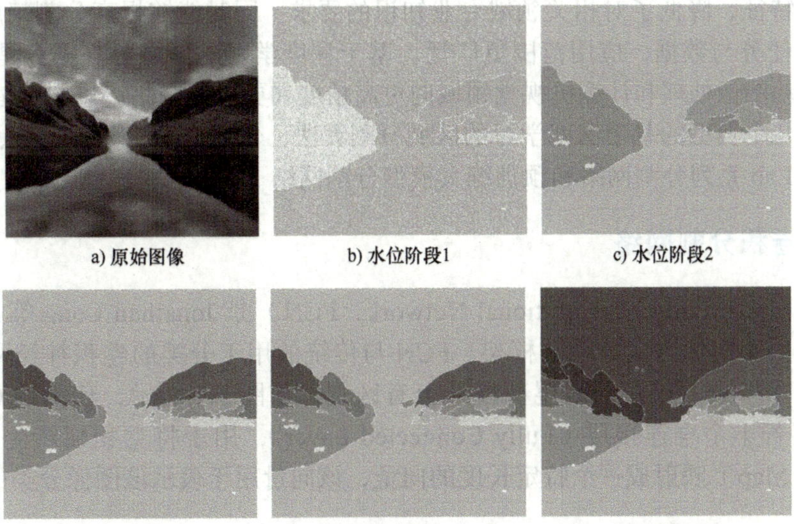

a) 原始图像　b) 水位阶段1　c) 水位阶段2　d) 水位阶段3　e) 水位阶段4　f) 分割结果

图 5-6　分水岭算法实例

一个基本的分水岭算法总结如下：

1）计算原始图像 f 的梯度，得到梯度图 G。

2）在梯度图 G 中，寻找所有的局部极小值 $M_1, M_2, \cdots, M_N$，并寻找与 M_i 对应的区域中的像素坐标集合 $C(M_i)$。

3）找出位于水平面 $G(x,y)=n$ 下方的点的坐标集合 $T(n)=\{(x,y)\mid G(x,y)<n\}$，这里的 n 表示当前梯度阈值。

4）在坐标集合 $C(M_i)$ 中，寻找满足条件 3）的坐标集合 $C_n(M_i)=C(M_i)\cap T(n)$。

5）计算小于梯度阈值 n 的所有像素的集合 $C(n)=\bigcup_{i=1}^{B}C_n(M_i)$，式中 B 表示第 n 阶段被水淹没的集水盆地的数量。

6）计算所有集水盆地的并集 $C(\max+1)=\bigcup_{i=1}^{B}C(M_i)$。

7）判定分水岭，算法初始化为 $C(\min+1)=T(\min+1)$，然后逐步迭代算法。设步骤 n 时已经建立了 $C(n-1)$，由 $C(n-1)$ 得到 $C(n)$ 的过程如下：令 s 代表 $T(n)$ 中的连通组元集合，对每个连通组元 s，有三种可能性：

① $s\bigcap C(n-1)$ 是一个空集，则将连通组元 s 加到 $C(n-1)$ 中，得到 $C(n)$。

② $s\bigcap C(n-1)$ 里包含 $C(n-1)$ 中的一个连通组元，则将连通组元 s 加到 $C(n-1)$ 中，得到 $C(n)$。

③ $s\bigcap C(n-1)$ 里包含 $C(n-1)$ 中一个以上的连通组元，则需要在 s 中建立分水岭。

5.3 基于深度学习的区域分割算法

基于传统方法的区域分割技术往往依赖于手工设计的特征，而深度学习方法可自动从数据中学习特征，降低了对相关领域专业知识的要求，同时能够提高分割精度与鲁棒性，易于适应新任务与数据，应用范围更广泛。基于深度学习的区域分割不仅是技术上的革新，更是推动图像处理和计算机视觉领域向更高精度和更广泛应用迈进的关键驱动力。本章主要介绍几个典型的基于深度学习的区域分割算法，包括全卷积分割网络、U-net 分割网络、DeepLab 系列分割网络和预训练大模型分割网络（SAM）等。

5.3.1 全卷积分割网络

全卷积网络（Fully Convolutional Network，FCN）是 Jonathan Long 等人于 2015 年提出的一种用于图像语义分割的框架。FCN 与传统的用于分类的卷积神经网络（CNN）在结构上基本一致，仅在网络尾部设计上有区别。如图 5-7 所示，传统的 CNN 在最后通常会连接若干个全连接层（Fully Connected Layer），用于将卷积层产生的图像特征图（Feature Map）映射成一个特定长度的向量，该向量用于表示该图像分类的概率。

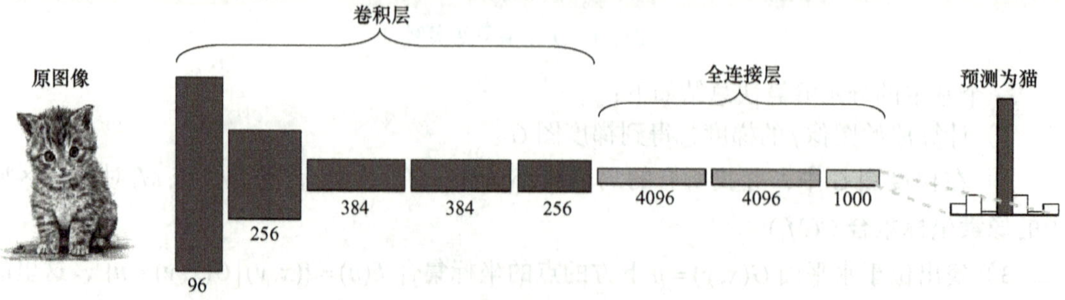

图 5-7 CNN 的结构

与 CNN 不同，FCN 的任务是图像语义分割，即对图像进行像素级别的分类。以一张 512 × 512 × 3 尺寸的 RGB 图像为例，假设分割类别有 21 类，则该图像在输入 FCN 后，网络应当输出一张尺寸为 512 × 512 × 21 的逐像素级别的预测图，每个像素点对应一条长度为 21 的向量，表示其属于每个类别的概率。因此，FCN 可以接受任意尺寸的输入图像，因为 FCN 的输出尺寸 H 和 W 总与输入相同。FCN 的结构如图 5-8 所示。

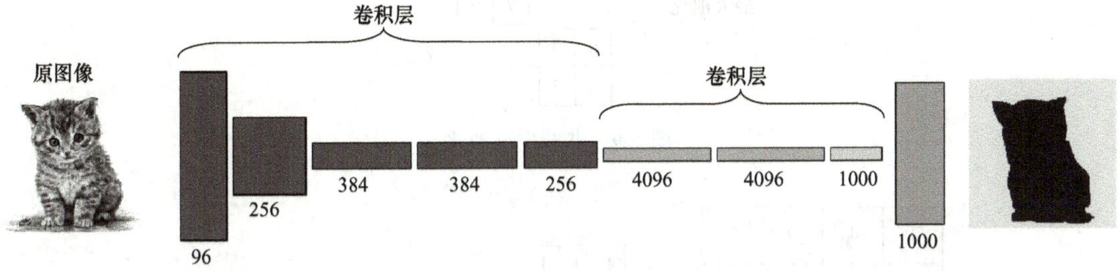

图 5-8 FCN 的结构

为了完成上述功能，FCN 取消了 CNN 中最后的若干个全连接层，取而代之的是全卷积层和上采样层。

全卷积层是神经网络中一种特殊的层，它不会改变输入特征图的空间维度，输出特征图的尺寸也与输入特征图的尺寸相同。全卷积层通常由卷积操作和非线性激活函数构成，其中卷积层的步长（Stride）被设定为 1，以保证输出尺寸与输入尺寸相同。当 FCN 被用于图像语义分割任务时，全卷积层通常用于将高维的特征图映射到像素级别的预测图。全卷积层通过在空间上滑动卷积核（Filter）来提取输入特征图的局部信息，并通过非线性激活函数对其进行处理，从而生成输出特征图。网络可以在像素级别上对图像进行分类或分割，且不会丢失空间信息。通过改变卷积核的数量，可以控制输出特征图的通道数，每个通道代表不同的特征或预测，这些结果可以在后续的全卷积层中进行组合和处理，以生成最终的预测结果。

上采样层用于将小尺寸的预测图恢复到输入的原图尺寸，以便实现像素级别的预测。在经过多层卷积后，特征图的尺寸会越来越小，而全卷积层本身无法改变特征图的尺寸，需要在网络的最后接入一个上采样层来达到此目的。上采样有多种方法，如反池化（Depooling）、反卷积（Deconvolution）和算法插值上采样等。

反池化是一个宽泛的方法总称，这里介绍其中较为简单的非线性反池化，如图 5-9 所示，其实现步骤如下。

1）记录池化操作时每个池化区域中的最大值位置（或其他池化方式的位置信息）。

2）在反池化时，将每个池化区域中的最大值位置对应的像素值放置在输出特征图的正确位置上。

3）用插值或直接补零等方式填充未池化区域的像素值，以恢复特征图的尺寸。

反卷积又称转置卷积（Transposed Convolution）。在正向卷积中，卷积核作为一个滑动窗口，以特定的步长在图像上与选中的位置相乘后累加，如图 5-10 所示。

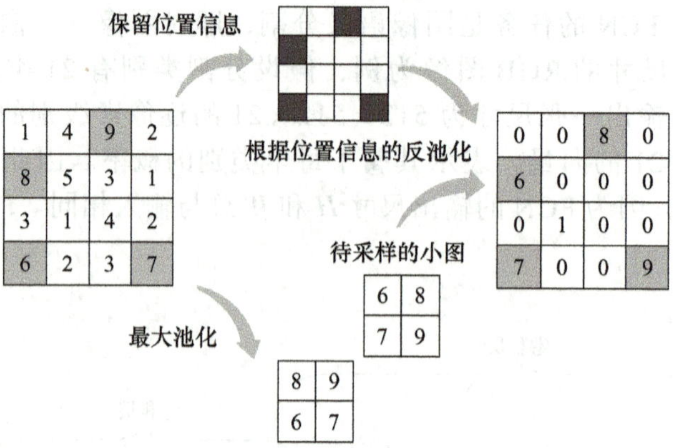

图 5-9　非线性反池化

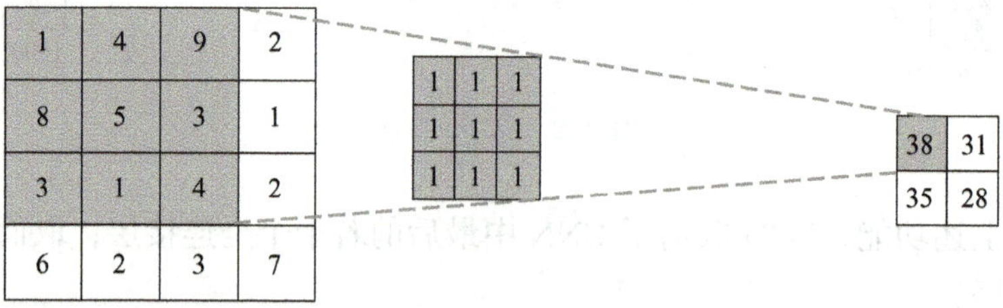

图 5-10　正向卷积

反卷积是正向卷积的逆操作，如图 5-11 所示，小尺寸图像的每个像素与卷积核中的每个元素逐个相乘，最后叠加，即可获得一张扩大后的特征图。通过改变反卷积的卷积核大小和步长，可以控制得到的特征图尺寸。然而值得注意的是，反卷积只能恢复特征图的尺寸，不能很好地恢复原图的像素值。

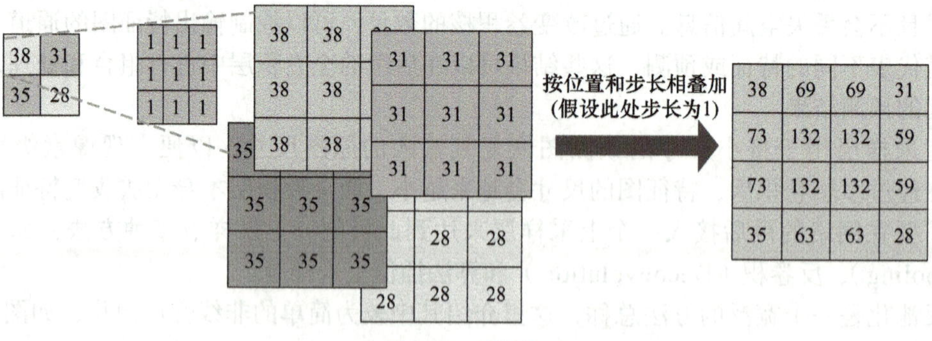

图 5-11　反卷积

在 FCN 中，通常包含多个卷积层和池化层，以此提取图像特征。随着网络深度的增加，特征图的分辨率逐渐降低，但语义信息会增强。然而，在区域分割任务中，既需要语义信息，也需要保持足够的分辨率来定位对象边界。跳跃连接正是为了解决这个问题而设计的。

具体来说，跳跃连接会合并某些中间层的输出与更高层的输出。合并可以通过多种方式完成，如逐元素相加（Element-wise Addition），或使用更复杂的合并策略。通过这种方式，网络能够结合低层级的细节特征和高层级的语义信息，从而提高区域分割的准确性。

例如，在经典的 FCN 中，可能会对最后一个池化层的输出上采样，然后与网络中较早的某个卷积层的输出合并，以生成最终的区域分割图。这样的结构有助于网络更好地恢复物体的边缘和细节。

FCN 的不足之处如下：

1）得到的结果不够精细，上采样的结果比较模糊和平滑，缺乏很多细节。

2）在编码器进行池化操作时，尺寸减小和信息丢失是不可避免的，这可能导致模型在解码器部分难以准确地恢复细节信息，尤其是在对边界和小目标的分割时。

尽管 FCN 作为一种早期的神经网络存在一些缺陷，但随着研究的不断深入和技术的发展，许多改进的方法已被提出，如引入注意力机制、结合全局上下文信息等。因此，FCN 作为一种基础的区域分割网络结构，仍然具有很大的研究和应用价值。

5.3.2　U-net 分割网络

U-net 是一种经典的卷积神经网络架构，于 2015 年首次出现在生物医学图像分割的研究中。U-net 优化了特征传输和使用效率，使其在小样本数据集上表现卓越。

U-net 的名字来源于其网络结构的形状，类似字母 U，这也是它最大的特点。同时，U-net 引入了跳跃连接（Skip Connections）和上采样，使得网络可以同时进行局部特征提取和全局信息融合，从而在区域分割任务中表现出色。

U-net 的结构如图 5-12 所示，其主要由以下四个部分构成。

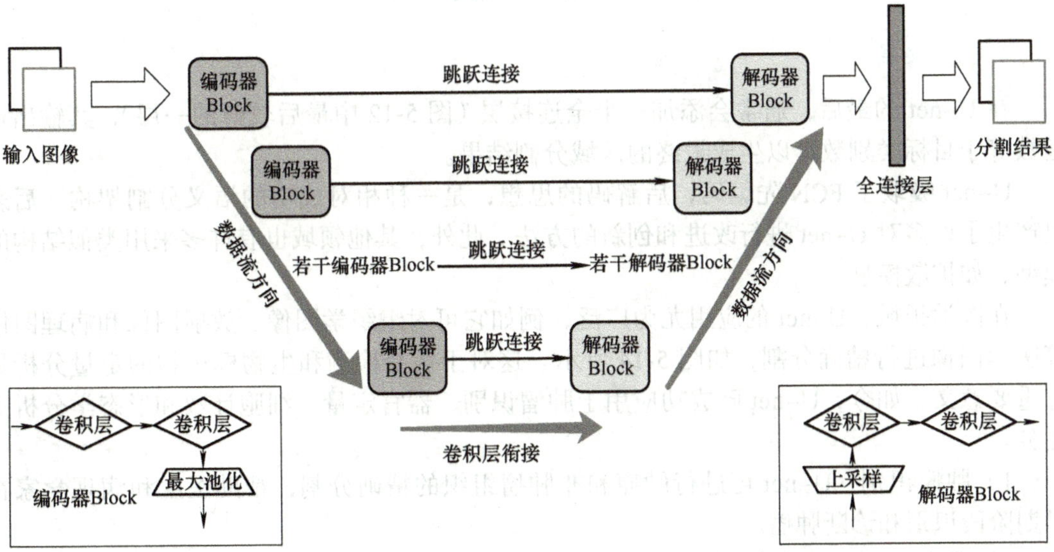

图 5-12　U-net 的结构

1. 编码器（Encoder）

U-net 左边的结构即为编码器，这是一个特征提取网络，由一系列卷积层和池化层构成，用于逐步减小特征图的尺寸和提取高级语义信息。每经过一个池化层，特征图的尺寸就会减半，而通道数则会加倍，从而将输入图像转换为高级语义特征表示。

2. 解码器（Decoder）

U-net 右边的结构即为解码器，这是一个特征融合网络，由一系列上采样层和卷积层构成，用于将编码器中提取的高级语义特征图还原为与输入图像尺寸相同的分割结果。解码器的每一步都会扩大特征图的尺寸，并与编码器对应的特征图进行连接，以恢复图像的空间信息。

3. 跳跃连接（Skip Connections）

U-net 中的跳跃连接是指将编码器中的特征图与解码器中相对应的特征图进行连接（如图 5-12 中黑色箭头所示）。这样可以使解码器直接访问更底层的特征信息，有助于提高分割精度和防止信息丢失。与 FCN 的像素值直接相加不同，U-net 采用让双方的特征图在通道上拼接的做法，以此保留更厚的特征图，如图 5-13 所示。

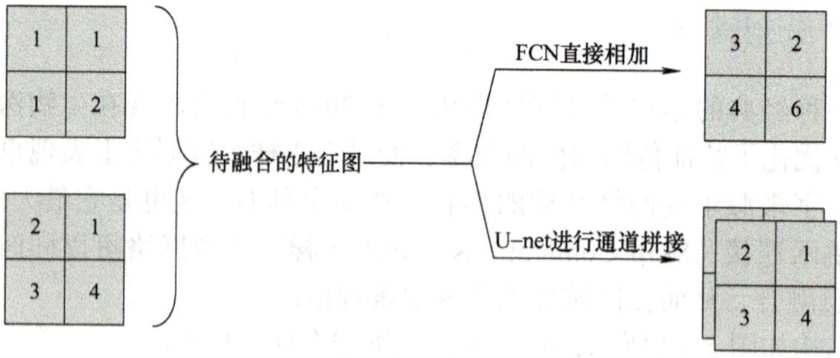

图 5-13　FCN 与 U-net 的特征融合

4. 全连接层

在 U-net 的最后，通常会添加一个全连接层（图 5-12 中最后较薄的一层），其输出通道数等于目标类别数，以生成最终的区域分割结果。

U-net 吸取了 FCN 先编码，后解码的思想，是一种相对成功的语义分割架构，后来也产生了许多对 U-net 进行改进和创新的方法。此外，其他领域也有许多采用类似结构的模型，如扩散模型。

在医学领域，U-net 的应用尤为广泛，例如它可对组织学图像、放射图像和病理图像等医学图像进行精确分割，如图 5-14 所示。这对于病变检测和生物标记物的定量分析具有重要意义。如今，U-net 已成功应用于肿瘤识别、器官定量、细胞计数和形态学分析等任务。

1）肿瘤识别：U-net 可进行肿瘤和非肿瘤组织的精确分割，帮助医生和病理学家在早期阶段识别和诊断肿瘤。

2）器官定量：在治疗计划和手术导航中，U-net 可用于心脏、肝脏等重要器官的体积测量，以便提供更准确的治疗评估。

3）细胞计数和形态学分析：U-net 能够从复杂的生物组织样本中区分和计数细胞，这对细胞生物学和组织工程等领域具有重要意义。

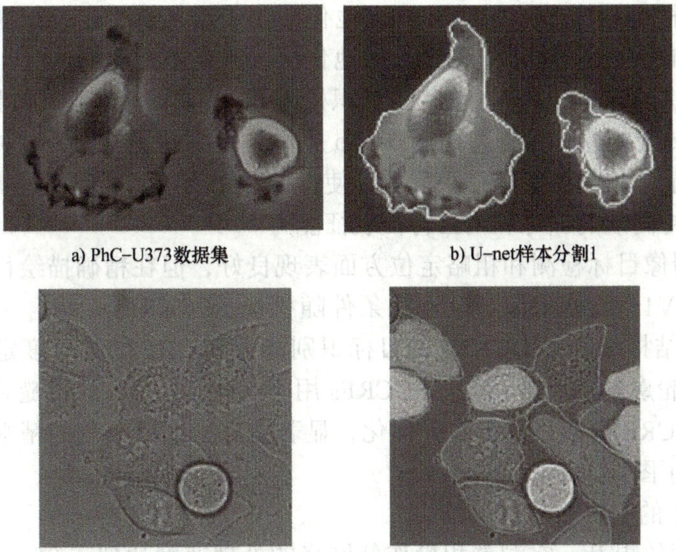

a) PhC-U373数据集　　b) U-net样本分割1

c) DIC-HeLa数据集　　d) U-net样本分割2

图 5-14　U-net 在数据集 PhC-U373 和 DIC-HeLa 上的样本分割

此外，U-net 的适应性和高效性使其能够在少量标注数据的情况下进行训练，这在医学图像处理中尤为重要，因为获取大量高质量标注数据通常既昂贵又耗时。U-net 的这一优势，配合其出色的区域分割性能，使其成为医学图像分析中不可或缺的工具。

5.3.3　DeepLab 系列分割网络

本节将介绍 DeepLab 系列分割网络，它们是深度学习领域中用于图像语义分割的一系列先进模型，在图像理解和计算机视觉任务中扮演着极为重要的角色。DeepLab 系列分割网络通过引入空洞卷积和条件随机场等技术，显著提高了语义分割的准确性和细粒度信息的捕捉能力。DeepLab 系列分割网络的研究不断推进区域分割技术的发展，其每一个版本的迭代都带来了新的思路和方法，对后续研究产生了深远影响。

1. DeepLab-V1 分割网络

DeepLab-V1 基于全卷积网络架构，对 VGG16 网络进行了修改，将全连接层转换为卷积层。为保留更多细节信息，网络调整了 VGG16 中两个池化层的步长，使得特征图尺寸增加到原图的 1/8。最后，网络通过全连接条件随机场（CRF）处理特征图，输出分割图像。图 5-15 所示为 DeepLab-V1 的处理流程。

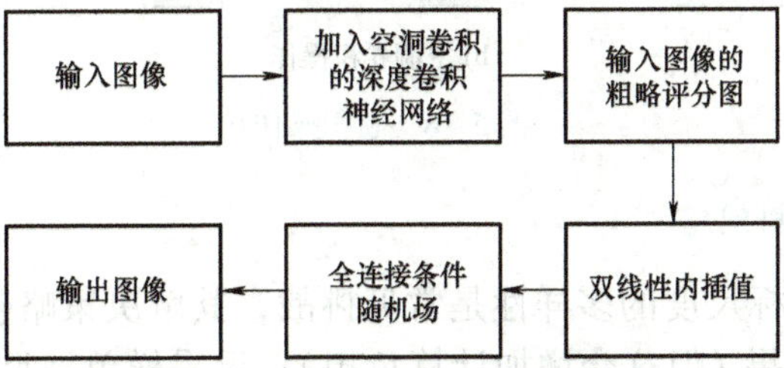

图 5-15　DeepLab-V1 的处理流程

在深度卷积神经网络（DCNNs）中，池化层用于增加感受野，以捕捉更丰富的上下文信息。DeepLab-V1 通过修改 VGG16 的池化层，改变了感受野的大小。为保持感受野尺寸，该网络使用了空洞卷积，通过在卷积核元素间插入空隙来扩大卷积的覆盖面积。图 5-16a 所示为传统的卷积操作，而图 5-16b 所示为空洞卷积操作，这种方法解决了修改池化层步长后可能导致的感受野缩小问题，使得 DeepLab-V1 能够生成更精细的高分辨率特征图，同时保持高效的训练和增强特征表征能力。

DCNNs 在图像目标检测和粗略定位方面表现良好，但在精确描绘目标轮廓方面存在不足。DeepLab-V1 将 DCNNs 与全连接条件随机场（FCCRFs）结合，以此解决了这一问题。这种级联结构结合了 DCNNs 的目标识别能力和 CRF 的细粒度定位精度，从而提高了图像中目标轮廓的描绘准确性。FCCRFs 用于细化 DCNNs 的粗糙分割输出。通过在每个像素点建立 CRF 模型并进行边界优化，显著提高了区域分割的精细度，同时优化了目标边界，保留了图像细节。

DeepLab-V1 的主要贡献包括：

1）处理速度的提升，空洞卷积操作使网络的处理速度达到了 8fps，FCCRFs 的预测时间为 0.5s。

2）准确率的提升，在 PASCAL VOC 2012 数据集上，语义分割的平均交并比（mIoU）达到了 71.6%。

3）模型结构的简化，通过设计全连接条件随机场，实现了 DCNNs 与全连接条件随机场的级联结构。

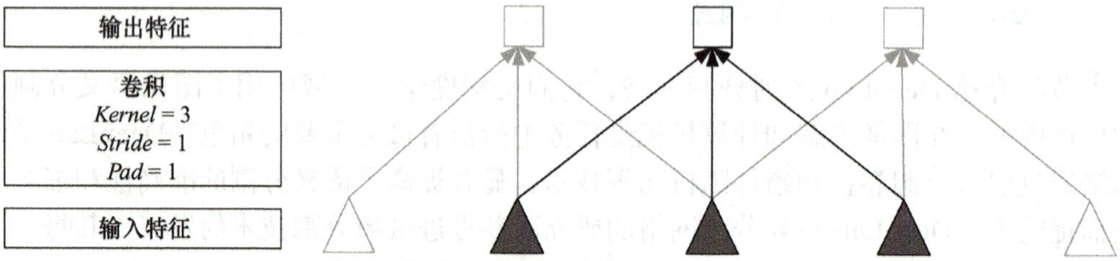

a) 传统的卷积操作

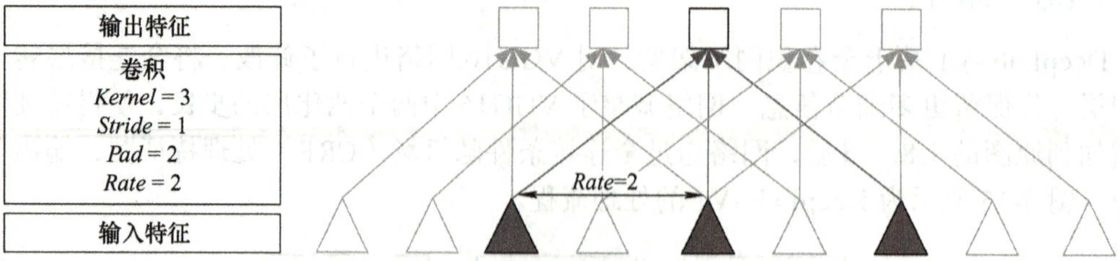

b) 空洞卷积操作

图 5-16　卷积操作

2. DeepLab-V2 分割网络

在图像分割中，目标尺度的多样性是常见挑战，其解决策略包括：多尺度缩放图像，进行独立推理后融合结果（但这会增加计算负担）；重采样单一尺度上的卷积特征并汇总信息，实现对任意尺度区域的准确和有效分类。

DeepLab-V2 在 DeepLab-V1 的基础上引入了多尺度结构，采用了空间金字塔池化（Spatial Pyramid Pooling，SPP）的思想。通过应用不同空洞率的空洞卷积对输入图像进行采样，使得 DeepLab-V2 能够捕获多尺度的图像特征信息。这种结构被称为 ASPP（Atrous Spatial Pyramid Pooling），如图 5-17 所示。

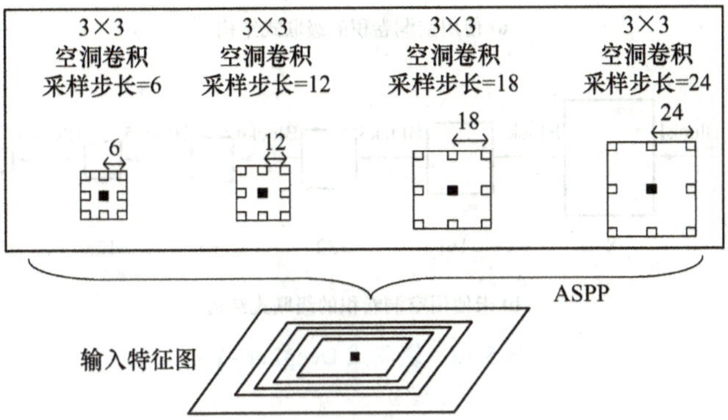

图 5-17　ASPP

DeepLab-V2 的主要改进包括：

1）引入 ASPP 来解决多尺度问题，通过结合空间金字塔池化来增强多尺度特征的提取。

2）将基础网络从 VGG16 替换为 ResNet-101，以保持位置数据的完整性。这些改进扩大了感受野，并在 PASCAL VOC 2012 数据集上提高了语义分割的准确性，其平均交并比（mIoU）达到了 79.7%。

3. DeepLab-V3 分割网络

2017 年，研究人员对 DeepLab-V2 进行了进一步的优化，推出了升级版的 DeepLab-V3，它可分为级联式结构和并行式结构。

DeepLab-V3 的级联式结构如图 5-18a 所示，这是一种使用了空洞卷积的级联结构，主要包括 ResNet 的原始层（Block1 ～ 4）和新增层（Block5 ～ 7）。在 Block4 中，将第一个残差结构的 3×3 卷积层和 1×1 卷积层的步距从 2 改为 1，以避免下采样，保持特征图尺寸。此外，所有残差结构中的 3×3 卷积层均替换为空洞卷积层，以扩大网络的感受野。Block5 ～ 7 是新的层结构，与 Block4 相同，均包含三个残差结构。每个 Block 中的空洞卷积率由 *Rate* 和多网格参数决定，这提高了空洞率设置的有效性。与图 5-18b 所示的未使用空洞卷积的级联式结构相比，DeepLab-V3 通过增加网络深度，在保持输入特征图尺寸的同时扩大了感受野，从而提高了区域分割性能。

DeepLab-V3 的并行式结构如图 5-19 所示，其改进的 ASPP 结构包括一个 1×1 卷积层、三个 3×3 空洞卷积层和一个全局平均池化层，以此增强了全局上下文信息的捕捉能力。为解决高空洞率卷积在图像边界捕捉远距离信息的问题，改进的 ASPP 用 1×1 卷积替代了高空洞率的 3×3 卷积。这一改动不仅融合了图像级特征，还减少了参数的数量，提高了模型的效率和区域分割性能。

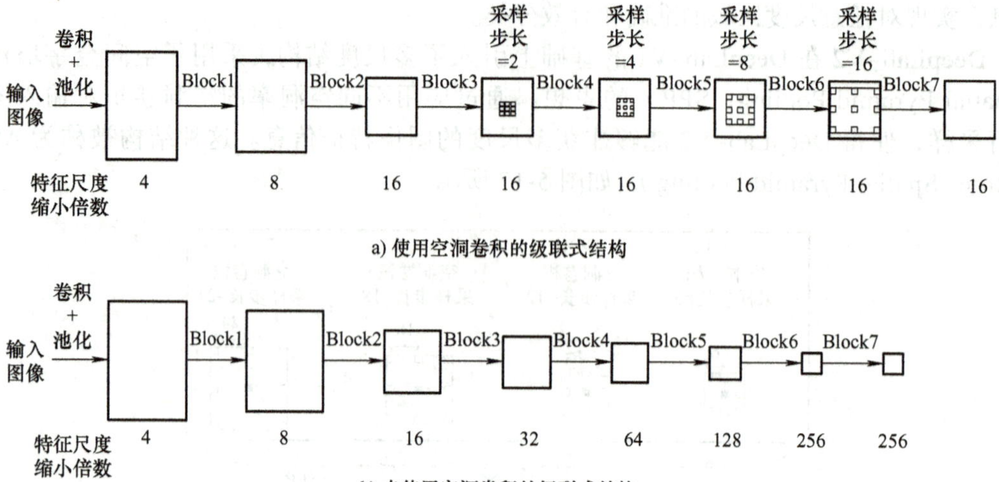

图 5-18 级联式 DeepLab-V3

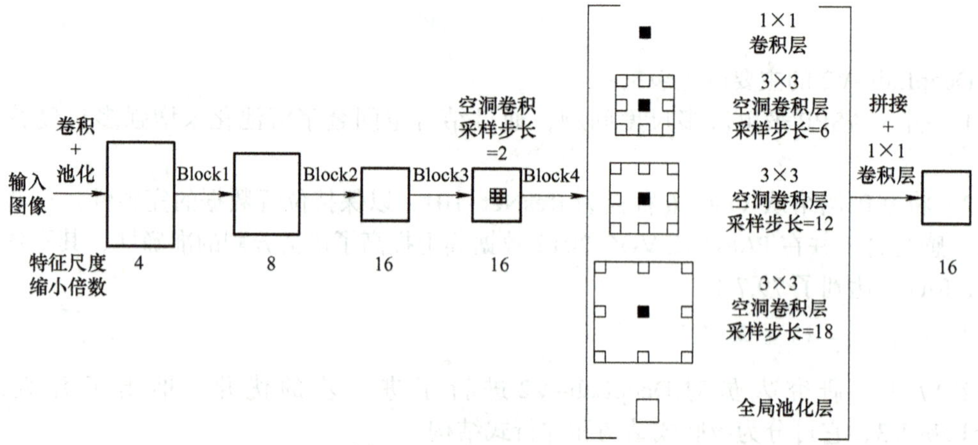

图 5-19 并行式 DeepLab-V3

DeepLab-V3 的并行式结构在性能上优于级联式结构。如图 5-19 所示，输入图像经过卷积和池化处理，尺寸缩小为原来的 1/4。图像随后通过三个 Block 模块（Block1 ～ 3）进行卷积、ReLU 和池化。然后，图像进入 Block4 和 ASPP 模块，后者融合了不同空洞率的空洞卷积（*Rate* 为 6、12、18）和全局池化层。最后，特征图通过 1 × 1 卷积层生成分割图的分类预测。

DeepLab-V3 对 DeepLab-V2 进行了三方面的优化：

1）在 ASPP 中加入批归一化（BN）层，并使用 ResNet 作为主干网络，采用多网格方法、不同空洞率的卷积以及 BN 层，引入多尺度特征。

2）将 ASPP 中的高空洞率卷积替换为 1 × 1 卷积，以减轻图像边界效应引起的信息丢失。

3）移除了条件随机场（CRF），简化了网络结构。DeepLab-V3 通过空洞卷积获取与输入尺寸一致的特征，并调整 ASPP 的结构以构建端到端的分割网络，有效捕捉多尺度语义信息。在 PASCAL VOC 2012 数据集上，其 mIoU 达到了 85.7%。

4. DeepLab–V3+ 分割网络

空间金字塔模块通过不同空洞率的滤波器或池化操作采样输入特征，并编码多尺度上下文信息。编 – 解码器结构通过逐步恢复空间信息来捕捉清晰的对象边界。DeepLab–V3+ 结合了这两种方法的优势，引入了一个简单有效的解码器模块来扩展 DeepLab–V3，从而提高了区域分割结果的精细度，尤其是在目标边界分割方面。

DeepLab–V3+ 采用编 – 解码器结构，以 DeepLab–V3 作为编码器，并在其后串联了解码器。编码器输出 DCNNs 的浅层特征图和 ASPP 融合后的特征图作为解码器的输入。解码器首先对浅层特征图进行卷积，然后将其与上采样的 ASPP 特征图融合，并通过卷积和上采样操作来逐步恢复特征信息到原始图像大小，以此实现端到端的语义分割。

在 DeepLab–V3+ 采用编 – 解码器结构的基础上，使用了 Xception 网络替代 ResNet–101，以减少参数的数量并提高区域分割的精度和速度。DeepLab–V3+ 同时也对 Xception 进行了改进，包括加深网络结构以提升计算速度和内存效率，并用深度可分离卷积层替换了所有卷积和池化层，以便在任意分辨率下提取特征图。此外，DeepLab–V3+ 在每个 3 × 3 深度卷积层后增加了批归一化和 ReLU 层，以进一步增强区域分割能力。

DeepLab–V3+ 通过两项创新改进了 DeepLab–V3：

1）采用编 – 解码器结构，以 DeepLab–V3 作为编码器。

2）将 ResNet–101 替换为改进的 Xception。

这些改进提升了 DeepLab–V3+ 在保留细粒度特征和理解上下文语义信息方面的能力，同时提高了区域分割的准确度和运算速度。在 PASCAL VOC 2012 数据集上，DeepLab–V3+ 的 mIoU 达到了 89.0%。

5.3.4　预训练大模型分割网络（SAM）

基础模型是人工智能研究中一个迅速发展的方向，它旨在创建能够处理多种任务的大规模通用模型。这些模型通过海量数据的训练，掌握了广泛适用的知识，具备了跨应用领域的迁移能力。分割一切模型（Segment Anything Model，SAM）是区域分割领域的创新基础模型，其出色的性能代表了该领域的重要进步，SAM 不仅展示了基础模型在区域分割任务中的潜力，也为未来的视觉理解研究和应用提供了新的发展方向和可能性。

Kirillow 等人在 2023 年提出了 SAM 项目，展示了基础模型在自然语言处理和计算机视觉领域的巨大潜力。该项目的研究人员借鉴了大型语言模型的思路，构建了一个能够统一整个区域分割任务的基础模型，并提出了一种名为 SAM 的提示分割模型。作为第一种用于区域分割的可提示基础模型，SAM 在区域分割领域具有卓越的性能。通过给定图像和视觉提示，如目标框、点和掩码等，来指定在图像中分割的内容。经过在 1100 万张图像上训练超过 10 亿的掩码，SAM 拥有了强大的零样本学习能力，使其能够有效地应用于下游视觉任务，并展现出显著的模型泛化能力。

如图 5-20 所示，SAM 主要由三部分构成：图像编码器、提示编码器和掩码解码器。

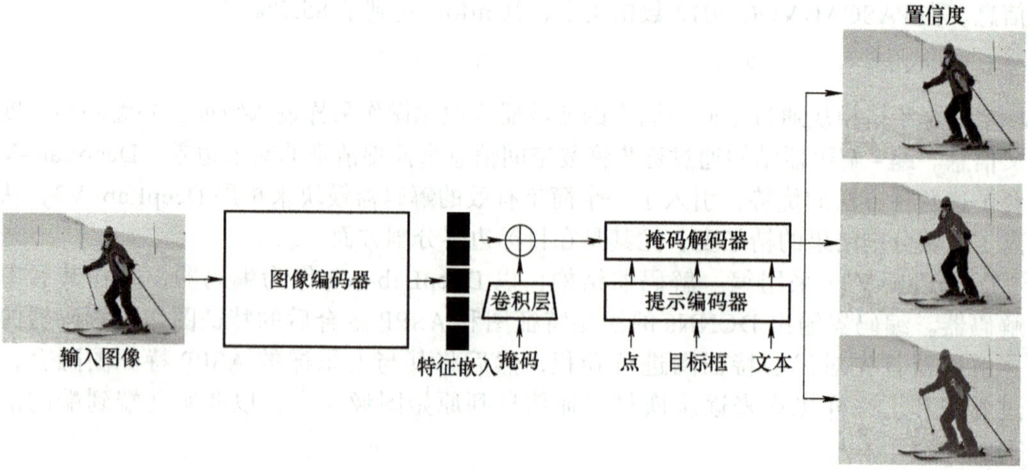

图 5-20　SAM

首先，图像编码器的功能是将输入的图像数据映射至特征空间，以此生成图像的特征嵌入。然后，提示编码器负责将用户提供的提示信息转换为特征空间的表示，从而得到提示的特征嵌入，这些提示信息分为两大类：一类是密集提示，如前一次迭代中预测的粗略掩码以及用户标注的掩码；另一类是离散提示，包括点、目标框和文本提示。对于密集提示，SAM 通过卷积层进行处理；而对于离散提示，SAM 则通过提示编码器进行处理。最后，掩码解码器承担着两项主要任务，第一项任务是整合图像编码器和提示编码器输出的特征嵌入；第二项任务是基于整合后的特征信息解码出最终的掩码。值得注意的是，掩码解码器会根据置信度输出三种类型的掩码：选中物体的子部分掩码、部分掩码和整体掩码。

SAM 根据用户输入的提示点位置，可以按照各自的置信度大小对这三种掩码进行排序输出，以准确地满足用户的需求。这种灵活的输出机制使得 SAM 能够适应多样化的用户需求和场景。以图 5-20 为例，当输入的提示点位于滑雪者的上衣位置时，模型将输出以下三种掩码：对选中的衣服花纹处进行精确分割、对整个上衣部分进行分割、对滑雪者所在的整体区域进行分割。

SAM 三部分的具体实现如下：

（1）图像编码器

在 SAM 框架中，图像编码器承担着将输入图像转换为特征表示的重要任务。这一转换过程主要依赖于经过 MAE（Masked Auto Encoder）方法预训练的视觉 Transformer（ViT）模型，该模型经过预训练后，能够有效地处理高分辨率的输入图像。

如图 5-21 所示，SAM 的图像编码器包含四个关键步骤。

第一步：输入图像被送入 ViT 网络，并被划分成 16 × 16 大小、步长为 16 的图像块。这些图像块经过图像块嵌入处理，并使得图像特征图的尺寸缩小为原来的 1/16，同时通道数从 3 增加到 768。

第二步：对图像特征图添加位置编码。位置编码是一组可学习的参数矩阵，其初始值设定为 0，用于保留图像块的空间信息。

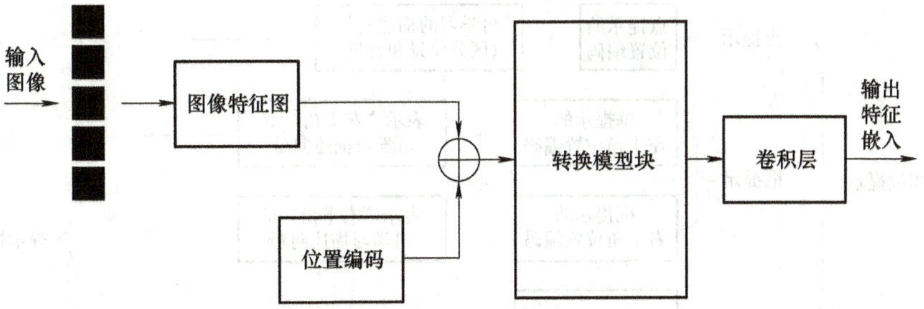

图 5-21　图像编码器

第三步：将添加了位置编码的图像特征图输入 16 个转换模型块（Transformer Block）中，其中有 12 个块将图像特征图划分为 14×14 大小的窗口，并进行局部注意力操作；剩余的 4 个块则对整个图像特征图执行全局注意力操作。

第四步：通过两层卷积层处理，将图像特征图的通道数减少到 256，从而得到最终的图像嵌入特征编码。

图像编码器对每个输入图像只运行一次，并且可以在提示模型处理之前应用，以便为后续的提示编码和分割任务提供丰富的图像特征。

（2）提示编码器

在视觉识别任务中，提示编码器扮演着至关重要的角色。其主要功能是从输入提示中抽象出特征表示，进而映射到一个特征空间中。这一过程确保了生成的提示特征图在尺寸上与图像编码器输出的图像嵌入特征编码保持一致，这对于后续的特征融合与处理至关重要。

具体来说，在 SAM 框架中，提示被分为两大类：密集提示与离散提示，如图 5-22 所示。通过这两种提示的结合，SAM 能够更有效地关注并理解图像中的重要区域，从而提升视觉识别的准确性与鲁棒性。

在处理密集提示（即掩码）时，必须考虑其与图像的空间对应关系。首先对掩码进行 4 倍下采样，以适应图像特征图的分辨率。这一步骤通过两个 2 × 2 的卷积核实现，每个卷积核的步长设定为 2。随后，利用一个 1 × 1 的卷积层，将掩码的通道数映射至 256 维，同时在每个卷积层后应用高斯误差线性单元（Gaussian Error Linear Units，GELU）作为激活函数，并实施层归一化处理。最终，将处理后的掩码与图像特征向量进行逐元素相加操作。

针对离散提示中的文本提示，采用 CLIP 模型中预训练的文本编码器进行处理。对于点提示和框提示，可引入位置编码来表示其在图像中的空间位置。点提示的编码由两部分构成：一部分代表该点的空间位置编码，它通过将空间坐标与高斯分布的向量相乘得到；另一部分是一个可学习的描述向量，用来区分该点属于前景还是背景。框提示的编码同样分为两部分：一部分是将框提示的左上角位置编码与表示“左上角”的可学习描述向量相结合；另一部分是将框提示的右下角位置编码与表示“右下角”的可学习描述向量相结合。通过这种方式，可以有效地将离散提示转换为模型可处理的形式。

（3）掩码解码器

在 SAM 中，掩码解码器承担着核心作用，它可将图像嵌入、提示标记和输出标记这三者融合在一起。这一过程涉及复杂的计算，旨在最终生成对象的精确分割掩码和与之对应的 IoU 置信度。

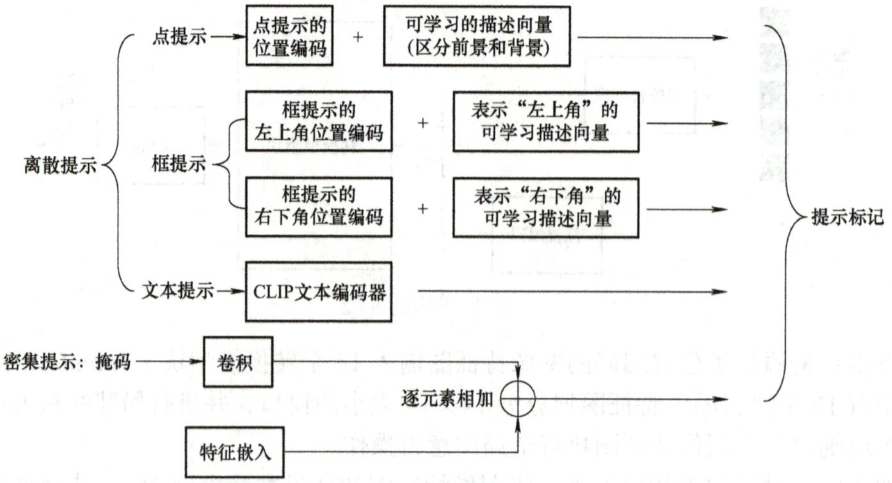

图 5-22　提示编码器

掩码解码器的运作主要依赖于自注意力机制，这是一种能够有效捕捉输入数据内部结构化关系的机制。同时，它还利用了 Transformer 结构的能力，通过提示与图像之间的双向更新来增强特征表示。这种设计使得掩码解码器能够更加精准地定位和分割图像中的对象。

如图 5-23 所示，在提示标记被送入掩码解码器之前，它们会与一组输出标记拼接，这种操作增加了标记的灵活性，使其在进入掩码解码器时能够更加适应性地调整和响应。

随后，这些经过拼接的标记将通过一个由两层构成的 Transformer 结构，以此进行深入且彻底的融合处理。Transformer 结构具有强大的自注意力机制，能够有效地捕捉和处理标记之间的复杂关系，从而提高掩码解码器输出的准确性和鲁棒性。

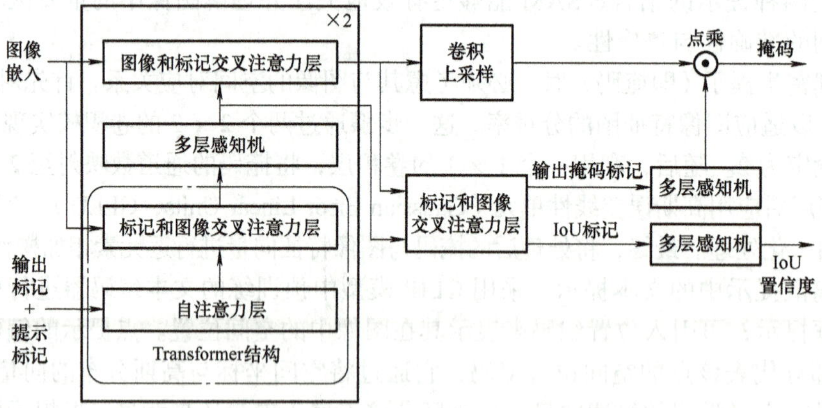

图 5-23　掩码解码器

在掩码解码器的处理流程中，首先会将拼接后的标记序列进行自注意力层的细致处理，这一步旨在强化标记之间的相互关系。接着，这些标记会作为交叉注意力机制中的查询项，与图像嵌入进行交叉注意力操作，从而实现对标记的首次更新。随后，标记会通过两层的全连接层，进一步进行更新和优化，以增强其表示能力。

与此同时，输入的图像嵌入同样作为查询项，与标记进行交叉注意力操作，这一过程有助于图像嵌入的更新。经过两层的上述结构处理后，标记会再次作为查询项与更新后的图像嵌入进行交叉注意力操作，以生成最终的标记表示。

此时，更新后的图像嵌入通过两层的转置卷积上采样，其采用 2×2 的卷积核和步长为 2 的设置，这种上采样操作有效地提升了图像嵌入的空间分辨率。随后，掩码标记从输出标记中分离出来，并通过一个三层的全连接层调整其通道数，确保与最终输出的图像嵌入的通道数一致。

最后，将调整后的掩码标记与图像嵌入通过矩阵乘法结合，生成对掩码的预测。此外，交并比（Intersection over Union，IoU）标记也从输出标记中分离出来，并通过一个三层的全连接层处理，以输出掩码的置信度分数。这一置信度分数反映了模型对预测掩码准确性的估计，对于后续的决策过程至关重要。

在模型的训练阶段，为了提高区域分割的准确性和鲁棒性，采用了 Dice loss 和 Focal loss 两种损失函数。Dice loss 函数特别适用于处理类别不平衡问题，而 Focal loss 函数则可以调整损失函数的权重，使得模型能够更加关注难分类的样本。这两种损失函数的结合，为模型提供了强大的学习信号，有助于提升其在复杂场景下的表现。掩码解码器对掩码和置信度的预测实施了严格的监督，通过反向传播算法，模型可以不断地优化其参数，以最小化输出掩码的损失值。这种持续的优化确保了模型的预测准确性和可靠性。

在处理不明确的提示时，模型能够生成多种可能的掩码。例如，当使用衣服上的一个点作为提示时，模型可能会产生代表衣服本身、穿着衣服的人或者衣服的一部分等多种掩码。为了解决这种输出歧义，模型最终会输出三种类型的掩码：整体掩码、部分掩码和子部分掩码。这三种掩码的组合能够解决大多数歧义情况。模型会根据每种掩码的置信度得分进行排序，以便更好地满足用户的具体需求。

当输入多个提示时，生成的掩码往往是相似的。为了避免模型退化，即模型输出过于模糊或泛化能力下降，此时模型会仅预测一个最终的掩码输出。这样的策略有助于保持模型在处理复杂提示时的性能和稳定性。

本章小结

本章主要介绍了计算机视觉和图像处理中的区域分割，从传统算法到深度学习模型的应用进行了全面叙述。区域分割旨在将图像划分为具有相似特性的区域或对象，为后续分析提供基础。传统算法计算成本较低，规则明确，易于解释和调整；基于深度学习的区域分割算法进一步提高了精度，降低了领域知识的门槛，使得相关任务更易于实现。而基于预训练大模型的区域分割算法具有强大的泛化能力，能够实现零样本学习，适应新任务和数据，与人的交互性更强，提高了区域分割的灵活性和用户的定制化程度，能够满足多样化需求。从传统算法到深度学习再到基于预训练大模型，区域分割算法的发展是技术不断发展、解决问题能力不断提升的过程。

思考题与习题

5-1　简述区域分割的定义，并解释其核心任务。

5-2　列举区域分割中常见的分割准则，并解释它们的作用。

5-3　解释阈值分割的原理，并说明其优缺点。

5-4 全局阈值分割与多阈值分割有什么区别？什么时候使用多阈值分割？

5-5 解释区域生长法的原理，并说明其优缺点。

5-6 生长准则的选择对区域生长法的结果有什么影响？举例说明。

5-7 解释分裂合并法的原理，并说明其优缺点。

5-8 解释分水岭算法的原理，并说明其优缺点。

5-9 基于深度学习的区域分割算法与传统算法相比有哪些优势？

5-10 解释 FCN 的结构特点，并说明其优缺点。

5-11 解释 U-net 的结构特点，并说明其在医学图像中的应用。

5-12 简述 DeepLab 系列分割网络的发展历程，并解释其主要改进。

5-13 解释 SAM 的原理，并说明其与其他区域分割模型的区别。

5-14 选择一张图像，使用不同的阈值进行区域分割，观察并分析结果的变化。

5-15 选择一个区域分割数据集，使用 U-net 进行训练，并评估其效果。

5-16 选择一张图像，使用 DeepLab 系列分割网络进行区域分割，观察并分析其效果。

5-17 选择一张图像，使用 SAM 进行区域分割，观察并分析其效果，在此过程中尝试使用不同的提示信息。

参考文献

[1] 许桂秋，白宗文，张志立．计算机视觉原理与实践 [M]. 北京：电子工业出版社，2023.

[2] SONKA M，HLAVAC V，BOYLE R. 图像处理、分析与机器视觉：3 版 [M]. 艾海舟，苏延超，译．北京：清华大学出版社，2016.

[3] LONG J，SHELHAMER E，DARRELL T. Fully Convolutional Networks for Semantic Segmentation[C]//The IEEE Conference on Computer Vision and Pattern Recognition. Piscataway：IEEE，2015：3431-3440.

[4] RONNEBERGER O，FISCHER P，BROX T，et al. U-Net：Convolutional Networks for Biomedical Image Segmentation[C]//The International Conference on Medical Image Computing and Computer-Assisted Intervention. London：Springer，2015：234-241.

[5] MAŠKA M. A Benchmark for Comparison of Cell Tracking Algorithms[J]. Bioinformatics，2014：1609-1617.

[6] CHEN L C，PAPANDREOU G，KOKKINOS I，et al. Deeplab：Semantic Image Segmentation with Deep Convolutional Nets，Atrous Convolution，And Fully Connected CRFs[J]. IEEE Transactions on Pattern Analysis and Machine Intelligence，2017，40（4）：834-848.

[7] CHEN L C，PAPANDREOU G，SCHROFF F，et al. Rethinking Atrous Convolution for Semantic Image Segmentation[EB/OL]. [2024-7-16]. https://arxiv.org/pdf/1706.05587.

[8] CHEN L C，ZHU Y，PAPANDREOU G，et al. Encoder-Decoder with Atrous Separable Convolution for Semantic Image Segmentation[C]//The European Conference on Computer Vision. Cham：Springer，2018：801-818.

[9] KIRILLOV A，MINTUN E，RAVI N，et al. Segment anything[C]//The IEEE/CVF International Conference on Computer Vision. Piscataway：IEEE，2023：4015-4026.

第 6 章　纹理分析

导读

纹理分析是计算机视觉领域的重要研究方向，它旨在理解、建模和处理图像中的纹理模式。本章将介绍纹理的概念、经典纹理分析方法以及基于深度学习的纹理分析方法。本章首先会探讨纹理的定义和视觉特征，以及纹理在图像处理中的作用。接着，本章会介绍两种经典的纹理分析方法，包括灰度共生矩阵和 Gabor 小波。这些方法通过提取纹理特征来描述和区分不同的纹理模式。最后，本章会介绍基于深度学习的纹理分析方法，其中包括纹理分类网络 PCANet 和基于 CNN 的纹理合成网络。这些方法利用深度学习模型对纹理进行学习和表示，具有较好的性能和泛化能力。通过学习本章内容，读者可了解纹理分析的基本概念和常用方法，为后续对计算机视觉相关内容的深入讨论和实践奠定基础。

本章知识点

- 纹理的概念
- 灰度共生矩阵
- Gabor 小波
- 纹理分类网络 PCANet
- 基于 CNN 的纹理合成网络

6.1　纹理的概念

纹理是日常生活中不可或缺的一部分，通常表现为对物体表面的触感或视觉感知。纹理是对物体表面感知和理解的基础，也是描述和区分不同物体的重要特征之一。一般将组成纹理的基本元素称为纹理基元或纹元。

由于纹理基元及其分布形态复杂多样，纹理的精确定义难以形成统一共识。Coggins 等人认为：①纹理可以被认为是由肉眼可见的区域组成的。简单的纹理结构特征是指图案的重复，在这些图案中纹理基元按一定的布局规则排列。②如果图像的一组局部统计特征或者其他特征是不变、变化缓慢或者近似周期变化的，那么就认为该图像区域含有不变的纹理。Castleman 等人则认为纹理是一种反映图像中一块区域像素灰度或颜色的空间分布属性，这种空间结构的固有属性可以通过邻域像素间的相关性描述。

常见的纹理分为自然纹理、人工合成纹理和混合纹理。图 6-1 所示为自然纹理和人工合成纹理。自然纹理随机性强，多呈不规则形状；人工合成纹理往往分布确定，形状规则。混合纹理就是人工合成纹理随机分布于物体表面或自然景观中。

a) 自然纹理　　b) 人工合成纹理

图 6-1　常见的纹理

纹理最明显的视觉特征是粗糙性、方向性和周期性。粗糙性指纹理表面的细节程度，可以是细腻的或粗糙的。方向性指纹理中存在特定方向的元素或模式，可以是水平、垂直或斜向的。周期性指纹理中的元素或模式在空间中以某种规律重复出现。这些视觉特征对于纹理的识别和描述有重要作用，也是纹理特征提取方法的基础。

纹理基元是像素灰度或颜色变化模式的基本单元，纹理的排列和变化模式则决定了纹理的特征。纹理基元可以按照某种规则排列，表现出一定的规律性或随机性。这些特征使纹理具有粗糙性、方向性和周期性等视觉特征。通过深入研究纹理的特征，可以更好地理解和描述纹理的本质，进而将其应用于计算机视觉、图像处理和模式识别等领域。

在计算机视觉系统中，纹理分析的目标是理解、建模和处理图像中的纹理模式，以模拟人类视觉对纹理的学习和认知过程。一个典型的计算机视觉系统可以分为图像采集、图像处理、特征提取和分类等多个阶段。纹理分析作为其中的核心要素，包含在图像处理阶段中。纹理分析通过提取有效的纹理特征，实现了基于纹理特征的区域分割，将图像划分为有意义的连续区域。在特征提取和分类阶段，纹理特征提供了区分目标对象的有效信息。

尽管对纹理的定义暂时还没有统一准确的标准，但纹理作为图像的一个重要属性，在计算机视觉和图像处理中扮演着关键的角色。纹理的研究和分析对于理解物体表面属性、开发纹理相关应用和推动相关领域的发展具有重要意义。由表 6-1 可见，从医学影像到遥感影像处理，纹理分析是许多任务的重要组成部分。在工业检测中，纹理分析广泛应用于木材裂纹检测、皮革质量评估以及食品质量评估等方面。

表 6-1　常见的纹理分析应用

应用领域	应用场景
工业	木材裂纹检测、皮革质量评估和食品质量评估
社会公共安全	森林火灾监控、安检、交通监控及军事国防建设
医学	医学影像（CT、MRI 图像等）分析
图像检索	以图搜图等
遥感测量	辅助遥感影像进行地物分类等工作

6.2　经典纹理分析方法

纹理分析旨在通过一定的图像处理技术提取纹理特征参数，从而获得纹理的定量或定性描述。纹理分析方法有很多，可以分为统计方法、结构方法、模型方法和变换方法。本节介绍两种经典纹理分析方法，分别是灰度共生矩阵和 Gabor 小波。

6.2.1　灰度共生矩阵

灰度共生矩阵（GLDM）是 20 世纪 70 年代初由 R. Haralick 等人提出的基于统计的纹理分析方法，假定图像中各像素间的空间分布关系包含了图像纹理信息。

灰度共生矩阵是对图像中不同距离的像素之间灰度差异的统计结果。由于纹理具有周期性，在图像空间中相隔一定距离的像素之间存在一定的灰度关系，即图像中灰度的空间相关特性。灰度共生矩阵用不同位置的两个像素灰度的联合概率密度定义，不仅反映了亮度的分布特征，也反映了具有同样亮度或者相似亮度的像素之间的位置分布特性，是有关图像灰度变化的二阶统计特征，下面给出灰度共生矩阵的定义。

在图像中，考虑任意一点 (x,y) 及其偏移点 $(x+a,y+b)$，它们的灰度值为 (g_1,g_2)。通过将点 (x,y) 在整个图像上移动，可以得到各种 (g_1,g_2) 值的组合，假设灰度级数为 k，则共有 k^2 种组合。对整个图像，统计每种 (g_1,g_2) 值出现的次数，并将它们排列成一个矩阵，再用 (g_1,g_2) 出现的总次数将它们归一化为出现的概率 P，这样的矩阵就是灰度共生矩阵。

距离差分值 (a,b) 取不同的数值组合，可以得到不同情况下的联合概率矩阵。选取 (a,b) 的值时应考虑纹理周期分布的特性。对于较细的纹理，通常选择小的距离差分值，如（1，0）、（1，1）和（2，0）。当 $a=1,b=0$ 时，像素对是水平的，即 0° 扫描；当 $a=0,b=1$ 时，像素对是垂直的，即 90° 扫描；当 $a=1,b=1$ 时，像素对是右对角线的，即 45° 扫描；当 $a=-1,b=1$ 时，像素对是左对角线的，即 135° 扫描。这样一来，两个像素灰度级同时发生的概率可将 (x,y) 的空间坐标转化为灰度对 (g_1,g_2) 的描述，由此形成了灰度共生矩阵。

定义方向为 θ、间隔为 d 的灰度共生矩阵 $(\boldsymbol{P}(i,j,d,\theta))_{L\times L}$，$P(i,j,d,\theta)$ 为灰度共生矩阵第 i 行第 j 列元素的值，它是以灰度级 i 为起点，在给定空间距离 d 和方向 θ 时，出现灰度级 j 的概率。L 为灰度级的数目，θ 一般取 0°、45°、90° 或 135° 等方向，以 x 轴为起始，沿逆时针方向计算。图 6-2a 所示为一幅 4×5 图像，当给定 $d=1$、θ 为 0° 时，其对应的灰度共生矩阵如图 6-2b 所示。

实际应用中，灰度图像通常包含 256 个灰度，但在计算灰度共生矩阵时，要求图像的灰度级远小于 256。这是因为灰度共生矩阵的计算量受灰度级数量和图像尺寸的影响，其计算复杂度为灰度级数的二次方乘以图像的像素数量。因此在计算灰度共生矩阵时，常先将原图像的灰度级压缩到较小的范围（通常选择 8 级或 16 级），以减小灰度共生矩阵的尺寸，同时保证纹理特征的有效表示。

由于灰度共生矩阵的数据量较大，一般不直接作为区分纹理的特征，而是将基于它构建的一些统计量作为区分纹理的特征。Haralick 曾提出过 14 种基于灰度共生矩阵的统计量，即角二阶矩、对比度、相关性、二次方和方差、反差分矩、和平均、和方差、和熵、熵、差方差、差熵、相关信息测度 1、相关信息测度 2 和最大相关系数，此外还有均值、能量、均匀性和方差等。常用的统计量主要有以下七种。

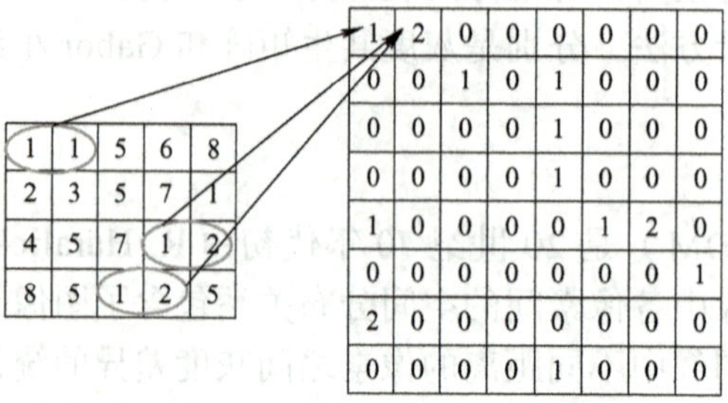

a) 输入图像　　b) 灰度共生矩阵

图 6-2　灰度共生矩阵的生成

（1）均值（Mean）

$$\mu=\sum_{i=0}^{L-1}\sum_{j=0}^{L-1}P(i,j)\cdot i \tag{6-1}$$

均值反映了灰度的平均情况。

（2）标准差（Standard Deviation）

$$\sigma=\sqrt{\sum_{i=0}^{L-1}\sum_{j=0}^{L-1}(i-\mu)^2\cdot P(i,j)} \tag{6-2}$$

标准差反映了灰度变化的大小。

（3）反差分矩（Inverse Differential Moment）

$$IDM=\sum_{i=0}^{L-1}\sum_{j=0}^{L-1}\frac{P(i,j)}{1+(i-j)^2} \tag{6-3}$$

反差分矩反映了图像纹理局部变化的大小，若图像纹理局部区域较均匀，变化缓慢，则反差分矩会较大，反之较小。

（4）对比度（Contrast）

$$Con=\sum_{i=0}^{L-1}\sum_{j=0}^{L-1}P(i,j)\cdot(i-j)^2 \tag{6-4}$$

对比度表明了共生矩阵的值如何分布，以及图像中局部变化的程度，反映了图像的清晰度和纹理的沟纹深浅。纹理的沟纹越深，反差越大，效果越清晰；若对比度小，则沟纹浅，效果模糊。

（5）熵（Entropy）

$$Ent=-\sum_{i=0}^{L-1}\sum_{j=0}^{L-1}P(i,j)\log[P(i,j)] \tag{6-5}$$

熵是图像包含信息量的随机性度量。当灰度共生矩阵中所有值均相等或像素值表现出最大的随机性时，熵最大。因此，熵表明了图像灰度分布的复杂程度，熵越大，图像越复杂。

（6）能量（Energy）

$$Eng = \sum_{i=0}^{L-1}\sum_{j=0}^{L-1} P(i,j)^2 \tag{6-6}$$

能量值反映了图像灰度分布的均匀程度和纹理的粗细度。能量值较大表示纹理图像具有均匀和规则变化的模式。

（7）相关性（Correlation）

$$Corr = \sum_{i=0}^{L-1}\sum_{j=0}^{L-1} P(i,j)\frac{(i-\mu_1)(j-\mu_2)}{\sqrt{{\sigma_1}^2{\sigma_2}^2}} \tag{6-7}$$

式中，μ_1、μ_2、σ_1 和 σ_2 的定义为

$$\mu_1 = \sum_{i=0}^{L-1} i \sum_{j=0}^{L-1} P(i,j) \tag{6-8}$$

$$\mu_2 = \sum_{j=0}^{L-1} j \sum_{i=0}^{L-1} P(i,j) \tag{6-9}$$

$$\sigma_1^2 = \sum_{i=0}^{L-1} (i-\mu_1)^2 \sum_{j=0}^{L-1} P(i,j) \tag{6-10}$$

$$\sigma_2^2 = \sum_{j=0}^{L-1} (j-\mu_2)^2 \sum_{i=0}^{L-1} P(i,j) \tag{6-11}$$

相关性衡量了邻域灰度的线性依赖性。例如，当图像具有水平方向的纹理时，在角度为 0° 的灰度共生矩阵中，其相关性通常较高。

6.2.2　Gabor 小波

除了统计分析方法，在纹理分析中还经常使用信号处理方法。基于信号处理的纹理分析方法首先会对纹理图像进行频域或空域滤波处理，然后进行分析和解释。

目前，常见的图像滤波方法包括傅里叶变换、Gabor 滤波器和小波变换等。傅里叶变换在信号的频域分析中起着重要作用，但它不适用于非平稳信号的分析。而大多数图像，尤其是纹理图像等，其频域特性即表现为非平稳性。Gabor 变换可以达到时频局部化的目的，它能在整体上提供信号的全部信息，又能提供在任一局部时间内信号变化剧烈程度的信息。因此，在纹理图像处理中使用 Gabor 变换，能够同时满足空域和频域的局部化要求。

Gabor 函数是一个用于边缘提取的线性滤波器。在空域中，一个二维 Gabor 滤波器是一个由正弦平面波调制的高斯核函数。针对二维数字图像，二维 Gabor 函数形成的二维

Gabor 滤波器具有优良的滤波性能。这种滤波器能够根据需求定制方向、径向频率带宽和中心频率，从而同时在空域和频域实现最佳分辨率。基于 Gabor 滤波器的特征提取方法在纹理描述方面具有重要意义。

目前，Gabor 滤波描述方法主要包括定制滤波器和自适应滤波器两类。前者根据具体纹理特性及应用场合，通过单个滤波器来完成纹理描述；后者则利用不同方向和不同频段的滤波器组，得到能充分表征特征的纹理描述。

一个由高斯函数调制的二维 Gabor 滤波器为

$$G(x,y,k_x,k_y,\sigma)=\mathrm{e}^{-\left(\frac{1}{2\sigma^2}\right)(x^2+y^2)+\mathrm{j}(k_x x+k_y y)} \tag{6-12}$$

其极坐标形式为

$$G(x,y,k,\theta,\sigma)=\mathrm{e}^{-\left(\frac{1}{2\sigma^2}\right)(x^2+y^2)+\mathrm{j}(\cos\theta x+\sin\theta y)} \tag{6-13}$$

Gabor 变换虽然解决了局部分析的问题，但对于突变信号和非平稳信号来说，其结果仍不尽如人意。这是因为 Gabor 变换的时频窗口大小和形状固定不变，只有位置在变化，这限制了其在某些情况下的适用性。在实际应用中，人们通常希望时频窗口的大小和形状能够根据频率的变化而变化，这样可以更好地适应不同频率成分的特点。例如，对于高频部分能够给出相对较窄的时间窗口，以提高分辨率；对于低频部分能够给出相对较宽的时间窗口，以保证信息的完整性。即人们需要可调节的时频窗口，以更好地适应不同频率的信号。

为了解决 Gabor 变换的局限性，可以在 Gabor 变换中结合小波变换来增强其对于非平稳信号的适用性。小波变换（Wavelet Transform）是一种信号处理技术，它将信号分解成不同尺度（频率）和不同位置（时间）上的小波基函数的系数，从而可以同时获得信号在频域和时域的信息。这些小波基函数是基于母小波函数通过平移和缩放而得到的，因此可以适应不同频率和时间尺度的信号特征。

与传统的傅里叶变换相比，Gabor 小波变换具有良好的时频局部化特性。即非常容易调整 Gabor 滤波器的方向、基频带宽及中心频率，从而能够最好地兼顾信号在空域和频域中的分辨能力。其次，Gabor 小波变换具有多分辨率特性，这意味着它能够在不同粒度上对图像进行分析。这种多分辨率特性使得 Gabor 小波变换在捕捉不同尺度的特征时表现出色。

在特征提取方面，Gabor 小波变换与其他方法相比具有明显的优势。首先，它处理的数据量相对较少，因此能够满足系统实时性的要求。其次，Gabor 小波变换对光照变化不敏感，而且能够容忍一定程度的图像旋转和变形，这使得它在处理现实世界中的图像数据时更加稳健。

若用小波分解的方法选择滤波器，则可以检测不同尺度下频域的纹理特征，母小波选择二维 Gabor 滤波器，即

$$G(x,y,k,a,\theta,\sigma)=\mathrm{e}^{-\left(\frac{a}{2\sigma^2}\right)(x^2+y^2)+aj k(\cos\theta x+\sin\theta y)} \tag{6-14}$$

式中，a 为小波比例因子，通过对母小波的缩放与旋转，可以得到一组 Gabor 小波系数。

一个 Gabor 核函数能获取图像某个频率邻域的响应情况，这个响应情况可以看作图像的一个特征。那么，如果用多个不同频率的 Gabor 核去获取图像在不同频率邻域的响应情况，最后就能形成图像在各个频段的特征，这个特征可以描述图像的频率信息。为了获取不同纹理的特征，通常选取一组具有不同主频的窄带带通 Gabor 滤波器来提取图像中的纹理特征。

图 6-3 所示为一组不同频率、不同方向的 Gabor 核，用这些核与图像卷积，就能得到图像上每个点和其附近区域的纹理特征情况。

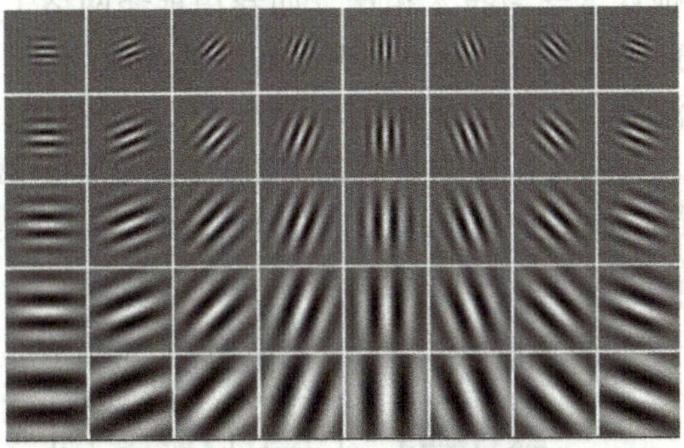

图 6-3　一组不同频率、不同方向的 Gabor 核

图 6-4 所示为利用 Gabor 核对图形提取纹理特征后的结果，图 6-4a 所示为原始图像，图 6-4b 所示为使用 Gabor 核处理后的图像。

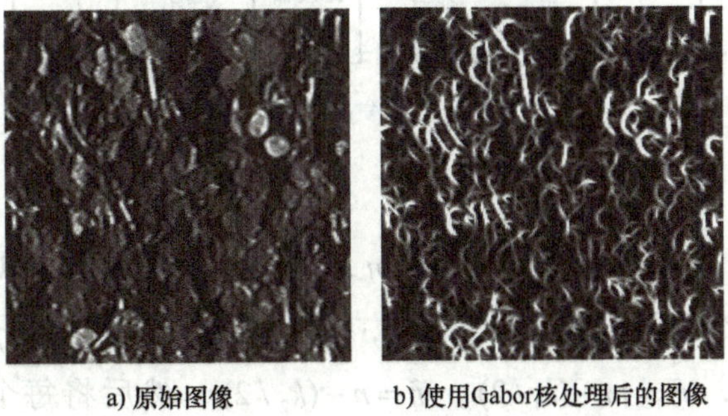

图 6-4　Gabor 核处理前后图像对比

6.3　基于深度学习的纹理分析方法

在过去的几十年里，传统的纹理分析方法取得了显著的进展，然而，随着深度学习的兴起，尤其是卷积神经网络（CNN）的成功应用，纹理分析领域也迎来了一场重要的变革，相对于传统的机器学习方法（如 k 近邻、支持向量机等），深度学习具有更好的模式感知能力，即能够以自动特征学习来处理大规模数据，更好地处理复杂的非线性问题，并具有更好的预测性能。

本节将用两个经典的纹理分析网络来深入探讨基于深度学习的纹理分析方法，以及它们在不同领域的应用。深度学习在图像处理任务中的应用取得了巨大成功，而纹理分析作为其中一个重要的子领域，也迎来了新的机遇和挑战。

6.3.1 纹理分类网络 PCANet

主成分分析网络（PCANet）是一种结合了主成分分析（PCA）和 CNN 的用于提取图像纹理特征的网络模型。PCANet通过两层PCA卷积层训练PCA滤波器组，并提取图像的 PCA 特征，进而从训练样本中学习图像的复杂纹理特征。PCANet 的纹理特征提取过程相对简单，因此与其他深度学习技术相比，如卷积神经网络（CNN）和深度置信网络（DBN），PCANet 能够实现更灵活和分辨率更高的特征提取。

PCANet 由 PCA 滤波器、二值哈希和直方图统计三部分组成，其网络结构如图 6-5 所示，主要包含三个阶段，前两个阶段为堆叠的 PCA 滤波过程，第三阶段为输出阶段，用于对第二阶段的输出进行二值哈希操作和逐块直方图统计，以此得到最终的输出特征。下面详细介绍三个阶段的处理过程。

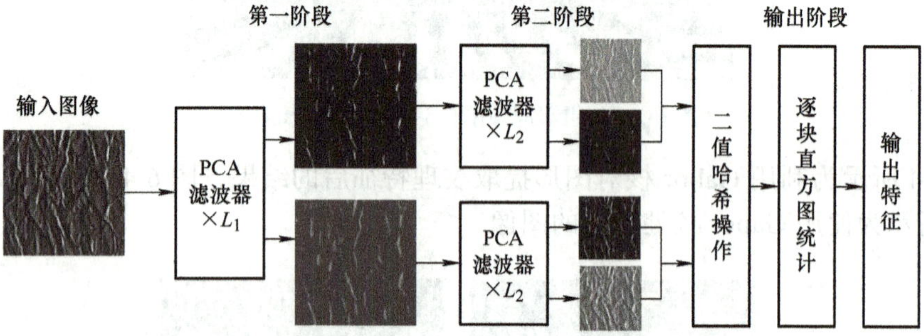

图 6-5 PCANet 网络结构

1. 第一阶段

假设有训练图像 $\{I_i\}_{i=1}^N$，其大小为 $m\times n$，网络卷积核大小为 $k_1\times k_2$。对于每个像素点，取其周围 $k_1\times k_2$ 的矩形块，得到 $\boldsymbol{x}_{i,1},\boldsymbol{x}_{i,2},\cdots,\boldsymbol{x}_{i,\tilde{m}\tilde{n}}\in\mathbb{R}^{k_1k_2}$，其中 $\boldsymbol{x}_{i,j}$ 表示输入图像 I_i 中的第 j 个矢量化矩形块，$\tilde{m}=m-(k_1/2)$，$\tilde{n}=n-(k_2/2)$。然后将每个矩形块 $\boldsymbol{x}_{i,j}$ 减去其矩形区域内的像素均值，得到 $\bar{\boldsymbol{X}}_i=(\bar{\boldsymbol{x}}_{i,1},\bar{\boldsymbol{x}}_{i,2},\cdots,\bar{\boldsymbol{x}}_{i,\tilde{m}\tilde{n}})$，$\bar{\boldsymbol{x}}_{i,j}=\boldsymbol{x}_{i,j}-\dfrac{\mathbf{1}^{\mathrm{T}}\boldsymbol{x}_{i,j}}{k_1k_2}\mathbf{1}$，$\mathbf{1}\in\mathbb{R}^{k_1k_2}$ 为单位向量。

通过为所有输入图像构建相同的矩阵并进行组合，可以得到输入为

$$\boldsymbol{X}=(\bar{\boldsymbol{X}}_1,\bar{\boldsymbol{X}}_2,\cdots,\bar{\boldsymbol{X}}_N)\in\mathbb{R}^{k_1k_2\times N\tilde{m}\tilde{n}} \tag{6-15}$$

假设第 i 层的滤波器数量为 L_i，则 PCA 的目的是使输入样本的重建误差最小，即

$$\min_{V\in R^{k_1k_2\times L_1}}\|\boldsymbol{X}-\boldsymbol{V}\boldsymbol{V}^{\mathrm{T}}\boldsymbol{X}\|_F^2 \quad \text{s.t.}\boldsymbol{V}^{\mathrm{T}}\boldsymbol{V}=\boldsymbol{I}_{L_1} \tag{6-16}$$

式中，$\boldsymbol{I}_{L_1}$ 为 $L_1\times L_1$ 的单位矩阵。

式（6-16）的解为 $\boldsymbol{XX}^{\mathrm{T}}$ 的前 L_1 个主成分。因此，PCA 滤波器可以表示为

$$\boldsymbol{W}_l^1 \doteq \max_{k_1,k_2}[q_l(\boldsymbol{XX}^{\mathrm{T}})] \in \mathbb{R}^{k_1 \times k_2}, \quad l = 1,2,\cdots,L_1 \tag{6-17}$$

式中，$\max_{k_1,k_2}(\boldsymbol{v})$ 为将 $\boldsymbol{v} \in \mathbb{R}^{k_1 k_2}$ 映射到矩阵 $\boldsymbol{W} \in \mathbb{R}^{k_1 \times k_2}$ 的函数；$q_l(\boldsymbol{XX}^{\mathrm{T}})$ 为 $\boldsymbol{XX}^{\mathrm{T}}$ 的第 l 个主特征向量。

2. 第二阶段

第二阶段与第一阶段的流程基本一致，第一阶段的第 l 个滤波器的输出为

$$I_i^l = I_i * \boldsymbol{W}_l^1, \quad i = 1,2,\cdots,N \tag{6-18}$$

式中，$*$ 为二维卷积。

在与 $\boldsymbol{W}_l^1$ 卷积之前，对第 i 张输入图像 I_i 的边界填充零值，使其输出大小与 I_i 相同。与第一阶段相同，对于 I_i^l 中的每个像素点，取其周围 $k_1 \times k_2$ 的矩形块，对图像中的每个像素点都进行这样的操作，得到 $\boldsymbol{y}_{i,1}, \boldsymbol{y}_{i,2}, \cdots, \boldsymbol{y}_{i,\tilde{m}\tilde{n}} \in \mathbb{R}^{k_1 k_2}$，其中每个 $\boldsymbol{y}_{ij}$ 表示第 l 张特征图 I_i^l 中的第 j 个矢量化矩形块，$\tilde{m} = m - (k_1/2)$，$\tilde{n} = n - (k_2/2)$。然后减去每个矩形块的均值，得到 $\boldsymbol{Y}^l = \left(\bar{\boldsymbol{y}}_{i,1}, \bar{\boldsymbol{y}}_{i,2}, \cdots, \bar{\boldsymbol{y}}_{i,\tilde{m}\tilde{n}}\right)$，$\bar{\boldsymbol{y}}_{i,j} = \bar{\boldsymbol{y}}_{i,j} - \dfrac{\boldsymbol{1}^{\mathrm{T}} \boldsymbol{y}_{i,j}}{k_1 k_2} \boldsymbol{1}$。第二阶段的输入为

$$\boldsymbol{Y} = (\boldsymbol{Y}^1, \boldsymbol{Y}^2, \cdots, \boldsymbol{Y}^{L_1}) \in \mathbb{R}^{k_1 k_2 \times L_1 N \tilde{m}\tilde{n}} \tag{6-19}$$

第二阶段的 PCA 滤波器为

$$\boldsymbol{W}_l^2 \doteq \max_{k_1,k_2}[q_l(\boldsymbol{YY}^{\mathrm{T}})] \in \mathbb{R}^{k_1 \times k_2}, \quad l = 1,2,\cdots,L_2 \tag{6-20}$$

对于第二阶段的每个输入 I_i^l，将输出 L_2 幅大小为 $m \times n$ 的特征图，则第二阶段的输出特征数量为 $L_1 L_2$，即有

$$\mathcal{O}_i^l \doteq \{I_i^l * \boldsymbol{W}_l^2\}_{l=1}^{L_2} \tag{6-21}$$

3. 输出阶段

第二阶段的输出为 $\mathcal{O}_i^l \doteq \{I_i^l * \boldsymbol{W}_l^2\}_{l=1}^{L_2}$，首先对输出进行二值处理，得到 $\{H(I_i^l * \boldsymbol{W}_l^2)\}_{l=1}^{L_2}$，式中，$H$ 为阶跃函数，当输入为正时 H 值为 1，否则为 0。对于第 i 个特征图 I_i^l，其第二阶段产生的特征数量为 L_2，则通过式（6-22）可以将其转化为一维整数特征，特征的取值范围为 $\left[0, 2^{L_2} - 1\right]$，即有

$$T_i^l \doteq \sum_{l=1}^{L_2} 2^{l-1} H(I_i^l * \boldsymbol{W}_l^2) \tag{6-22}$$

接下来进行直方图统计操作，将 L_1 张特征图中的每一张 $I_i^l (l = 1,2,\cdots,L_1)$ 都划分为 B

块。计算每块中十进制数值的直方图（共 2^{L_2} 个分区），并将 B 个直方图合并为一个向量，记为 $Bhist(I_i^l)$。经过这一编码过程后，输入图像 I_i 的特征就被定义为一组分块直方图，这样便获得了网络的最终输出结果，即

$$\boldsymbol{f}_i \doteq (Bhist(I_i^1),\cdots,Bhist(I_i^{L_1}))^{\mathrm{T}} \in \mathbb{R}^{(2^{L_2})L_1B} \tag{6-23}$$

这些直方图统计块可以是重叠的，也可以是不重叠的，这取决于具体的应用。

4. 实验结果

使用 MultiPIE 数据集里组装面部数据集来训练 PCANet 模型，并将其在扩展过的耶鲁 B 数据集上测试，在测试图像中，通过使用一个与之无关的图像替换每个测试图像中随机位置的矩形块来模拟从 0% 到 80% 的不同级别的连续遮挡。图 6-6 所示为不同遮挡程度的人脸测试图像。

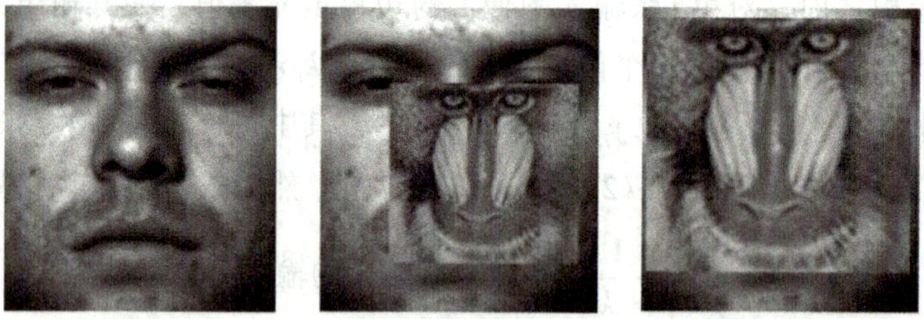

a) 0%遮挡　b) 40%遮挡　c) 80%遮挡

图 6-6　不同遮挡程度的人脸测试图像

实验结果见表 6-2，可以观察到在不同的遮挡水平下 PCANet 优于局部二值模式 LBP 模型及其变种 P-LBP 模型，它不仅对暗光图片纹理的识别率很高，而且对遮挡具有良好的鲁棒性。

表 6-2　实验结果

遮挡情况	0%	20%	40%	60%	80%
LBP	75.76	65.66	54.92	43.22	18.06
P-LBP	96.13	91.84	84.13	70.96	41.29
PCANet-1	97.77	96.34	93.81	84.60	**54.38**
PCANet-2	**99.58**	**99.16**	**96.30**	**86.49**	51.73

6.3.2　基于 CNN 的纹理合成网络

视觉纹理合成任务是根据示例图片中的纹理生成新的纹理样本。纹理合成的方法主要分为两种，第一种方法是对原始纹理的像素或整个图像块进行重新采样，生成新的纹理。第二种方法是定义一个参数纹理模型，该模型由一组在图像空间范围内进行的统计测量结果组成。本节介绍的是一种基于 CNN 的纹理合成网络，该网络以卷积神经网络作为纹理模型的基础，将纹理模型与卷积神经网络的特征表征能力相结合，其网络框架如图 6-7 所示。

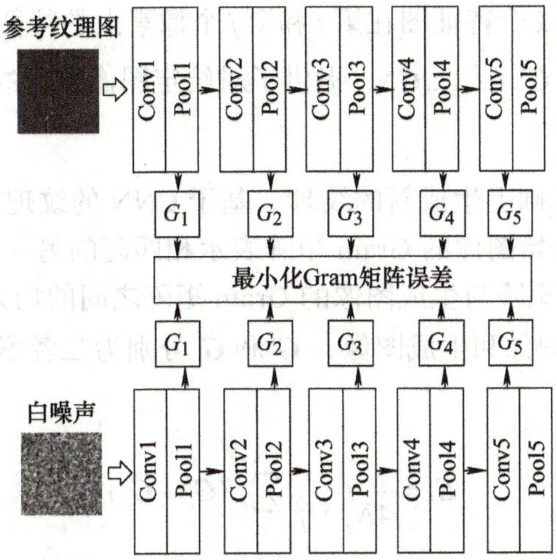

图 6-7　基于 CNN 的纹理合成网络框架

1. 主干网络

基于 CNN 的纹理合成网络使用 VGG-19 网络（见图 6-8）作为主干网络，使用 VGG-19 的 16 个卷积层和 5 个池化层，没有使用全连接层。其中卷积层的大小为 $3\times3\times k$，k 为输入特征通道数。卷积的步长和填充大小都为 1，其输出和输入的特征图尺寸不变。池化操作中的池化大小为 2×2，步长为 2，池化操作可将特征图的大小下采样至原尺寸的一半。卷积和池化操作交替进行，在若干个卷积层之后是池化层。经过池化层之后，特征图的尺寸减半，而通道数量则翻倍。

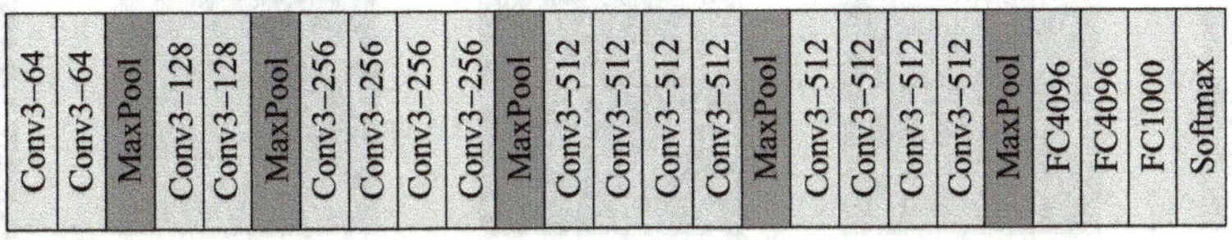

图 6-8　VGG-19 网络结构图

2. 纹理描述

要从给定的图像中生成新的纹理图像，首先要从该图像中提取多尺度的特征。然后计算特征的空间统计特性，以获得图像纹理的静态描述。

在基于 CNN 的纹理合成网络中，为了描述给定图像 $\boldsymbol{x}$ 的纹理特征，首先可将其输入卷积神经网络，得到每层的特征图。对于包含 N_l 个不同卷积核的卷积层，其输出为 N_l 个大小相同的特征图 $\boldsymbol{F}_k^l(k=1,2,\cdots,N_l)$，每个特征图的大小为 M_l。由纹理的概念可知，纹理是静态的，并与空间位置无关。不同特征图之间的相关性能够给出空间位置无关的统计量。因此，可使用 Gram 矩阵 $\boldsymbol{G}^l\in\mathbb{R}^{N_l\times N_l}$ 来描述特征之间的相关性，其中 $\boldsymbol{G}_{ij}^l$ 是第 l 层特征图中的第 i 和第 j 个像素点特征的内积，即

$$\boldsymbol{G}_{ij}^l=\sum\nolimits_k \boldsymbol{F}_{ik}^l\boldsymbol{F}_{jk}^l \tag{6-24}$$

式中，$\boldsymbol{F}_{ik}^{l}$和$\boldsymbol{F}_{jk}^{l}$分别为第k个特征图在第i和第j个像素点的特征。网络第$1,2,\cdots,L$层的特征产生 Gram 矩阵的集合$\boldsymbol{G}^{1},\boldsymbol{G}^{2},\ldots,\boldsymbol{G}^{L}$，提供了对给定图像纹理的静态描述。

3. 纹理生成

为了在给定图像的基础上生成新的纹理，基于 CNN 的纹理合成网络使用梯度下降法从白噪声图像中找到与原始图像的 Gram 矩阵表示相匹配的另一幅图像。具体来说，通过最小化原始图像的 Gram 矩阵与生成图像的 Gram 矩阵之间的均方距离来实现。

设I和$\hat{I}$分别为原始图像和生成图像，$\boldsymbol{G}^{l}$和$\hat{\boldsymbol{G}}^{l}$分别为二者第L层的 Gram 矩阵，则第l层对总损失的贡献为

$$E_{l}=\frac{1}{4N_{l}^{2}M_{l}^{2}}\sum\nolimits_{i,j}(\boldsymbol{G}_{ij}^{l}-\hat{\boldsymbol{G}}_{ij}^{l})^{2} \tag{6-25}$$

总损失为

$$\mathcal{L}\left(I,\hat{I}\right)=\sum_{l=0}^{L}w_{l}E_{l} \tag{6-26}$$

式中，w_l为第l层损失的加权系数。

4. 纹理生成结果

图 6-9 所示为由五张不同的原始图像生成的相同纹理图像，可以看出，基于 CNN 的纹理合成网络生成的图像在纹理上与原始图像具有高度一致性。

a) 原始图像

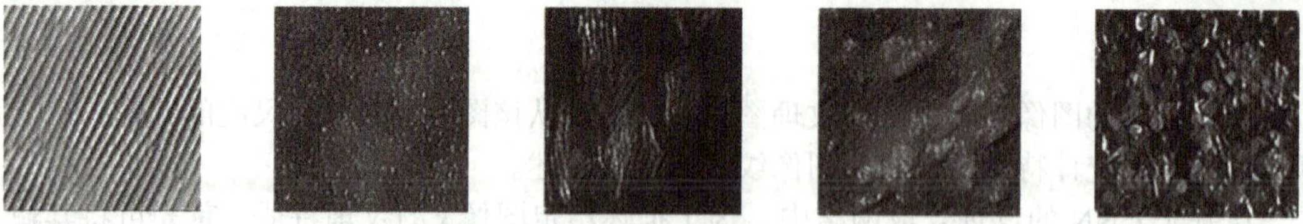

b) 生成的相同纹理图像

图 6-9 纹理生成结果

本章小结

本章介绍了纹理的概念、经典的纹理分析方法和基于深度学习的纹理分析方法。本章首先探讨了纹理的定义和视觉特征，以及纹理在图像处理中的作用。经典的纹理分析方法包括灰度共生矩阵和 Gabor 小波，它们通过提取纹理特征来描述和区分不同的纹理模式。

基于深度学习的纹理分析方法包括纹理分类网络 PCANet 和基于 CNN 的纹理合成网络。这些方法利用深度学习模型对纹理进行学习和表示，具有较强的性能和泛化能力。

思考题与习题

6-1　什么是纹理？有哪些纹理分析方法？简述其中两种方法的原理。

6-2　什么是灰度共生矩阵？描述它在图像分析中的作用。

6-3　描述以下灰度共生矩阵特征的物理含义：

（1）对比度。

（2）相关性。

（3）能量。

（4）均匀性。

6-4　图像旋转 90° 后，灰度共生矩阵的特征将如何变化？

6-5　实现一个波长为 8，方向为 45° 的 Gabor 滤波器，使用该滤波器对一个示例图像进行卷积并可视化输出。

6-6　使用一组 Gabor 滤波器，从一个具有不同纹理的图像数据集中提取特征。评估使用这些特征的分类器（如 SVM、KNN）的性能。

6-7　对比传统的纹理分析方法与基于深度学习的纹理分析方法，指出它们各自的优缺点以及适用的场景。

6-8　简述 PCANet 的基本架构和工作原理。

6-9　简述基于 CNN 的纹理合成网络的基本架构和工作原理。

参考文献

[1]　CHEN C H，PAU L F. Handbook of Pattern Recognition and Computer Vision[M]. Singapore：World Scientific，2015.

[2]　COGGINS J M，JAIN A K. A Spatial Filtering Approach to Texture Analysis[J]. Pattern Recognition，1985，3：195-203.

[3]　CASTLEMAN K R. 数字图像处理 [M]. 朱志刚，林学訚，译 . 北京：电子工业出版社，2002.

[4]　刘晓民 . 纹理研究及其应用综述 [J]. 测控技术，2008，27（5）：4-9.

[5]　马莉，范影乐 . 纹理图像分析 [M]. 北京：科学出版社，2009.

[6]　HARALICK R M. Statistical and Structural Approaches to Texture[J]. Proceedings of the IEEE，1979，67（5）：786-804.

[7]　MOVELLAN J R. Tutorial on Gabor filters[J]. Open Source Document，2002，40：1-23.

[8]　孟丹 . 基于深度学习的图像分类方法研究 [D]. 上海：华东师范大学，2017.

[9]　CHAN T H，JIA K，GAO S，et al. PCANet：A Simple Deep Learning Baseline for Image Classification[J]. IEEE Transactions on Image Processing，2015，24（12）：5017-5032.

[10]　GATYS L，ECKER A S，BETHGE M. Texture synthesis using convolutional neural networks[C]// Advances in Neural Information Processing Systems. San Diego：Neural Information Processing System Foundation，Inc.，2015，28：262-270.

第 7 章　摄像机成像模型

导读

视觉成像是计算机视觉模拟人眼视觉实现视觉信号获取的过程，其核心是构建摄像机成像模型。小孔成像是一种因为光沿直线传播而形成的物理学现象，其仅需一个小孔或孔径即可成像。然而，小孔成像的效果会受到孔径大小的严重影响。凸透镜成像是光线经凸透镜折射后汇聚成像。摄像机基于小孔成像的原理工作，但为了克服孔径大小对成像质量的影响，在摄像机中增加了透镜装置，并用光圈来限制光线的范围。可以通过调节透镜的焦距和光圈来调节景深。摄像机一般采用薄透镜来降低透镜厚度对成像的影响，薄透镜的成像可以用小孔成像来近似计算。摄像机成像模型表示了采用世界坐标系表示的三维空间点到其图像像素点之间的映射关系。基于小孔成像的原理，本章将介绍摄像机成像模型。计算机视觉最根本的任务是从二维图像中恢复场景的三维信息，其首要步骤是估计摄像机成像模型的参数，即摄像机标定。

本章知识点

- 成像原理
- 摄像机成像模型
- 摄像机标定

7.1　成像原理

7.1.1　小孔成像

小孔成像是一种因为光沿直线传播而形成的物理现象。当光线从物体上发出或反射到物体上后，在它们通过一个小孔时，只有部分光线能通过。这些光线会继续沿直线传播，最终在成像平面上形成图像。由于物体上每个点的光线传播路径不同，在成像时会出现倒置和反转的效果。如图 7-1 所示，将一支点燃的蜡烛放在带有小孔的遮挡板前，蜡烛的光会通过小孔，并在遮挡板后的白纸上形成一个倒立的图像。此时蜡烛到小孔的距离被称为“物距”，小孔到白纸的距离被称为“像距”。如图 7-1a 所示，如果物距与像距相等，则图像的大小与实物相同；如图 7-1b 所示，如果物距小于像距，则图像会比实物大。

小孔成像的优点之一是其结构简单，只需一个小孔或孔径即可成像。然而，小孔成像的效果会受到孔径大小的严重影响。大尺度的针孔可使更多光线进入，图像也更明亮，但是图像会变得模糊；缩小针孔可以使图像锐化，但也减少了光线的进入，使图像变暗，同时容易产生衍射效应，而衍射会使图像失真。

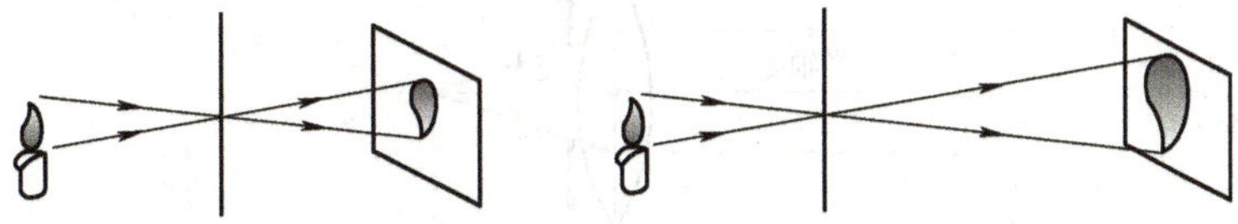

a) 物距与像距相等　　b) 物距小于像距

图 7-1　小孔成像

7.1.2 凸透镜成像

凸透镜是一种中间厚，边缘薄的透镜。根据凸透镜的性质，光线在凸透镜上的折射方向符合折射定律，即入射角与折射角的正弦比等于两介质折射率的比值。如图 7-2 所示，凸透镜的中心 O 称为光心，穿过光心的光线传播方向不变，通过光心的水平直线称为主光轴，平行于主光轴的光线经凸透镜折射后聚于主光轴上的一点 F，即焦点。每个凸透镜都有两个焦点，光心到焦点的距离称为焦距 f。

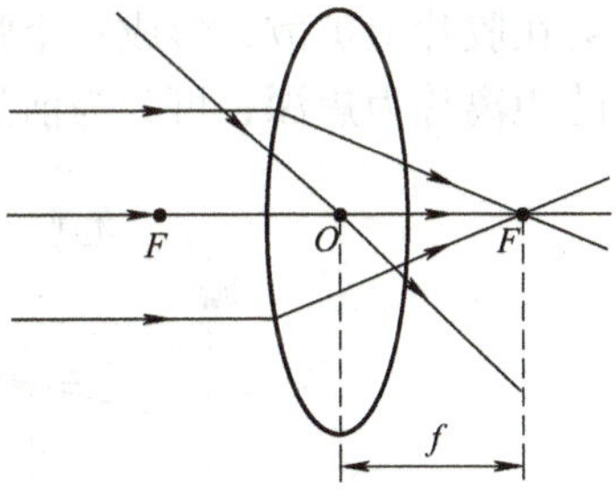

图 7-2　凸透镜成像

凸透镜成像的清晰度和准确度取决于多个因素，包括凸透镜的曲率、折射率以及物体与凸透镜之间的距离。根据物体与凸透镜的相对位置不同，成像的特性也会有所不同。当物体位于 1 倍焦距之内时，成的是正立、放大的虚像；当物体位于 1 倍焦距和 2 倍焦距之间时，成的是倒立、放大的实像；当物体位于 2 倍焦距时，成的是倒立、等大的实像；当物体位于 2 倍焦距之外时，成的是倒立、缩小的实像。

透镜成像在各个领域都有广泛的应用。在摄影领域，透镜成像是实现摄像机成像的基础。不同类型的透镜可以产生不同效果的图像，例如，广角镜头能够捕捉广阔的视野，长焦镜头则适合拍摄远距离的对象。在显微镜领域，透镜成像被用于观察微小物体。通过调节透镜的放大率，可以获得不同倍数的放大效果，从而详细观察样本的细节。在望远镜领域，透镜成像被用于观察远距离的目标。通过调节透镜的焦距，可以实现清晰的对焦效果，以便观测天体或其他远处的物体。

7.1.3 摄像机成像原理

根据小孔成像原理，如果将实验中的白纸替换为胶片，就可以记录下蜡烛烛焰的图像。然而，由于小孔的直径较小，通过的光线量非常有限，这会导致信噪比非常低，使得成像传感器难以采集到有效的信号。此外，如果小孔直径过小，接近光的波长大小，还可能产生衍射现象。如果小孔直径过大，虽然能提高信噪比，但会导致成像模糊。为了解决这些问题，在摄像机中通常会增加透镜装置，如图 7-3 所示，这个装置包括一个直径为

D 的光圈（Aperture），它位于透镜的内侧，与透镜在同一个光轴（Optical Axis）上，用于限制进入摄像机的光线范围。光圈的大小可以调整，以控制进入摄像机的光线量。通过这种方式，可以在保持图像锐化聚焦的同时，允许更多光线进入摄像机，从而提高成像质量。

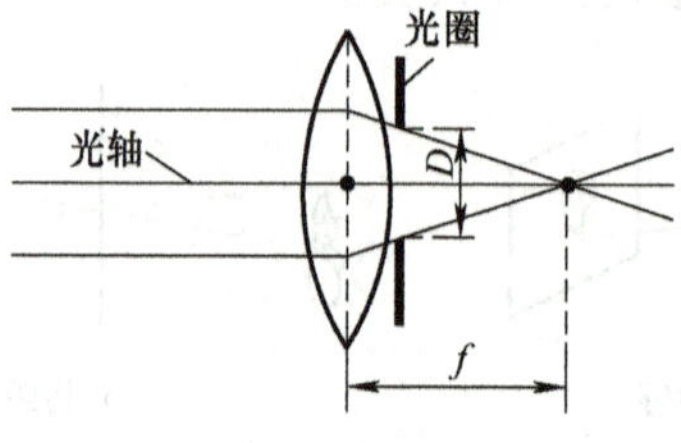

图 7-3　透镜装置

如图 7-4 所示，来自物体上同一点的光线经过透镜折射后聚集于一点，称为聚焦，在聚焦前后，光线呈锥状散开。如果成像胶片恰好位于焦点，则所成影像清晰。否则，光线会在胶片上扩散，形成一个弥散圆，从而使影像变得模糊。从焦点到成像所允许的弥散圆的距离称为焦深，可分为前焦深和后焦深。

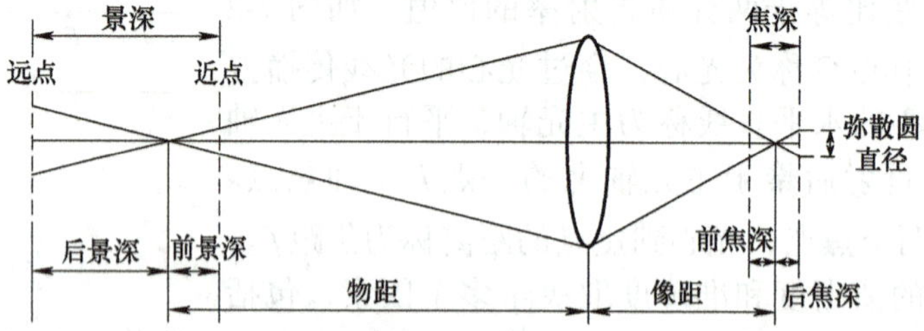

图 7-4　摄像机成像

在进行拍摄时，调整摄像机镜头使得一定距离外的景物清晰成像的过程称为对焦。景物所在的点称为对焦点。“清晰”并非绝对概念，因此，在对焦点前后一定距离内的景物也可以清晰成像。这个前后范围的总和称为景深。只要景物位于这个范围内，就可以被清晰地拍摄到。

景深的大小受多个因素影响。首先，镜头的焦距是一个重要因素，焦距长的镜头景深更浅，而焦距短的镜头景深更深。其次，光圈的大小也会影响景深，光圈越小则景深越大，光圈越大则景深越小。此外，前景深通常小于后景深，这意味着在精确对焦后，对焦点前面只有很短距离内的景物能清晰成像，而对焦点后面更长距离内的景物则能保持清晰。

薄透镜厚度与焦距长度相比可以忽略不计，因此摄像机一般采用薄透镜来降低透镜厚度对成像的影响。如图 7-5 所示，当物体点通过透镜成像聚焦时，满足

$$\frac{1}{d_o}+\frac{1}{d_i}=\frac{1}{f} \tag{7-1}$$

式中，d_o、d_i、f 分别为物距、像距、焦距。

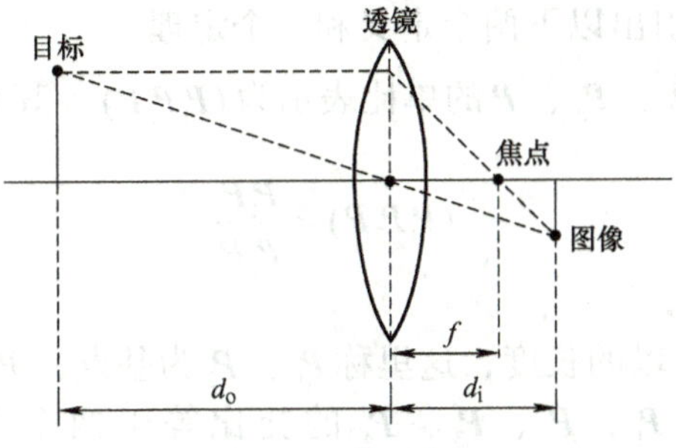

图 7-5　薄透镜

7.1.4　齐次坐标

为了便于介绍摄像机模型，这里引入射影几何中常用的齐次坐标的概念。在初等几何中，平行直线是不相交的。然而在射影几何中引入了一个新概念：无穷远点。在射影几何中，平行直线被视为相交于一个无穷远点，在每条直线上只有一个无穷远点，而且一组平行线共用一个无穷远点。在实际生活中，如果站在两条平行的铁轨上向远处望去，会观察到两条铁轨似乎在视线的尽头相交于一点，这个点就是无穷远点的一个例子。在绘画和摄影中，无穷远点经过摄像机投影的像点被称为消失点。消失点是一个重要的概念，用于在二维图像中体现深度。

在欧几里得空间中，通常会建立坐标系，使点与坐标一一对应。然而，无穷远点没有欧几里得坐标，为了描述无穷远点，人们引入了齐次坐标系统。若一个（$n+1$）维的齐次坐标定义为$(x_1,x_2,\cdots,x_n,x_{n+1})$，则其对应的$n$维欧几里得空间中一个点的坐标为$\left(\dfrac{x_1}{x_{n+1}},\dfrac{x_2}{x_{n+1}},\cdots,\dfrac{x_n}{x_{n+1}}\right)$。如果$x_{n+1}=0$，且$x_i$（其中$i=1,2,\cdots,n$）不全为0，则称其为无穷远点的齐次坐标。

二维平面上的点采用齐次坐标表示后，原本的直线方程$ax+by+c=0$可重新写为

$$ax_1+bx_2+cx_3=0 \tag{7-2}$$

式中，$(x_1\quad x_2\quad x_3)^\mathrm{T}$为直线上任意一点的齐次坐标；$(a\quad b\quad c)^\mathrm{T}$为直线的齐次线坐标。

假设两个点$\boldsymbol{A}$和$\boldsymbol{B}$的坐标分别为$(m\quad n)^\mathrm{T}$和$(p\quad q)^\mathrm{T}$，那么由此得到的直线方程为$(n-q)x+(m-p)y+mq-pn=0$。将两个点的坐标写成齐次坐标的形式，即为$(m\quad n\quad 1)^\mathrm{T}$和$(p\quad q\quad 1)^\mathrm{T}$，那么由向量叉积的定义可以得到点$\boldsymbol{A}$和点$\boldsymbol{B}$的叉积，即$(m\quad n\quad 1)^\mathrm{T}\times(p\quad q\quad 1)^\mathrm{T}=(n-q\quad m-p\quad mq-pn)^\mathrm{T}$。很明显，点$\boldsymbol{A}$和点$\boldsymbol{B}$的叉积与直线方程的齐次坐标一致，由此可以得到一个结论：由两个点齐次坐标的叉积可以确定直线的齐次坐标，这也与由两点确定一条直线的结论相呼应。

对于两个齐次坐标$\boldsymbol{a}=(\boldsymbol{a}_x\boldsymbol{a}_y\boldsymbol{a}_z)^\mathrm{T}$和$\boldsymbol{b}=(\boldsymbol{b}_x\boldsymbol{b}_y\boldsymbol{b}_z)^\mathrm{T}$，若记$(\boldsymbol{a})_\mathrm{X}=\begin{pmatrix}0 & -\boldsymbol{a}_z & \boldsymbol{a}_y\\ \boldsymbol{a}_z & 0 & -\boldsymbol{a}_x\\ \boldsymbol{a}_y & \boldsymbol{a}_x & 0\end{pmatrix}$，则

$a \times b = (a)_X b$。

基于上述原理，可以引出以下两个定义和一个定理：

定义 7.1：共线三点 P_1、P_2、P 的单比表示为 (P_1P_2P)，其具体为

$$(P_1P_2P) = \frac{P_1P}{P_2P} \tag{7-3}$$

式中，P_1P、P_2P 为有向线段的长度，这里称 P_1、P_2 为基点，P 为分点。

定义 7.2：共线四点 P_1、P_2、P_3、P_4 的交比等于两个单比 $(P_1P_2P_3)$ 与 $(P_1P_2P_4)$ 的比，即

$$(P_1P_2, P_3P_4) = \frac{(P_1P_2P_3)}{(P_1P_2P_4)} \tag{7-4}$$

式中，P_1、P_2 为基点偶；P_3、P_4 为分点偶。

定理 7.1：在射影变换下，共线四点 P_1、P_2、P_3、P_4 的交比保持不变，即交比不变性。

7.2 摄像机成像模型

如 7.1 节所述，摄像机的成像为薄透镜成像。然而，式（7-1）中的物距 d_o 和焦距 f 之间满足 $d_o \gg f$，因此可以认为像距 $d_i \approx f$，这时可以将透镜成像模型近似地用小孔成像模型代替，如图 7-6 所示。为了描述摄像机成像模型，首先要定义涉及的坐标系。

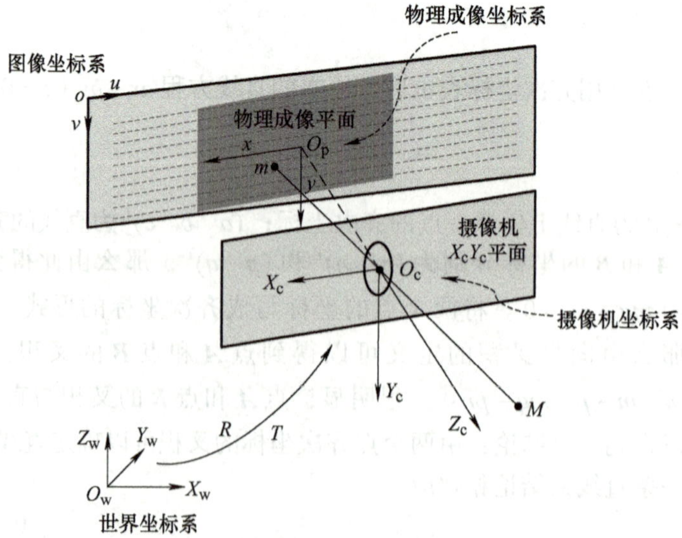

图 7-6 小孔成像模型

摄像机采集的数字图像可以在计算机内存储为数组。这个数组的每一个元素代表一

个像素，其值则表示该点的灰度。为了描述像素在数组中的位置，需要定义一个图像坐标系，记作 $(o-uv)$。在这个坐标系中，每个像素的坐标 (u,v) 分别表示该像素在数组中的列数和行数。

图像坐标系只表示了像素在数字图像中的列数和行数，并没有用物理单位表示出该像素在图像中的物理位置，因此需要建立以物理单位（如毫米）表示的物理成像坐标系 (O_p-xy)，其中原点 O_p 定义为摄像机光轴和成像平面的交点，即图像的主点，该点一般位于图像中心处，但由于摄像机制作工艺的原因，实际中会有些偏差。若 O_p 在 $(o-uv)$ 坐标系中的齐次坐标为 $(u_0 \quad v_0 \quad 1)^T$，每个像素在 x 轴和 y 轴方向上的物理尺寸为 d_x 和 d_y，则物理成像坐标系 (O_p-xy) 与图像坐标系 $(o-uv)$ 之间的关系为

$$\begin{pmatrix} u \\ v \\ 1 \end{pmatrix} = \begin{pmatrix} \dfrac{1}{d_x} & 0 & u_0 \\ 0 & \dfrac{1}{d_y} & v_0 \\ 0 & 0 & 1 \end{pmatrix} \begin{pmatrix} x \\ y \\ 1 \end{pmatrix} \tag{7-5}$$

在三维世界中，通常需要选择一个参考坐标系来描述物体的位置，该坐标系称为世界坐标系。可以选择空间中任意一点 O_w 为原点建立世界坐标系 $(O_w-X_wY_wZ_w)$。

摄像机坐标系 $(O_c-X_cY_cZ_c)$ 以摄像机的光心 O_c 为原点，X_c 轴和 Y_c 轴分别与物理成像坐标系的 x 轴和 y 轴平行，摄像机的光轴 Z_c 与图像平面垂直，O_cO_p 为焦距。摄像机坐标系和世界坐标系之间的关系可由旋转矩阵 $\boldsymbol{R}$ 和平移向量 $\boldsymbol{T}$ 来描述。若空间点 $\boldsymbol{M}$ 在世界坐标系和摄像机坐标系下的齐次坐标分别为 $(x_w \quad y_w \quad z_w \quad 1)^T$ 和 $(x_c \quad y_c \quad z_c \quad 1)^T$，则它们之间的关系为

$$\begin{pmatrix} x_c \\ y_c \\ z_c \\ 1 \end{pmatrix} = \begin{pmatrix} \boldsymbol{R} & \boldsymbol{T} \\ \boldsymbol{0}^T & 1 \end{pmatrix} \begin{pmatrix} x_w \\ y_w \\ z_w \\ 1 \end{pmatrix} \tag{7-6}$$

式中，$\boldsymbol{0}=[0 \quad 0 \quad 0]^T$；$\boldsymbol{R}$ 为 3×3 正交矩阵；$\boldsymbol{T}$ 为 3×1 向量。

在摄像机坐标系下，假设空间点 $\boldsymbol{M}$ 在物理成像平面上的投影点 $\boldsymbol{m}$ 的齐次坐标为 $[x \quad y \quad 1]^T$，根据三角形相似原理，可得到空间点与图像点之间的关系为

$$\begin{cases} x = \dfrac{f \cdot x_c}{z_c} \\ y = \dfrac{f \cdot y_c}{z_c} \end{cases} \tag{7-7}$$

式中，f 为焦距 O_cO_p 的物理长度。

式（7-7）可以用矩阵表示为

$$\mu\begin{pmatrix}x\\y\\1\end{pmatrix}=\begin{pmatrix}f&0&0&0\\0&f&0&0\\0&0&1&0\end{pmatrix}\begin{pmatrix}x_c\\y_c\\z_c\\1\end{pmatrix}\tag{7-8}$$

若令 $\boldsymbol{P}_c=\begin{pmatrix}f&0&0&0\\0&f&0&0\\0&0&1&0\end{pmatrix}$，则式（7-8）可简写为

$$\mu\boldsymbol{m}=\boldsymbol{P}_c\boldsymbol{M}_c\tag{7-9}$$

式中，μ为比例因子；$\boldsymbol{M}_c=(x_c\quad y_c\quad z_c\quad 1)^{\mathrm{T}}$为空间点在摄像机坐标系下的齐次坐标。

联立式（7-5）、式（7-6）和式（7-7），在世界坐标系下，若给定空间点 $\boldsymbol{M}=(x_w\quad y_w\quad z_w\quad 1)^{\mathrm{T}}$，则其非齐次坐标表示为 $\tilde{\boldsymbol{M}}=(x_w\quad y_w\quad z_w)^{\mathrm{T}}$，考虑到其在图像平面上的投影点 $\boldsymbol{m}$，则摄像机成像模型表示为

$$\mu\boldsymbol{m}=\boldsymbol{P}\boldsymbol{M}\tag{7-10}$$

投影矩阵 $\boldsymbol{P}$ 由摄像机的内参数矩阵 $\boldsymbol{K}$ 和外参数 $\boldsymbol{R}$ 与 $\boldsymbol{T}$ 组成，即有

$$\boldsymbol{P}=\boldsymbol{K}(\boldsymbol{R}\quad\boldsymbol{T})\tag{7-11}$$

在式（7-11）中，上三角矩阵 $\boldsymbol{K}=\begin{pmatrix}f_x&0&u_0\\0&f_y&v_0\\0&0&1\end{pmatrix}$，它由焦距 $f_x=\dfrac{f}{d_x}$、$f_y=\dfrac{f}{d_y}$ 和主点 $(u_0\quad v_0\quad 1)^{\mathrm{T}}$ 组成。在图像数字化时，像素坐标系是一个接近直角的仿射坐标系，此时的 $\boldsymbol{K}$ 可以表示为 $\boldsymbol{K}=\begin{pmatrix}f_x&\gamma&u_0\\0&f_y&v_0\\0&0&1\end{pmatrix}$，式中 γ 为倾斜因子。

综上所述，摄像机模型表示了三维空间点与其对应图像点之间的映射关系。

在真实的摄像机成像过程中，由于使用了凸透镜，成像并不是单纯的小孔成像。凸透镜的形状会影响光线的传播，导致成像过程中的畸变。首先是凸透镜自身的形状对光线传播的影响。在小孔成像模型中，一条直线投影到像素平面上后还是一条直线。然而，在真实拍摄的照片中，由于凸透镜的影响，三维空间中的直线在图像中会变成曲线，且越靠近图像边缘，这种现象越明显。这种由透镜引起的畸变被称为径向畸变，其主要分为两大类：枕形畸变和桶形畸变，如图 7-7 所示。桶形畸变的形成是由于图像放大率随着图像与光轴之间的距离增加而减小，枕形畸变则与之相反。除了径向畸变，在摄像机的组装过程中，由于不能使凸透镜和成像平面严格平行，也会引入切向畸变，如图 7-8 所示。

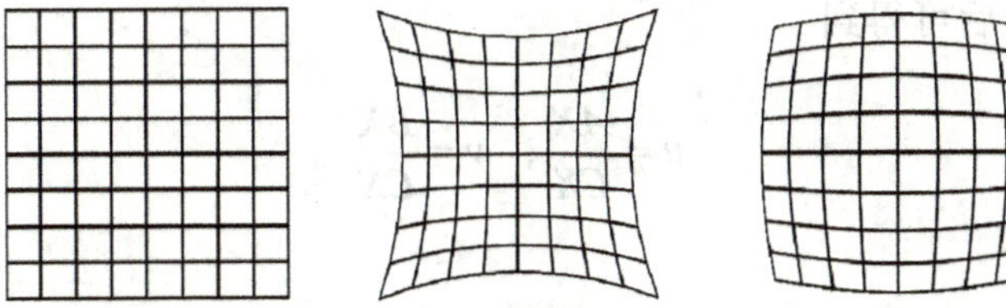

图 7-7　径向畸变

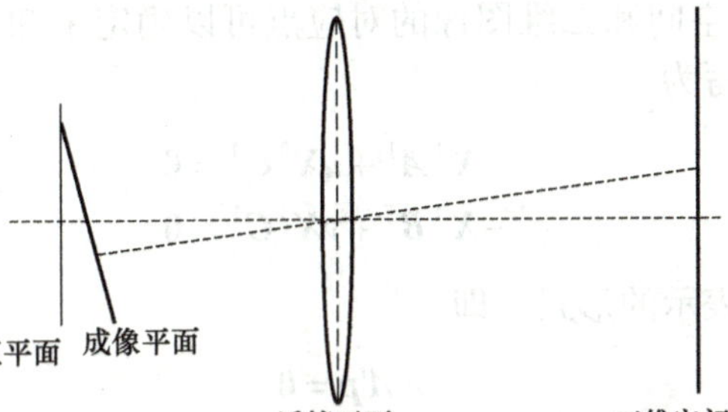

图 7-8　切向畸变

7.3　摄像机标定

摄像机标定是一个估计摄像机成像模型参数的过程，其目的是确定摄像机的内、外参数，以确定现实世界中的三维点与其在图像中对应的二维投影点之间的映射关系。下面介绍三种常见的摄像机标定方法。

7.3.1　直接线性变换法（DLT）

根据 7.2 节中介绍的摄像机成像模型，可以在三维空间点 $\boldsymbol{X}=(x\quad y\quad z\quad 1)^{\mathrm{T}}$ 与对应的图像点 $\boldsymbol{x}=(u\quad v\quad 1)^{\mathrm{T}}$ 之间建立关于摄像机参数的方程，即

$$\boldsymbol{x}=\boldsymbol{P}\boldsymbol{X} \tag{7-12}$$

投影矩阵 $\boldsymbol{P}$ 为一个 3×4 矩阵，因此不妨设 $\boldsymbol{P}=\begin{pmatrix} p_{11} & p_{12} & p_{13} & p_{14} \\ p_{21} & p_{22} & p_{23} & p_{24} \\ p_{31} & p_{32} & p_{33} & p_{34} \end{pmatrix}$，令 $\boldsymbol{A}=(p_{11}\quad p_{12}\quad p_{13}\quad p_{14})$，$\boldsymbol{B}=(p_{21}\quad p_{22}\quad p_{23}\quad p_{24})$，$\boldsymbol{C}=(p_{31}\quad p_{32}\quad p_{33}\quad p_{34})$，则式（7-12）可改写为

$$\boldsymbol{x}=\begin{pmatrix} \boldsymbol{A} \\ \boldsymbol{B} \\ \boldsymbol{C} \end{pmatrix}\boldsymbol{X} \tag{7-13}$$

将式（7-13）齐次化后可得到

$$u=\frac{\boldsymbol{AX}}{\boldsymbol{CX}},\quad v=\frac{\boldsymbol{BX}}{\boldsymbol{CX}} \tag{7-14}$$

整理后可得到

$$\begin{aligned} u\boldsymbol{CX}-\boldsymbol{AX}&=\boldsymbol{0}\\ v\boldsymbol{CX}-\boldsymbol{BX}&=\boldsymbol{0} \end{aligned} \tag{7-15}$$

因此，由一组三维空间和二维图像的对应点可以确定未知量 $\boldsymbol{A}$，$\boldsymbol{B}$，$\boldsymbol{C}$ 的两个线性方程，则式（7-15）可改写为

$$\begin{aligned} -\boldsymbol{X}^{\mathrm{T}}\boldsymbol{A}^{\mathrm{T}}+u\boldsymbol{X}^{\mathrm{T}}\boldsymbol{C}^{\mathrm{T}}&=\boldsymbol{0}\\ -\boldsymbol{X}^{\mathrm{T}}\boldsymbol{B}^{\mathrm{T}}+v\boldsymbol{X}^{\mathrm{T}}\boldsymbol{C}^{\mathrm{T}}&=\boldsymbol{0} \end{aligned} \tag{7-16}$$

式（7-16）可写成矩阵表示的形式，即

$$\boldsymbol{A}'\boldsymbol{p}=\boldsymbol{0} \tag{7-17}$$

其中有

$$\boldsymbol{A}'=\begin{pmatrix} -x & -y & -z & -1 & 0 & 0 & 0 & 0 & ux & uy & uz & u\\ 0 & 0 & 0 & 0 & -x & -y & -z & -1 & vx & vy & vz & v \end{pmatrix}$$

$$\boldsymbol{p}=(p_{11}\quad p_{12}\quad p_{13}\quad p_{14}\quad p_{21}\quad p_{22}\quad p_{23}\quad p_{24}\quad p_{31}\quad p_{32}\quad p_{33}\quad p_{34})^{\mathrm{T}}$$

因此，至少需要 6 对对应点，才可以求解出投影矩阵 $\boldsymbol{P}$。如果有多组对应点，并设为 $(u_i,v_i,\boldsymbol{X}_i)$，其中 $i=1,\cdots,n(n\geqslant 6)$，则最终的线性方程组的矩阵形式为

$$\boldsymbol{A}\boldsymbol{p}=\boldsymbol{0} \tag{7-18}$$

且有

$$\boldsymbol{A}=\begin{pmatrix} -x_1 & -y_1 & -z_1 & -1 & 0 & 0 & 0 & 0 & u_1x_1 & u_1y_1 & u_1z_1 & u_1\\ 0 & 0 & 0 & 0 & -x_1 & -y_1 & -z_1 & -1 & v_1x_1 & v_1y_1 & v_1z_1 & v_1\\ & & & & & \vdots & & & & & & \\ -x_n & -y_n & -z_n & -1 & 0 & 0 & 0 & 0 & u_nx_n & u_ny_n & u_nz_n & u_n\\ 0 & 0 & 0 & 0 & -x_n & -y_n & -z_n & -1 & v_nx_n & v_ny_n & v_nz_n & v_n \end{pmatrix}$$

显然，式（7-18）为一个线性方程组求解问题。在求解过程中，需要注意对应点不能少于 6 组，且所有的输入点不能位于同一平面上。

在确定了投影矩阵 $\boldsymbol{P}$ 后，需要从 $\boldsymbol{P}$ 中分解出内参数矩阵 $\boldsymbol{K}$ 和外参数 $\boldsymbol{R}$ 、$\boldsymbol{T}$。首先根据式（7-11），有

$$\boldsymbol{P}=(\boldsymbol{KR}|\boldsymbol{KT}) \tag{7-19}$$

记 $\boldsymbol{H}=\boldsymbol{KR}$，$\boldsymbol{h}=\boldsymbol{KT}$，则投影矩阵 $\boldsymbol{P}$ 可改写为

$$\boldsymbol{P}=(\boldsymbol{H}|\boldsymbol{h}) \tag{7-20}$$

由于内参数矩阵 $\boldsymbol{K}$ 为上三角矩阵，旋转矩阵 $\boldsymbol{R}$ 为正交矩阵。因此可以通过矩阵的 RQ 分解，将矩阵 $\boldsymbol{H}$ 分解为一个上三角矩阵和正交矩阵的乘积，从而得到内参数矩阵和旋转矩阵。

由于内参数矩阵 $\boldsymbol{K}$ 和旋转矩阵 $\boldsymbol{R}$ 是齐次的，计算得到的内参数矩阵 $\boldsymbol{K}$ 需要将最后一个元素 K_{33} 变成 1，将由 RQ 分解得到的 $\boldsymbol{K}$ 齐次化，可得到新的内参数矩阵 $\boldsymbol{K}'$ 为

$$\boldsymbol{K}' = \frac{1}{K_{33}}\boldsymbol{K} \tag{7-21}$$

确定内参数矩阵 $\boldsymbol{K}'$ 和旋转矩阵 $\boldsymbol{R}$ 后，平移向量 $\boldsymbol{T}$ 即为

$$\boldsymbol{T} = (\boldsymbol{K}')^{-1}\boldsymbol{h} \tag{7-22}$$

在实际应用中，通常利用如图 7-9 所示的三维标定物来进行标定。三维标定物的每一个表面均为黑白相间的正方形，因此每个角点的三维信息已知。通过在图像中检测这些角点的像点，即可获得一组三维－二维对应点，并利用这组对应点来进行标定。DLT 的优点是标定精度高、计算简单，但 DLT 需要高精度的标定物，因此使用灵活性不足。

图 7-9　三维标定物

7.3.2　平面标定法

平面标定法是利用二维标定板作为标定物的摄像机标定方法，其中最经典的是张正友标定法。张正友标定法通过对标定板拍摄不同角度的图像，来确定标定板上的一组点与其图像点的对应关系，并根据这组对应点解算出摄像机内外参数。标定的主要步骤包括：

（1）求解单应矩阵

假设世界坐标系位于标定板所处的平面上，且平面的法向作为世界坐标系的 z 轴，则标定板上的空间点 $\boldsymbol{M}$ 的三维坐标可以通过对标定板进行测量来确定，假设其齐次坐标为 $(x_{\mathrm{w}} \quad y_{\mathrm{w}} \quad 0 \quad 1)^{\mathrm{T}}$，其图像对应点的像素坐标为 $(u \quad v \quad 1)^{\mathrm{T}}$，则式（7-10）可化简为

$$\mu\begin{pmatrix} u \\ v \\ 1 \end{pmatrix} = \boldsymbol{K}(\boldsymbol{r}_1 \quad \boldsymbol{r}_2 \quad \boldsymbol{T})\begin{pmatrix} x_{\mathrm{w}} \\ y_{\mathrm{w}} \\ 1 \end{pmatrix} \tag{7-23}$$

式中，$\boldsymbol{r}_i$ 为旋转矩阵 $\boldsymbol{R}$ 的第 $i(i=1,2,3)$ 列。

记 $\bar{\boldsymbol{M}} = (x_{\mathrm{w}} \quad y_{\mathrm{w}} \quad 1)^{\mathrm{T}}$，则式（7-23）可表示为 $\mu\boldsymbol{m} = \boldsymbol{H}\bar{\boldsymbol{M}}$，式中 $\boldsymbol{H} = \boldsymbol{K}(\boldsymbol{r}_1 \quad \boldsymbol{r}_2 \quad \boldsymbol{T})$ 为空间平面到图像的单应矩阵。

单应矩阵可以通过直接线性变换来求解，记 $\boldsymbol{H} = (\boldsymbol{h}_1 \quad \boldsymbol{h}_2 \quad \boldsymbol{h}_3)$。因为 $\boldsymbol{m}$ 和 $\boldsymbol{H}\bar{\boldsymbol{M}}$ 共线，利用向量的叉积可以得到 $\boldsymbol{m} \times \boldsymbol{H}\bar{\boldsymbol{M}} = \boldsymbol{0}$，即

$$m \times H\bar{M} = \begin{pmatrix} vh_3^{\mathrm{T}}\tilde{M} - h_2^{\mathrm{T}}\tilde{M} \\ h_1^{\mathrm{T}}\tilde{M} - uh_3^{\mathrm{T}}\tilde{M} \\ uh_2^{\mathrm{T}}\tilde{M} - vh_1^{\mathrm{T}}\tilde{M} \end{pmatrix} = 0 \tag{7-24}$$

将矩阵H写成列向量形式，则式（7-24）可转换为

$$\begin{pmatrix} 0^{\mathrm{T}} & -\tilde{M}^{\mathrm{T}} & v\tilde{M}^{\mathrm{T}} \\ \tilde{M}^{\mathrm{T}} & 0^{\mathrm{T}} & u\tilde{M}^{\mathrm{T}} \\ -v\tilde{M}^{\mathrm{T}} & -u\tilde{M}^{\mathrm{T}} & 0^{\mathrm{T}} \end{pmatrix} \begin{pmatrix} h_1 \\ h_2 \\ h_3 \end{pmatrix} = 0 \tag{7-25}$$

考虑到式（7-25）左侧矩阵只有前两行线性无关，因此仅取前两行记为$A_j(j=1,2)$，得到方程$A_j h = 0$，每一对匹配点可以提供两个约束方程。当有n对匹配点时，可以提供$2n$个约束方程，记为$Ah = 0$。由于H具有尺度不变性，因此至少需要8个方程来求解其余8个元素，即至少4对匹配点。如果匹配点多于4对，可以通过对矩阵A进行奇异值分解的方式得到H的最小二乘解。矩阵A的最小奇异值对应的向量就是矩阵H的向量形式。

（2）求解摄像机内参数和外参数

考虑到求解单应矩阵H时引入了尺度因子，则将尺度因子记为λ后可以得到方程

$$(h_1 \quad h_2 \quad h_3) = \lambda K(r_1 \quad r_2 \quad T) \tag{7-26}$$

由旋转矩阵的性质可知，r_1与r_2相互正交且模均为1，因此有

$$\begin{aligned} h_1^{\mathrm{T}} K^{-\mathrm{T}} K^{-1} h_2 &= 0 \\ h_1^{\mathrm{T}} K^{-\mathrm{T}} K^{-1} h_1 &= h_2^{\mathrm{T}} K^{-\mathrm{T}} K^{-1} h_2 \end{aligned} \tag{7-27}$$

令

$$\begin{aligned} B = K^{-\mathrm{T}} K^{-1} &= \begin{pmatrix} B_{11} & B_{12} & B_{13} \\ B_{21} & B_{22} & B_{23} \\ B_{31} & B_{32} & B_{33} \end{pmatrix} \\ &= \begin{pmatrix} \dfrac{1}{f_x^2} & -\dfrac{\gamma}{f_x^2 f_y} & \dfrac{\gamma v_0 - f_y u_0}{f_x^2 f_y} \\ -\dfrac{\gamma}{f_x^2 f_y} & \dfrac{\gamma}{f_x^2 f_y^2} + \dfrac{1}{f_y^2} & -\dfrac{\gamma(\gamma v_0 - f_y u_0)}{f_x^2 f_y^2} - \dfrac{v_0}{f_y^2} \\ \dfrac{\gamma v_0 - f_y u_0}{f_x^2 f_y} & -\dfrac{\gamma(\gamma v_0 - f_y u_0)}{f_x^2 f_y^2} - \dfrac{v_0}{f_y^2} & \dfrac{(\gamma v_0 - f_y u_0)^2}{f_x^2 f_y^2} + \dfrac{v_0^2}{f_y^2} + 1 \end{pmatrix} \end{aligned} \tag{7-28}$$

由于B是对称矩阵，可定义一个6维列向量$b = (B_{11} \quad B_{12} \quad B_{13} \quad B_{22} \quad B_{23} \quad B_{33})^{\mathrm{T}}$，记$H$的列向量$h_i = (h_{i1} \quad h_{i2} \quad h_{i3})^{\mathrm{T}}$，可以得到

$$h_i^{\mathrm{T}} B h_j = v_{ij}^{\mathrm{T}} b \tag{7-29}$$

式中，$\boldsymbol{v}_{ij}=(h_{i1}h_{j1}\quad h_{i1}h_{j2}+h_{i2}h_{j1}\quad h_{i2}h_{j2}\quad h_{i3}h_{j1}+h_{i1}h_{j3}\quad h_{i3}h_{j2}+h_{i2}h_{j3}\quad h_{i3}h_{j3})^{\mathrm{T}}$。

将式（7-27）的约束转换为

$$\begin{pmatrix} \boldsymbol{v}_{12}^{\mathrm{T}} \\ (\boldsymbol{v}_{11}-\boldsymbol{v}_{22})^{\mathrm{T}} \end{pmatrix}\boldsymbol{b}=\boldsymbol{0} \tag{7-30}$$

式（7-30）中有 6 个未知数，而一个单应矩阵 $\boldsymbol{H}$ 可以提供 2 个方程，因此至少需要 3 幅不同角度的图像才能解出矩阵 $\boldsymbol{B}$ 中的各元素。当图像数多于 3 个时，同样可以使用奇异值分解求解。

根据式（7-28），可以从矩阵 $\boldsymbol{B}$ 中恢复出摄像机内参数矩阵的各参数，即

$$v_0=\frac{(B_{12}B_{13}-B_{11}B_{23})}{(B_{11}B_{22}-B_{12}^2)} \tag{7-31}$$

$$\lambda=B_{33}-\frac{[B_{13}^2+v_0(B_{12}B_{13}-B_{11}B_{23})]}{B_{11}} \tag{7-32}$$

$$f_x=\sqrt{\frac{\lambda}{B_{11}}} \tag{7-33}$$

$$f_y=\sqrt{\frac{\lambda B_{11}}{(B_{11}B_{22}-B_{12}^2)}} \tag{7-34}$$

$$u_0=\frac{\gamma v_0}{\beta}-\frac{B_{13}\alpha^2}{\lambda} \tag{7-35}$$

$$\gamma=-\frac{B_{12}\alpha^2\beta}{\lambda} \tag{7-36}$$

计算出内参数矩阵 $\boldsymbol{K}$ 后，可以恢复出旋转矩阵 $\boldsymbol{R}$ 和 $\boldsymbol{T}$，即

$$\boldsymbol{r}_1=\lambda\boldsymbol{K}^{-1}\boldsymbol{h}_1 \tag{7-37}$$

$$\boldsymbol{r}_2=\lambda\boldsymbol{K}^{-1}\boldsymbol{h}_2 \tag{7-38}$$

$$\boldsymbol{r}_3=\boldsymbol{r}_1\times\boldsymbol{r}_2 \tag{7-39}$$

$$\boldsymbol{T}=\lambda\boldsymbol{K}^{-1}\boldsymbol{h}_3 \tag{7-40}$$

考虑到旋转矩阵性质，对上面的向量求解时应当进行归一化处理。

（3）建立径向畸变模型并求解畸变参数

上面的解算过程没有考虑摄像机镜头的畸变，通常在实际使用时，摄像机都会有一定程度的畸变，其中影响较大的是径向畸变。对于图像坐标系下的一点 $(x\quad y)$，假设存在畸变时其对应的坐标是 $(\tilde{x}\quad \tilde{y})$，则引入径向畸变参数 k_1、k_2，建立畸变模型为

$$\begin{aligned}\tilde{x} &= x + x[k_1(x^2+y^2)+k_2(x^2+y^2)^2] \\ \tilde{y} &= y + y[k_1(x^2+y^2)+k_2(x^2+y^2)^2]\end{aligned} \tag{7-41}$$

由内参数矩阵可以得出对应像素的坐标为 $\tilde{u}=u_0+f_x\tilde{x}+\gamma\tilde{y}$，$\tilde{v}=v_0+f_y\tilde{y}$。假设 $\gamma=0$，则有

$$\begin{aligned}\tilde{u} &= u+(u-u_0)[k_1(x^2+y^2)+k_2(x^2+y^2)^2] \\ \tilde{v} &= v+(v-v_0)[k_1(x^2+y^2)+k_2(x^2+y^2)^2]\end{aligned} \tag{7-42}$$

畸变后的点的像素坐标即是图像中实际获取到的像素坐标，理想像素坐标 (u,v) 可由式（7-11）结合已经标定的摄像机内参数和外参数求出。因此，可将式（7-42）转化为

$$\begin{pmatrix}(u-u_0)(x^2+y^2) & (u-u_0)(x^2+y^2)^2 \\ (v-v_0)(x^2+y^2) & (v-v_0)(x^2+y^2)^2\end{pmatrix}\begin{pmatrix}k_1 \\ k_2\end{pmatrix}=\begin{pmatrix}\tilde{u}-u \\ \tilde{v}-v\end{pmatrix} \tag{7-43}$$

假设有 n 幅图像，每幅图像有 m 个标定点，则可以得到 $2mn$ 个方程 $\boldsymbol{Dk}=\boldsymbol{d}$，利用最小二乘法求解 $\boldsymbol{k}=(k_1 \quad k_2)^{\mathrm{T}}$，即

$$\boldsymbol{k}=(\boldsymbol{D}^{-\mathrm{T}}\boldsymbol{D})^{-1}\boldsymbol{D}^{\mathrm{T}}\boldsymbol{d} \tag{7-44}$$

（4）利用最大似然方法进一步优化结果

在计算单应矩阵时，认为实际像素坐标就是理想像素坐标，没有考虑畸变，因此求解出的 $\boldsymbol{H}$ 实际上是不准确的，由此也导致 $\boldsymbol{K}$、$\boldsymbol{R}$ 和 $\boldsymbol{T}$ 的解算结果不准确，而在此基础上估计的畸变参数必定有误差。因此，利用最大似然方法估计所有参数，使式（7-45）所示的函数最小化，即

$$\sum_{i=1}^{n}\sum_{j=1}^{m}\left\|\boldsymbol{m}_{ij}-\tilde{\boldsymbol{m}}(\boldsymbol{K},k_1,k_2,\boldsymbol{R}_i,\boldsymbol{T}_i,\boldsymbol{M}_j)\right\|^2 \tag{7-45}$$

式中，$\tilde{\boldsymbol{m}}$ 为通过各参数投影得到的像素坐标；$\boldsymbol{m}_{ij}$ 为实际获取到的像素坐标。使用 Levenberg–Marquardt 算法对式（7-45）迭代求解，取优化后的结果作为标定结果。

在具体实施时，可采用如图 7-10 所示的二维标定板，其上的格子大小及间隔距离已知。

图 7-10　二维标定板

7.3.3　基于一维标定物的标定方法

不同于二维标定板，一维标定物为一组共线点组成的一条直线。因为一维标定物的成像不存在遮挡问题，所以基于一维标定物的标定方法适用于多个摄像机组成的摄像机系统的标定。张正友首先分析了直线上不同数量的点对应的可能标定情形。

（1）假设已知直线上的两个点以及两点之间的距离

假设线段的两个端点为 $\boldsymbol{A}$ 和 $\boldsymbol{C}$，其世界坐标描述需要 6 个参数，而两点间的距离已知，因此需要 5 个参数去描述它们。每个三维空间点到二维图像点的映射可以提供 2 个方程，因此 2 个图像点一共 4 个方程。假设拍摄 N 次不同姿态的线段 $\boldsymbol{AC}$，则需要 $5N$ 个参数来描述空间点的位置，外加摄像机的 5 个内参数，一共为（$5N+5$）个待求参数，然而此时只有 $4N$ 个约束方程，显然不能求解。

（2）假设已知直线上的三个点以及每对点之间的距离

设加入一点 $\boldsymbol{D}$，且已知 $\boldsymbol{D}$ 与 $\boldsymbol{A}$、$\boldsymbol{C}$ 的距离，由于三点的单比已知，因此仍然需要 5 个参数表示它们的空间位置。同样做 N 次观测，待求参数仍为（$5N+5$），但由于 $\boldsymbol{A}$、$\boldsymbol{C}$、$\boldsymbol{D}$ 三点共线，$\boldsymbol{A}$、$\boldsymbol{C}$ 可一起提供 $4N$ 个方程，$\boldsymbol{D}$ 由于非线性独立，只能再多提供 N 个方程，即一共有 $5N$ 个约束方程，所以无法求解。

（3）假设已知直线上的四个点以及每对点之间的距离

若在三个点的基础上再添加一个点 $\boldsymbol{G}$，根据射影定理中的交比不变性可知，点 $\boldsymbol{G}$ 所提供的信息已被前三个点所提供的信息包含了，所以再加一个点显然对求解无益。

从上面的讨论可以看出，无论自由移动的一维对象上有多少个已知点，该一维标定对象都是不可能完成摄像机标定的。但是，如果空间中有一个点是固定的，会发生什么？不妨假设点 $\boldsymbol{A}$ 为不动点，点 $\boldsymbol{a}$ 为其对应的图像点。

如图 7-11 所示，假设线段 $\boldsymbol{AD}$ 的长度为 L，点 $\boldsymbol{A}$、$\boldsymbol{C}$、$\boldsymbol{D}$ 为共线的三个点，且每个点由其三维坐标向量来表示，则有

$$\|\boldsymbol{D}-\boldsymbol{A}\|=L \tag{7-46}$$

$$\boldsymbol{C}=\lambda_{\mathrm{A}}\boldsymbol{A}+\lambda_{\mathrm{D}}\boldsymbol{D} \tag{7-47}$$

式中，λ_{A} 和 λ_{D} 为已知的比例因子；$\boldsymbol{a}$、$\boldsymbol{c}$、$\boldsymbol{d}$ 分别为点 $\boldsymbol{A}$、$\boldsymbol{C}$、$\boldsymbol{D}$ 的像点，用齐次坐标来表示。

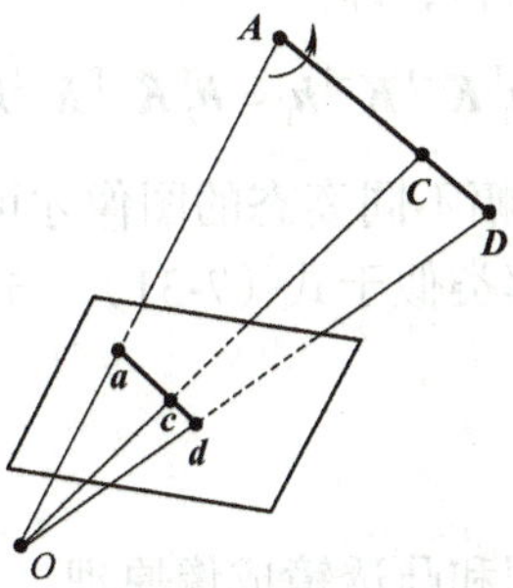

图 7-11　一维标定物

由于在线段 $\boldsymbol{AD}$ 绕 $\boldsymbol{A}$ 运动的过程中摄像机不动，则式（7-10）中的旋转矩阵 $\boldsymbol{R}=\boldsymbol{I}$，平移向量 $\boldsymbol{T}=0$。设点 $\boldsymbol{A}$、$\boldsymbol{C}$、$\boldsymbol{D}$ 的未知深度分别为 z_{A}、z_{C} 和 z_{D}，根据式（7-10）有

$$\boldsymbol{A}=z_{\mathrm{A}}\boldsymbol{K}^{-1}\boldsymbol{a} \tag{7-48}$$

$$\boldsymbol{C}=z_{\mathrm{C}}\boldsymbol{K}^{-1}\boldsymbol{c} \tag{7-49}$$

$$\boldsymbol{D}=z_{\mathrm{D}}\boldsymbol{K}^{-1}\boldsymbol{d} \tag{7-50}$$

将式（7-48）～式（7-50）代入式（7-47）并消去 $\boldsymbol{K}^{-1}$ 后，可以得到

$$z_{\mathrm{C}}\boldsymbol{c}=z_{\mathrm{A}}\lambda_{\mathrm{A}}\boldsymbol{a}+z_{\mathrm{D}}\lambda_{\mathrm{D}}\boldsymbol{d} \tag{7-51}$$

将式（7-51）左右两边同时与 $\boldsymbol{c}$ 做叉积，可以得到

$$z_{\mathrm{A}}\lambda_{\mathrm{A}}(\boldsymbol{a}\times\boldsymbol{c})+z_{\mathrm{D}}\lambda_{\mathrm{D}}(\boldsymbol{d}\times\boldsymbol{c})=\boldsymbol{0} \tag{7-52}$$

整理式（7-52）可以得到

$$z_{\mathrm{D}}=-z_{\mathrm{A}}\frac{\lambda_{\mathrm{A}}(\boldsymbol{a}\times\boldsymbol{c})\cdot(\boldsymbol{d}\times\boldsymbol{c})}{\lambda_{\mathrm{D}}(\boldsymbol{d}\times\boldsymbol{c})\cdot(\boldsymbol{d}\times\boldsymbol{c})} \tag{7-53}$$

由式（7-46）可以得到

$$\left\|\boldsymbol{K}^{-1}(z_{\mathrm{D}}\boldsymbol{d}-z_{\mathrm{A}}\boldsymbol{a})\right\|=L \tag{7-54}$$

将式（7-53）代入式（7-54）中，可以得到

$$z_{\mathrm{A}}\left\|\boldsymbol{K}^{-1}\left(\boldsymbol{a}+\frac{\lambda_{\mathrm{A}}(\boldsymbol{a}\times\boldsymbol{c})\cdot(\boldsymbol{d}\times\boldsymbol{c})}{\lambda_{\mathrm{D}}(\boldsymbol{d}\times\boldsymbol{c})\cdot(\boldsymbol{d}\times\boldsymbol{c})}\boldsymbol{d}\right)\right\|=L \tag{7-55}$$

记 $\boldsymbol{h}=\boldsymbol{a}+\dfrac{\lambda_{\mathrm{A}}(\boldsymbol{a}\times\boldsymbol{c})\cdot(\boldsymbol{d}\times\boldsymbol{c})}{\lambda_{\mathrm{D}}(\boldsymbol{d}\times\boldsymbol{c})\cdot(\boldsymbol{d}\times\boldsymbol{c})}\boldsymbol{d}$，将式（7-55）左右两边平方后可以写为

$$z_{\mathrm{A}}{}^{2}\boldsymbol{h}^{\mathrm{T}}\boldsymbol{K}^{-\mathrm{T}}\boldsymbol{K}^{-1}\boldsymbol{h}=L^{2} \tag{7-56}$$

显然，$\boldsymbol{h}$ 是可以由图像计算得到的，且未知的内参数全部包含在 $\boldsymbol{B}=\boldsymbol{K}^{-\mathrm{T}}\boldsymbol{K}^{-1}$ 中。由于线段 $\boldsymbol{AD}$ 在运动过程中点 $\boldsymbol{A}$ 保持不动，因此其深度 z_{A} 始终保持不变。对于两幅图像来说，可以建立一个关于内参数的约束方程，即

$$\boldsymbol{h}_1^{\mathrm{T}}\boldsymbol{K}^{-\mathrm{T}}\boldsymbol{K}^{-1}\boldsymbol{h}_1=\boldsymbol{h}_2^{\mathrm{T}}\boldsymbol{K}^{-\mathrm{T}}\boldsymbol{K}^{-1}\boldsymbol{h}_2 \tag{7-57}$$

因此，至少需要线段 $\boldsymbol{AD}$ 的 6 幅不同姿态的图像才可以确定大于或等于 5 个约束方程，进而求解出内参数。内参数的求解类似于式（7-31）～式（7-36）。

本章小结

本章首先介绍了小孔成像原理和凸透镜成像原理，从而使读者更好地理解了摄像机的成像原理。本章接着详细地介绍了摄像机成像模型和摄像机的内参数与外参数，也介绍了

图像畸变的原因和种类。为了获得准确的摄像机参数，需要完成摄像机标定。本章主要介绍了直接线性变换法、平面标定法和基于一维标定物的标定方法。

思考题与习题

7-1　简述摄像机的成像原理。

7-2　什么是齐次坐标？它的作用是什么？

7-3　摄像机成像模型如何表示？简述摄像机内、外参数的物理意义。

7-4　什么是摄像机标定？常用的标定方法有哪些？

7-5　如何利用摄像机成像模型从二维图像中提取三维信息？

7-6　焦距和光圈分别对成像有什么样的影响？

7-7　什么是单应矩阵？如何求解单应矩阵？

7-8　打印一张二维标定板，使用一部摄像机或智能手机拍摄，标定它的内、外参数。

参考文献

[1] HARTLEY R，ZISSERMAN A. Multiple View Geometry in Computer Vision[M]. Cambridge：Cambridge University Press，2000.

[2] ZHANG Z. A Flexible New Technique for Camera Calibration[J]. IEEE Transactions on Pattern Analysis and Machine Intelligence，2000，22（11）：1330–1334.

[3] 王宜举，修乃华. 非线性规划理论与算法 [M]. 西安：陕西科学技术出版社，2008.

[4] ZHANG Z. Camera Calibration with One-Dimensional Objects[J]. IEEE Transactions on Pattern Analysis and Machine Intelligence，2004，26（7）：892–899.

第 8 章　三维重建

导读

三维视觉是计算机视觉最核心的内容，它旨在利用图像或视频数据来恢复物体的位置、形状、大小等三维结构信息，是理解和模拟真实世界的关键技术之一，在文化遗产、建筑设计、医学影像等领域有广泛应用。

在缺乏场景先验的条件下，用单幅图像无法进行三维重建。基于多视图的立体视觉重建，首先需要建立多视角图像间的点对应关系，在两幅图像的对应点之间存在着极几何关系。利用极几何约束，可以提升图像匹配的效率，也可以对摄像机的运动和位姿进行估计，因此极几何是三维重建的基础。基于 SFM（Structure from Motion）的三维重建方法利用极几何关系估计摄像机的运动，进而恢复场景的三维结构。SFM 是针对图像特征点的稀疏重建方法。多视立体重建（MVS）通过立体匹配来估计多视图像间的视差，以此实现稠密重建。在 MVS 的基础上，三维重建方法 MVSNet 开启了利用深度学习进行多视三维重建的先河。

本章知识点

- 三维重建介绍
- 多视几何
- 基于立体视觉的三维重建
- 其他三维重建技术

8.1　三维重建介绍

在计算机视觉中，三维重建是指利用图像、传感器数据或其他信息源来恢复真实世界中物体的三维几何形状和结构的过程。三维重建在文化遗产、建筑设计、医学影像等领域有广泛应用。

8.1.1　三维重建的目的与任务

三维重建的目的在于通过获取物体的三维信息，实现对现实世界的准确建模。三维重建是一个复杂而多层次的过程，涉及多个关键任务，从捕获真实世界中的数据到生成高质量的三维模型，三维重建包括以下关键任务：

1. 数据采集与获取

数据采集与获取是三维重建的第一步，通过使用各种传感器，如激光雷达、摄像机、深度传感器和其他感知设备来实现从现实世界中获取所需的信息。数据采集与获取的质量和精度直接影响最终生成的三维模型的准确性和细节。

2. 图像预处理

在三维重建中，从图像中提取深度信息通常是一个重要的任务。在进行深度估计之前，需要对采集到的图像进行预处理。这可能包括图像去噪、色彩校正、图像配准（对齐）等步骤，以确保输入数据的质量和一致性。

3. 摄像机标定

通过摄像机标定，可以建立准确有效的成像模型，求解摄像机的内外参数，为后续的空间点三维坐标求解奠定基础，从而完成三维重建的目的。

4. 特征匹配与配准

特征匹配与配准用于将不同视角或时间点的数据对齐。包括在不同图像之间识别共同的特征点，并确定它们在三维空间中的对应关系。这些对应关系是构建一致性的三维模型的基础。

5. 深度估计与点云生成

深度估计是三维重建的核心任务之一。通过从多个视角或传感器中获取的数据，可以估计每个像素或点的深度信息。完成深度估计后，这些深度信息可以被转换成点云，以表示物体表面上的三维点。

6. 点云处理与拓扑关系

生成的点云通常需要进行处理，以去除噪声、填补缺失的区域、优化点的分布。同时，建立点云的拓扑关系也是一个重要的任务，用于确保点之间的连接和关系能正确反映真实世界中的几何结构。

7. 表面重建与纹理映射

利用点云可以进一步进行表面重建，构建表示物体外形的三维网格。此外，将原始图像的纹理映射到生成的三维模型表面，可以提高模型的视觉真实感。

8. 优化与精细调整

最后，三维模型可能需要进行优化与精细调整，以确保模型的准确性和真实性。这可能包括去除残余的噪声、修复模型的拓扑错误，以及根据应用的需求进行细节的增强。

总体而言，三维重建的关键任务涵盖了从数据采集到最终模型生成的整个流程，每个任务都对最终的三维模型质量有重要影响。

8.1.2 三维重建的应用

三维重建是一种通过从不同视角捕获的二维影像或点云数据生成三维模型的方法。三维重建的广泛应用不仅改变了人们对空间信息的认识，还在许多领域产生了深远的影响。

1. 文化遗产保护

三维重建在文化遗产保护中发挥着至关重要的作用。通过对古建筑、雕塑、艺术品等文化遗产的数字化重建，不仅能够实现对其保存状态的监测，还有助于推动文化遗产的数字化保存和展示。例如，三维扫描和重建可以创建真实比例的数字模型，以确保文物在时间推移中的完整性，并为后代提供更好的了解和欣赏机会。

2. 建筑设计与城市规划

在建筑设计与城市规划领域，三维重建为设计师和规划者提供了强大的工具。通过捕捉建筑物、城市空间或地理地形的三维数据，设计者可以更好地理解环境，实现更精确的设计和规划。这不仅有助于提高设计效率，还可以在规划阶段发现潜在问题，优化空间利用，实现可持续发展。

3. 医学影像与手术规划

医学是另一个让三维重建得以广泛应用的领域。医学检查（如 CT 和 MRI）所产生的大量二维图像，可通过三维重建合成为真实的三维模型。这些模型为医生呈现了患者身体结构的详尽视图，极大地提升了诊断的精确度和手术规划的准确性。在手术前，医生可以利用三维模型开展虚拟手术，提前预判可能的困难和风险。

4. 虚拟现实与娱乐

随着虚拟现实和增强现实技术的飞速发展，三维重建在娱乐领域也发挥了越来越重要的作用。通过三维重建，人们可以创造出沉浸式的虚拟世界，为用户带来沉浸式体验。三维重建不仅可以应用于游戏产业，还可以拓展到虚拟旅游、虚拟培训等多个领域，为用户提供更有体验感的互动。

5. 工业制造与维护

在工业制造领域，三维重建被广泛应用于产品设计、原型制作和质量控制。制造商可以通过数字化的三维模型迅速进行设计验证，减少开发周期。此外，在设备维护领域，三维重建也被用于创建设备的数字孪生，有助于监测设备状态、进行预测性维护、提高设备的可靠性和寿命。

总体而言，三维重建在众多领域展现出巨大的潜力，并为创新和问题解决提供了全新的途径。从文化保护、医学影像到工业和娱乐，三维重建的应用领域正在不断扩展，为人们创造出更智能、更精密、更有趣的未来。

8.2 多视几何

基于多视图的立体视觉重建，首先需要建立不同视角图像间的点的对应关系，本节将介绍这些对应点之间存在的几何关系。

8.2.1 极几何关系

假设从两幅图像中获取了一对匹配的特征点，如图 8-1 所示，即三维点 $\boldsymbol{M}$ 在图像 I_1 和 I_2 上对应的像点分别为 $\boldsymbol{m}_1$ 和 $\boldsymbol{m}_2$，那么图像 I_1 和 I_2 之间必然存在一个运动变换，即两个摄像机坐标系间的运动变换 $\boldsymbol{R}$ 和 $\boldsymbol{t}$。记两个摄像机的中心分别为 $\boldsymbol{O}_1$ 和 $\boldsymbol{O}_2$，为了方便，先定义一些描述两幅图像之间关系的基本术语。连线 $\boldsymbol{O}_1\boldsymbol{M}$ 和连线 $\boldsymbol{O}_2\boldsymbol{M}$ 在三维空间中交于点 $\boldsymbol{M}$，那么 $\boldsymbol{O}_1$、$\boldsymbol{O}_2$、$\boldsymbol{M}$ 可以确定一个平面，称为极平面。连线 $\boldsymbol{O}_1\boldsymbol{O}_2$ 与像平面的交点分别为 $\boldsymbol{e}_1$、$\boldsymbol{e}_2$，称为极点，$\boldsymbol{O}_1\boldsymbol{O}_2$ 称为基线，将极平面与 I_1 和 I_2 之间的交线 $\boldsymbol{l}_1$、$\boldsymbol{l}_2$ 称为极线。

从图 8-1 中可以看出，$\boldsymbol{O}_1\boldsymbol{M}$ 上任意一点在 I_2 中的像点都位于极线 $\boldsymbol{l}_2$ 上，反之，$\boldsymbol{O}_2\boldsymbol{M}$ 上任意一点在 I_1 中的像点都位于极线 $\boldsymbol{l}_1$ 上。因此可以得到以下的极几何约束：

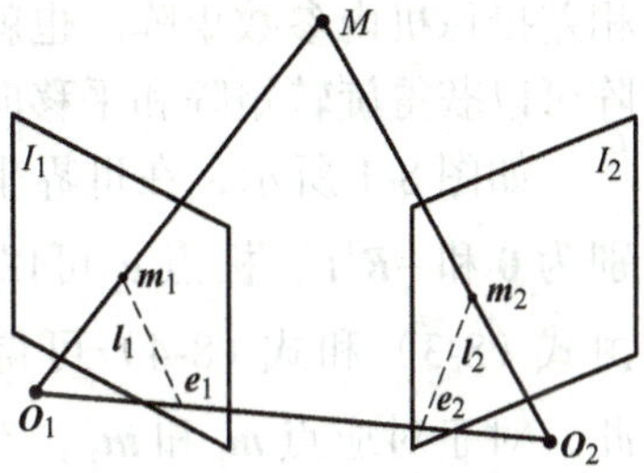

图 8-1 极几何约束

1）$\forall \boldsymbol{m}_1 \in I_1$，在 I_2 上存在一条极线 $\boldsymbol{l}_2$ 与之对应，并且对应的像点 $\boldsymbol{m}_2 \in \boldsymbol{l}_2$。

2）$\forall \boldsymbol{m}_2 \in I_2$，在 I_1 上存在一条极线 $\boldsymbol{l}_1$ 与之对应，并且对应的像点 $\boldsymbol{m}_1 \in \boldsymbol{l}_1$。

3）所有极线均交于极点。

在以上讨论中，没有利用场景的任何几何结构信息，因此极几何约束与场景的几何结构无关，它是两幅图像之间的固有射影性质。

取第 1 个摄像机坐标系为世界坐标系，则根据摄像机投影模型，可以确定点 $\boldsymbol{M}$ 在图像 I_1 和 I_2 上对应的像素位置，即

$$\lambda_1 \boldsymbol{m}_1 = \boldsymbol{K}_1 \boldsymbol{M} \tag{8-1}$$

$$\lambda_2 \boldsymbol{m}_2 = \boldsymbol{K}_2(\boldsymbol{R}\boldsymbol{M} + \boldsymbol{t}) \tag{8-2}$$

齐次化式（8-1）和式（8-2）后，可以得到

$$\boldsymbol{m}_1 = \boldsymbol{K}_1 \boldsymbol{M} \tag{8-3}$$

$$\boldsymbol{m}_2 = \boldsymbol{K}_2(\boldsymbol{R}\boldsymbol{M} + \boldsymbol{t}) \tag{8-4}$$

设 $\boldsymbol{x}_1 = \boldsymbol{K}_1^{-1}\boldsymbol{m}_1$，$\boldsymbol{x}_2 = \boldsymbol{K}_2^{-1}\boldsymbol{m}_2$，代入式（8-4）可得

$$\boldsymbol{x}_2 = \boldsymbol{R}\boldsymbol{x}_1 + \boldsymbol{t} \tag{8-5}$$

对式（8-5）两侧同时与 $\boldsymbol{t}$ 做叉积，并同时左乘 $\boldsymbol{x}_2^{\mathrm{T}}$，可得

$$\boldsymbol{x}_2^{\mathrm{T}}\boldsymbol{t} \times \boldsymbol{x}_2 = \boldsymbol{x}_2^{\mathrm{T}}\boldsymbol{t} \times \boldsymbol{R}\boldsymbol{x}_1 + \boldsymbol{x}_2^{\mathrm{T}}\boldsymbol{t} \times \boldsymbol{t} \tag{8-6}$$

式中，$\times$ 为向量叉积。

显然 $\boldsymbol{t} \times \boldsymbol{t} = 0$，且 $\boldsymbol{t} \times \boldsymbol{x}_2$ 是一个与 $\boldsymbol{t}$ 和 $\boldsymbol{x}_2$ 都垂直的向量。将 $\boldsymbol{t} \times \boldsymbol{x}_2$ 和 $\boldsymbol{x}_2$ 做内积时，得到

的结果为 0，故式（8-6）可化简为

$$x_2^{\mathrm{T}}(t)_{\times} R x_1 = 0 \tag{8-7}$$

重新代入 m_1，m_2，可以得到

$$m_2^{\mathrm{T}} K_2^{-\mathrm{T}}(t)_{\times} R K_1^{-1} m_1 = 0 \tag{8-8}$$

式中，$F = K_2^{-\mathrm{T}}(t)_{\times} R K_1^{-1}$ 为基础矩阵；$E = (t)_{\times} R$ 为本质矩阵。

因此，基础矩阵刻画了两幅图像间的极几何。不难发现，基础矩阵和本质矩阵之间只相差摄像机内参数矩阵。也就是说，当已知摄像机内参数矩阵时，根据基础矩阵或本质矩阵可以获得旋转矩阵和平移向量。

如图 8-1 所示，在世界坐标系下，根据摄像机的运动，摄像机中心 O_1 和 O_2 的坐标分别为 $\mathbf{0}$ 和 $-R^{\mathrm{T}}t$，极点 e_1 可以看作是 O_2 在 I_1 中的像点，e_2 可以看作是 O_1 在 I_2 中的像点。由式（8-3）和式（8-4）可得，$e_1 = -K_1 R^{\mathrm{T}} t$，$e_2 = K_2 t$，由此可得 $Fe_1 = 0$，$F^{\mathrm{T}} e_2 = 0$，因此，对于对应点 m_1 和 m_2，有 $m_2^{\mathrm{T}} F e_1 = 0$，$e_2^{\mathrm{T}} F m_1 = 0$。而 $m_2^{\mathrm{T}} F m_1 = 0$，考虑到两点确定一条直线，则 m_1 对应的极线 $l_2 = Fm_1$，m_2 对应的极线 $l_1 = F^{\mathrm{T}} m_2$。

8.2.2 基础矩阵估计

由式（8-8）可知，一对对应点可以提供一个关于基础矩阵的约束方程。给定一对对应点 m 和 m'，它们的齐次坐标分别为 $(u \quad v \quad 1)^{\mathrm{T}}$ 和 $(u' \quad v' \quad 1)^{\mathrm{T}}$。由极线约束可得 $m'^{\mathrm{T}} F m = 0$，写成矩阵的形式即为

$$(u' \quad v' \quad 1)\begin{pmatrix} F_{11} & F_{12} & F_{13} \\ F_{21} & F_{22} & F_{23} \\ F_{31} & F_{32} & F_{33} \end{pmatrix}\begin{pmatrix} u \\ v \\ 1 \end{pmatrix} = 0 \tag{8-9}$$

再次整理式（8-9），可得

$$(u'u \quad u'v \quad u' \quad v'u \quad v'v \quad v' \quad u \quad v \quad 1)\begin{pmatrix} F_{11} \\ F_{12} \\ F_{13} \\ F_{21} \\ F_{22} \\ F_{23} \\ F_{31} \\ F_{32} \\ F_{33} \end{pmatrix} = 0 \tag{8-10}$$

使用两幅图像中的所有对应点，可以得到

$$Af = \mathbf{0} \tag{8-11}$$

式中，f为式（8-10）中包含的基础矩阵中 9 个元素的向量；A 为 $n \times 9$ 的矩阵，每一行对应式（8-10）中的由一对对应点构成的 9 维向量。

计算基础矩阵时，存在一个未知的尺度因子，因此可以归一化基础矩阵的最后一个元素，即 $F_{33}=1$。待求解的参数有 8 个，因此通过 8 对对应点就可以求解基础矩阵，而计算基础矩阵的方法也由此称为 8 点算法。但在实际应用中，一般需要使用远超 8 对对应点来求解基础矩阵，以降低噪声及错误匹配对结果的影响。

由式（8-8）可以看出，基础矩阵 F 的秩为 2，这是基础矩阵的一个重要性质。若使用秩不为 2 的矩阵作为基础矩阵，则用它估计的极线会不交于极点。然而，根据式（8-11）所确定的基础矩阵 F 一般是满秩的，因此必须用一个秩为 2 的矩阵去逼近基础矩阵，以此作为其估计值，换句话来说就是求解最小化问题，即

$$\begin{cases} \min \lVert \boldsymbol{F} - \bar{\boldsymbol{F}} \rVert \\ \operatorname{rank}(\bar{\boldsymbol{F}}) = 2 \end{cases} \tag{8-12}$$

将该问题的解作为基础矩阵的最终估计。对矩阵 F 进行奇异值分解，得 $\boldsymbol{F}=\boldsymbol{U}\mathrm{diag}(s_1,s_2,s_3)\boldsymbol{V}^{\mathrm{T}}$ 且 $s_1 \geqslant s_2 \geqslant s_3$，则式（8-12）的解为 $\boldsymbol{F}=\boldsymbol{U}\mathrm{diag}(s_1,s_2,0)\boldsymbol{V}^{\mathrm{T}}$。

8.3 基于立体视觉的三维重建

在本节中，将简要介绍基于立体视觉（多视角图像）的三维重建的常见方法，包括基于 SFM（Structure from Motion）的三维重建、基于多目立体视觉的三维重建以及基于深度学习的三维重建。

8.3.1 基于 SFM 的三维重建

SFM 指 Structure from Motion，即从运动中恢复结构，也就是从一组二维图像序列中推算三维信息。其最终目的是通过算法分析出目标图像中涵盖的运动信息，从而恢复出呈现在三维视角下的结构信息。

1. 基于两视角的 SFM 方法

基于两视角的 SFM 方法通过在不同位置拍摄的两幅图像来恢复摄像机的运动以及场景的三维结构。其计算过程为：摄像机内参数标定，寻找图像间的对应点，计算基础矩阵，通过基础矩阵估计摄像机运动参数，进而使用估计出的摄像机运动参数以及对应点进行三角化，得到对应点的三维坐标，最终完成重建过程。

得到基础矩阵 F 后，根据已经标定好的摄像机内参数矩阵可以得到本质矩阵 E。利用奇异值分解，可以得到本质矩阵 E 的分解结果为

$$\boldsymbol{E} = \boldsymbol{U}\boldsymbol{\Sigma}\boldsymbol{V}^{\mathrm{T}} \tag{8-13}$$

式中，$\boldsymbol{U}$和$\boldsymbol{V}$为正交矩阵；$\boldsymbol{\Sigma}$为奇异值矩阵。

根据本质矩阵$\boldsymbol{E}$的性质，可以知道$\boldsymbol{\Sigma}=\mathrm{diag}(\delta,\delta,0)$。因此，由奇异值分解结果可知，对于任意一个本质矩阵$\boldsymbol{E}$，存在4个可能的旋转与平移运动的组合，分别为

$$\boldsymbol{R}_1=\boldsymbol{U}\boldsymbol{W}\boldsymbol{V}^{\mathrm{T}},\boldsymbol{R}_2=\boldsymbol{U}\boldsymbol{W}^{\mathrm{T}}\boldsymbol{V}^{\mathrm{T}} \tag{8-14}$$

以及$\boldsymbol{t}_1=\boldsymbol{u}_3$，$\boldsymbol{t}_2=-\boldsymbol{u}_3$，$\boldsymbol{W}=\begin{pmatrix}0&-1&0\\1&0&0\\0&0&1\end{pmatrix}$，$\boldsymbol{u}_3$为矩阵$\boldsymbol{U}$的最后一列。

这样一来，4个组合可写为$(\boldsymbol{R}_1|\boldsymbol{t}_1)$、$(\boldsymbol{R}_1|\boldsymbol{t}_2)$、$(\boldsymbol{R}_2|\boldsymbol{t}_1)$和$(\boldsymbol{R}_2|\boldsymbol{t}_2)$。4种结果如图8-2所示，其中图8-2b、图8-2c和图8-2d中的深度值为负数，只有图8-2a符合要求。

结合得到的摄像机位姿$\boldsymbol{R}$、$\boldsymbol{t}$和已知的摄像机内参数矩阵，可以构造摄像机的投影矩阵$\boldsymbol{P}$，然后使用三角测量的方式来得到三维点坐标。

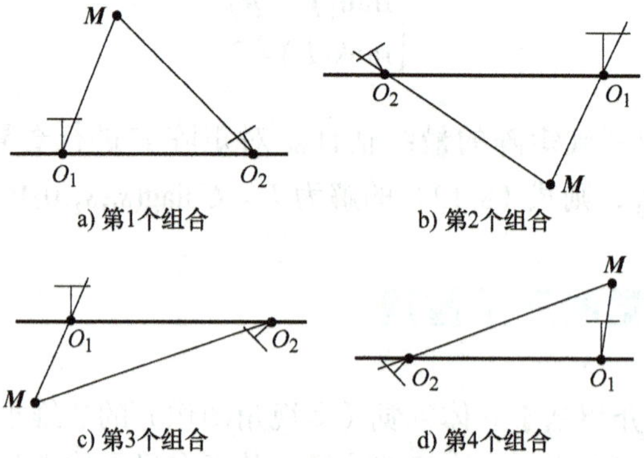

图 8-2　4个可能的组合

对于每一对图像匹配点，有

$$\boldsymbol{m}=\boldsymbol{P}\boldsymbol{M},\boldsymbol{m}'=\boldsymbol{P}'\boldsymbol{M} \tag{8-15}$$

$\boldsymbol{m}$和$\boldsymbol{m}'$分别为匹配点在两个视角下的像素坐标，$\boldsymbol{P}$和$\boldsymbol{P}'$分别为对应视角下的投影矩阵。将其写成齐次坐标的表示形式，则有$\boldsymbol{P}=\begin{pmatrix}P_{11}&P_{12}&P_{13}&P_{14}\\P_{21}&P_{22}&P_{23}&P_{24}\\P_{31}&P_{32}&P_{33}&P_{34}\end{pmatrix}$，$\boldsymbol{M}=[X\quad Y\quad Z\quad 1]^{\mathrm{T}}$和$\boldsymbol{m}=[x\quad y\quad 1]^{\mathrm{T}}$。那么$\boldsymbol{m}$与$\boldsymbol{PM}$的叉积为0，则

$$\begin{pmatrix}x\\y\\1\end{pmatrix}\times\begin{pmatrix}\boldsymbol{p}_1\\\boldsymbol{p}_2\\\boldsymbol{p}_3\end{pmatrix}\boldsymbol{M}=0 \tag{8-16}$$

式中，$\boldsymbol{p}_i$为$\boldsymbol{P}$的由第i行元素组成的行向量。进一步改写式（8-16），有

$$\begin{pmatrix} y\boldsymbol{p}_3 - \boldsymbol{p}_2 \\ \boldsymbol{p}_1 - x\boldsymbol{p}_3 \\ x\boldsymbol{p}_2 - y\boldsymbol{p}_1 \end{pmatrix} \boldsymbol{M} = 0 \tag{8-17}$$

同理，可以得到 $\boldsymbol{m}' \times \boldsymbol{P}'\boldsymbol{M} = 0$ 的表达式，结合两者可以得到

$$\begin{pmatrix} y\boldsymbol{p}_3 - \boldsymbol{p}_2 \\ \boldsymbol{p}_1 - x\boldsymbol{p}_3 \\ y\boldsymbol{p}_3' - \boldsymbol{p}_2' \\ \boldsymbol{p}_1' - x\boldsymbol{p}_3' \end{pmatrix} \boldsymbol{M} = 0 \tag{8-18}$$

通过奇异值分解方法求解式（8-18），得到三维点坐标。根据在两个摄像机坐标系下坐标点的深度可以筛选出正确的摄像机位姿，从而得到正确的三维点云。

2. 多视角的运动视觉

多视角的运动视觉通过每次添加一幅图像，依次使用多幅图像进行三维重建。首先，根据视图 1 和视图 2 计算基础矩阵，恢复摄像机在视图 1 和视图 2 处的投影矩阵，并进行三维重建，得到在视图 1 和视图 2 下都可见的三维点坐标。然后，通过所恢复的点在视图 3 下也可见的部分，即在视图 1、2、3 下都可见的点的三维信息，计算视图 3 的投影矩阵。通过视图 3 的投影矩阵，联合视图 1 和视图 2 的投影矩阵，计算视图 3 下新的可见点的三维信息，即通过投影矩阵 2 和投影矩阵 3，重建在视图 2 和视图 3 下都可见但不被视图 1 和视图 2 同时可见的点的三维信息。同时，使用投影矩阵 3 来优化已经重建出的在视图 1 和视图 2 下可见，且在视图 3 下也可见的点的三维信息。最后，依次处理所有视角，得到重建结果。

此外，也可以通过融合三维重建结果进行多视角下的三维重建。首先通过视图 1 和视图 2 得到部分重建结果，通过视图 2 和视图 3 得到部分重建结果。然后通过两个部分重建结果中的三维对应点，将两个部分重建结果融合，从而得到多视角下的三维重建结果。

3. 捆绑调整

多视角的运动视觉一般要使用捆绑调整（Bundle Adjustment）算法，通过最小化重投影误差来得到优化后的重建结果。捆绑调整的基本思想是，计算出投影矩阵 $\boldsymbol{P}$ 和三维重建结果 $\boldsymbol{S}$ 后，通过 $\boldsymbol{P}$ 将 $\boldsymbol{S}$ 重新投影到图像平面上，并通过最小化投影点和实际图像点之间的距离来优化投影矩阵和三维重建结果，具体为

$$E(\boldsymbol{P},\boldsymbol{S}) = \sum_{i=1}^{m}\sum_{j=1}^{n}\left\| \boldsymbol{s}_{ij} - \frac{1}{\lambda_{ij}}\boldsymbol{P}_i\boldsymbol{S}_j \right\|^2 \tag{8-19}$$

式中，$\boldsymbol{P}_i$ 为第 i 个视角图像对应的投影矩阵；$\boldsymbol{S}_j$ 为 $\boldsymbol{S}$ 中的第 j 个三维点；$\boldsymbol{s}_{ij}$ 为 $\boldsymbol{S}_j$ 在第 i 个视角图像中对应的像点；λ_{ij} 为归一化的比例因子。

捆绑调整可以同时处理多幅图像，且对于数据缺失的情况也能很好地处理，但其局限是需要有一个好的初始值才能得到好的优化结果。

8.3.2 基于多目立体视觉（MVS）的三维重建

SFM 是针对图像特征点的稀疏重建方法，其得到的点云比较稀疏。MVS 是针对图像中每个像素的稠密重建。

1. 视差与深度

人的双目构成了一个典型的双目立体视觉系统，该系统对同一个目标可以形成视差，因此可以清晰地感知三维世界。计算机双目视觉就是通过两个摄像机获得图像信息并计算出视差，从而使计算机能够感知三维世界。一个典型的双目立体视觉系统如图 8-3 所示。

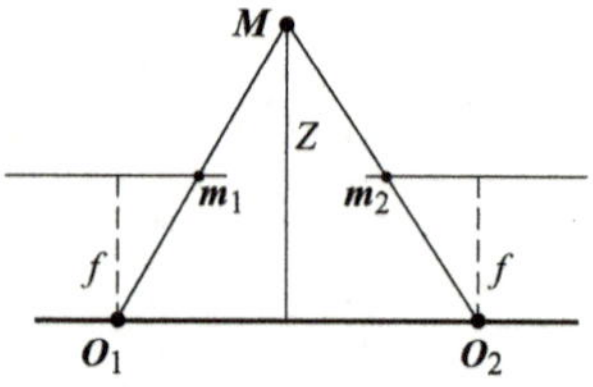

图 8-3 双目立体视觉系统

两个摄像机具有相同的位姿和内参数，投影中心 $\boldsymbol{O}_1$ 和 $\boldsymbol{O}_2$ 的连线距离 b 称为基线。设有三维空间中的任意一点 $\boldsymbol{M}$，在左摄像机中的成像点记为 $\boldsymbol{m}_1$，在右摄像机中的成像点记为 $\boldsymbol{m}_2$。根据光沿直线传播可知，三维空间点 $\boldsymbol{M}$ 是两个摄像机的投影中心点与成像点连线的交点。设 x_1 和 x_2 分别为 $\boldsymbol{m}_1$ 和 $\boldsymbol{m}_2$ 在对应成像平面坐标系下水平方向的坐标，那么点 $\boldsymbol{M}$ 在左、右摄像机中的视差可以定义为

$$d = |x_1 - x_2| \tag{8-20}$$

两个成像点 $\boldsymbol{m}_1$ 和 $\boldsymbol{m}_2$ 之间的距离为

$$\|\boldsymbol{m}_1\boldsymbol{m}_2\| = b - \left(x_1 - \frac{L}{2}\right) - \left(\frac{L}{2} - x_2\right) \tag{8-21}$$

式中，L 为图 8-3 中每个摄像机成像平面的长度，整理可得

$$\|\boldsymbol{m}_1\boldsymbol{m}_2\| = b - (x_1 - x_2) \tag{8-22}$$

根据相似三角形理论可以得到

$$\frac{b-(x_1-x_2)}{Z-f} = \frac{b}{Z} \tag{8-23}$$

式中，f 为摄像机投影中心到成像平面的距离，即焦距。

由式（8-23）可以得到点 $\boldsymbol{M}$ 到投影中心平面的距离，即深度 Z 为

$$Z = \frac{bf}{d} \tag{8-24}$$

当点 $\boldsymbol{M}$ 在三维空间中移动时，其在左右摄像机上的成像位置也会改变，因此视差也会发生相应的变化。由式（8-23）可知，视差与三维空间点的深度成反比。在已知三维空间中任意一点在不同图像上的视差后，结合摄像机参数即可确定该点的三维坐标。

2. 极线校正

在实际应用中，双目立体视觉系统并不是如图 8-3 所示的配置，而是如图 8-1 所示的更一般的配置。此时，对应点的极线在两幅图像中不处于同一条水平线上。为了方便计算

视差，提升三维重建效率，一般会对左右图像进行极线校正，使得两幅图像的光心位于同一水平方向上。比较常用的极线校正方法为 Fusiello 校正法。

极线校正通过旋转摄像机和重新定义成像平面来完成，其本质上是重新定义投影矩阵，即重新定义旋转矩阵，使得两个摄像机的成像平面共面，且在水平方向上平行于摄像机基线，重新定义内参数，使得双摄像机具有相同的内参数。校正后摄像机的位置不变。

极线校正方法的第一步是定义新的摄像机坐标系：

x 轴基向量为 $\boldsymbol{r}_x = \dfrac{O_2 - O_1}{\|O_2 - O_1\|}$。$y$ 轴与 x 轴正交，因此可以任意设置一个单位向量 $\boldsymbol{k}$，使得 y 轴与 x 轴和向量 $\boldsymbol{k}$ 均正交。为了保持摄像机的视向尽量与校正前接近，可以将单位向量 $\boldsymbol{k}$ 设为校正前的 z 轴方向。所以 y 轴的基向量可写为 $\boldsymbol{r}_y = \boldsymbol{r}_x \times \boldsymbol{k}$。$z$ 轴的基向量可以利用右手定则通过两者的叉乘得到，即 $\boldsymbol{r}_z = \boldsymbol{r}_x \times \boldsymbol{r}_y$。利用新坐标系的 3 个基向量，就可以确定新的旋转矩阵 $\boldsymbol{R}_n = \begin{pmatrix} \boldsymbol{r}_x^{\mathrm{T}} \\ \boldsymbol{r}_y^{\mathrm{T}} \\ \boldsymbol{r}_z^{\mathrm{T}} \end{pmatrix}$。

第二步是重新设计新的内参数矩阵 $\boldsymbol{K}_{\mathrm{n}}$，为了和旧的摄像机参数尽量保持一致，可设置新的内参数矩阵为 $\boldsymbol{K}_{\mathrm{n}} = \dfrac{\boldsymbol{K}_{\mathrm{l}} + \boldsymbol{K}_{\mathrm{r}}}{2}$，式中 $\boldsymbol{K}_{\mathrm{l}}$ 和 $\boldsymbol{K}_{\mathrm{r}}$ 分别为左右两幅图像的内参数，并且倾斜因子 s 设置为 0。

第三步为校正过程，即计算变换矩阵 $\boldsymbol{\Upsilon}$，将原图像上的像素变换为校正以后的新图像上的像素。假设原图像的投影矩阵为

$$\boldsymbol{P} = \boldsymbol{K}(\boldsymbol{R}, -\boldsymbol{R}\boldsymbol{C}) = (\boldsymbol{Q} | -\boldsymbol{Q}\boldsymbol{C}) \tag{8-25}$$

式中，$\boldsymbol{C}$ 为摄像机中心在世界坐标系中的位置坐标，$\boldsymbol{Q} = \boldsymbol{K}\boldsymbol{R}$。

新图像的投影矩阵为

$$\boldsymbol{P}_{\mathrm{n}} = \boldsymbol{K}_{\mathrm{n}}(\boldsymbol{R}_{\mathrm{n}}, -\boldsymbol{R}_{\mathrm{n}}\boldsymbol{C}) = (\boldsymbol{Q}_{\mathrm{n}} | -\boldsymbol{Q}_{\mathrm{n}}\boldsymbol{C}) \tag{8-26}$$

式中，$\boldsymbol{Q}_{\mathrm{n}} = \boldsymbol{K}_{\mathrm{n}}\boldsymbol{R}_{\mathrm{n}}$。假设空间中有一点 $\boldsymbol{M}$，它在新旧投影矩阵下的投影表达式分别为

$$\begin{aligned} \lambda \boldsymbol{m} &= (\boldsymbol{Q} | -\boldsymbol{Q}\boldsymbol{C})\boldsymbol{M} \\ \lambda_{\mathrm{n}} \boldsymbol{m}_{\mathrm{n}} &= (\boldsymbol{Q}_{\mathrm{n}} | -\boldsymbol{Q}_{\mathrm{n}}\boldsymbol{C})\boldsymbol{M} \end{aligned} \tag{8-27}$$

将式（8-27）齐次化后整理可得

$$\begin{aligned} \boldsymbol{m} &= \boldsymbol{Q}(\boldsymbol{M}' - \boldsymbol{C}) \\ \boldsymbol{m}_{\mathrm{n}} &= \boldsymbol{Q}_{\mathrm{n}}(\boldsymbol{M}' - \boldsymbol{C}) \end{aligned} \tag{8-28}$$

式中，$\boldsymbol{M}'$ 为 $\boldsymbol{M}$ 的欧几里得坐标，因此有

$$\boldsymbol{m}_{\mathrm{n}} = \boldsymbol{Q}_{\mathrm{n}}\boldsymbol{Q}^{-1}\boldsymbol{m} \tag{8-29}$$

由此可以得到新旧图像的变换矩阵 Υ，即 $\Upsilon = Q_n Q^{-1}$。

根据得到的变换矩阵对图像进行变换矫正，即可完成极线矫正。图 8-4 所示为极线矫正的图像示例。经过极线矫正后，就可以直接在水平方向上搜索一个图像上的点在另外一个图像上的对应点。

a) 原始图像对

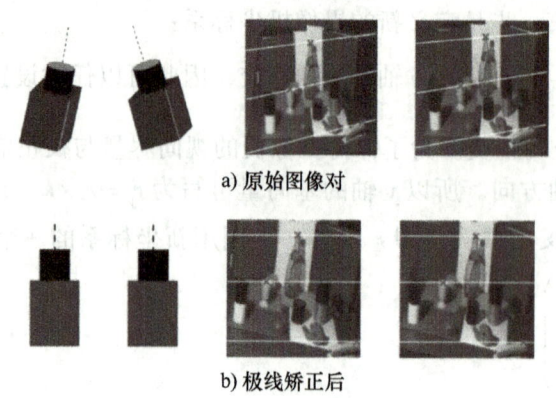

b) 极线矫正后

图 8-4 极线矫正的图像示例

3. 立体匹配

立体匹配也称为视差估计或者双目深度估计，是在经过极线校正后的左右图像中寻找对应点的过程，其输出是由参考图像（一般以左图像作为参考）中每个像素对应的视差值所构成的视差图。

然而，由于光照不一致、噪声、镜面反射和遮挡等影响，会造成对应点搜索失败。因此，往往需要首先对图像做预处理，使得两幅图像的整体质量趋于一致，比较典型的预处理方法有：

1）对图像做滤波操作，去除图像中的噪声，如高斯－拉普拉斯噪声滤波和双边滤波。

2）对图像亮度做归一化操作，如减去邻域的平均值。

3）对图像做特征变换，提取图像中不变的特征供后续处理。

对图像做完预处理后，就需要查找两幅图像之间的对应点，因此需要构建对应的代价项，以获得最准确的对应匹配点。假设左图像中的一个点为 p_l，要在右图像中找到对应点 p_r，则根据图像间的对极约束，一幅图像上的点在另一幅图像上的对应点应该处于其对极线上。

经过极线校正后，立体匹配可划分为四个步骤：匹配代价计算、代价聚合、视差计算和视差优化。

匹配代价计算是指对左图像中的像素，计算其与右图像中可能的匹配像素之间的匹配代价，匹配代价用来表征两个像素点的匹配程度。匹配代价越小表示这两个像素的相似性越高，即代表同一个空间物理点的可能性越大。最简单的计算方法是使用两个像素的灰度绝对值或灰度差二次方值作为两个像素的匹配代价。然而这类简单方法易受到噪声的干扰，可能导致大量的误匹配。更好的方法是通过计算所关注像素的邻域的整体情况，以此来提升信噪比，减少噪声的影响。对于图像上的不同位置，其周围的像素集合不同，所构成的图像区域结构也不同。人们把这个邻域范围称为支持窗，从而把比较两个像素的匹配程度转换为比较两个像素支持窗的图像块相似性，这样能更加准确地衡量两个像素在图像上表现出来的差异。这也是目前在双目立体匹配中匹配代价计算的基本思路。

在具体计算时，可采用以下方法：计算支持窗中对应像素的绝对差值和或者差值二次方和；计算两个图像块之间的互相关性；利用支持窗中图像灰度值概率分布的信息，基于互信息计算匹配代价。假设候选视差范围为 $[d_{\min}, d_{\max}]$，则对左图像中任意一个像素点，可以根据候选视差计算出 $(d_{\max} - d_{\min} + 1)$ 个代价值。如果图像的宽和高分别为 W 和 H，那么总共会得到 $W \times H \times (d_{\max} - d_{\min} + 1)$ 个代价值。所有这些代价值可以存储到一个立方体中，这就是代价立方体，如图 8-5 所示，代价立方体中的每个点都存储一个像素在某个候选视差下的代价。

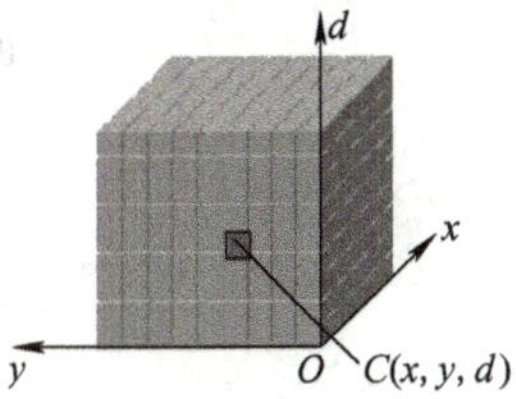

图 8-5 代价立方体，$C(x,y,d)$ 为像素 (x,y) 在候选视差 d 下的代价

通过支持窗计算匹配代价的方法假设处于窗口内的像素具有相同的视差值，而实际情况通常并非如此。并且由于只考虑了局部信息，这种方法对于弱纹理或重复纹理区域比较敏感，也容易受到图像噪声或遮挡的影响。这些因素往往导致对应点的匹配代价值并非最小。不过由于图像上的像素通常与其周围的像素属于同一个物体上的连续区域，这使得一个像素会和其周围的部分像素有相近的匹配情况，因此一个像素的匹配可以用其周围其他像素的匹配情况进行约束。

代价聚合则会建立邻接像素之间的联系，它以一定的准则对代价矩阵进行全局优化。每个像素在某个视差下的代价值都会根据其相邻像素在同一视差值或者附近视差值下的代价值来重新计算，其目的是让代价值能够准确反映像素之间的相关性。有一些研究工作寻找了与中心像素具有相同视差的像素，在离中心像素较近的区域内，如果一个像素的灰度值与中心像素的灰度值相近，便认为该像素与中心像素的视差相同，在聚合时也只累加上这部分具有相同视差的像素的匹配代价；另一些研究工作选取了一个固定大小的矩形聚合窗口，在对窗口内各个像素的匹配代价进行累加时都附加上一个权重，该权重表示该像素与中心像素具有相同视差的可能性大小；还有一部分工作在将左图像中的区域映射到右图像时，会找到该区域所在真实三维空间中的平面法向量，再根据平面法向量进行映射。经过代价聚合后，会得到能够准确反映像素之间相关性的新的代价立方体。

使用经过代价聚合之后的代价立方体来确定每个像素的最优视差值时，通常使用赢家通吃算法来计算，即某个像素的所有视差下的代价值中，选择最小代价值所对应的视差作为最优视差。

视差优化的目的是对得到的视差图进一步优化，以改善视差图的质量，包括剔除错误视差、适当平滑以及亚像素精度优化等步骤。一般采用左右一致性检查来剔除因为遮挡和噪声而导致的错误视差，其原理是对于左图像中的某个像素 p，其找到的匹配像素为右图像中的像素 q，则反过来像素 q 找到的匹配像素也应该为 p，如果不是则视为错误匹配；采用剔除小连通区域算法来剔除孤立异常点；采用中值滤波、双边滤波等平滑算法对视差图进行平滑。另外还有一些有效提高视差图质量的方法，如鲁棒平面拟合、亮度一致性约束和局部一致性约束等也常被使用。

上述方法所得到的视差值具有整像素精度，为了获得更高的亚像素精度，需要对视差值进行进一步的亚像素细化，常用的亚像素细化方法是一元二次曲线拟合法，通过最优视差下的代价值以及左右两个视差下的代价值来拟合一条一元二次曲线，取二次曲线的极小值点所对应的视差值为亚像素视差值，如图 8-6 所示。

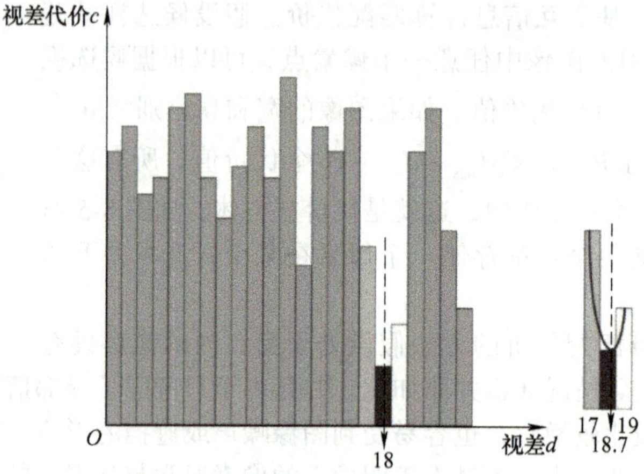

图 8-6　亚像素视差值的拟合

利用多视角立体匹配确定三维点云后，为了消除不同视角之间的误差和偏差，获得完整且准确的三维物体结构，需要将不同视角的点云进行融合配准，这通常采用迭代最近邻算法（Iterative Closest Point，ICP）来实现。

点云融合配准的任务是：假设 $\boldsymbol{P}^s$ 和 $\boldsymbol{P}^t$ 分别为源点云和目标点云，想要完成的目标是找到这两个点云之间的刚体变换 $\boldsymbol{R}$ 和 $\boldsymbol{t}$，然后使源点云 $\boldsymbol{P}^s$ 经过 $\boldsymbol{R}$ 和 $\boldsymbol{t}$ 变换后与目标点云 $\boldsymbol{P}^t$ 尽可能地重合。这个问题可以描述为

$$E(\boldsymbol{R},\boldsymbol{t}) = \arg\min_{\boldsymbol{R},\boldsymbol{t}} \sum_{i=1}^{n} \left\| \boldsymbol{p}_i^t - (\boldsymbol{R}\boldsymbol{p}_i^s + \boldsymbol{t}) \right\|^2 \tag{8-30}$$

式中，$\boldsymbol{p}_i^s$ 和 $\boldsymbol{p}_i^t$ 分别为点云 $\boldsymbol{P}^s$ 和 $\boldsymbol{P}^t$ 中的点；n 为源点云中的总点数。

式（8-30）是一个最小二乘问题，比较常见的线性代数求解算法为 SVD 方法。

首先分别定义源点云和目标点云的质心为

$$\begin{aligned} \boldsymbol{p}_\mu^s &= \frac{1}{n}\sum_{i=1}^{n}\boldsymbol{p}_i^s \\ \boldsymbol{p}_\mu^t &= \frac{1}{n}\sum_{i=1}^{n}\boldsymbol{p}_i^t \end{aligned} \tag{8-31}$$

那么就有

$$\begin{aligned}\sum_{i=1}^{n}\left\|\boldsymbol{p}_i^t-(\boldsymbol{R}\boldsymbol{p}_i^s+\boldsymbol{t})\right\|^2 &= \sum_{i=1}^{n}\left\|\boldsymbol{p}_i^t-\boldsymbol{R}\boldsymbol{p}_i^s-\boldsymbol{t}-\boldsymbol{p}_\mu^t+\boldsymbol{R}\boldsymbol{p}_\mu^s+\boldsymbol{p}_\mu^t-\boldsymbol{R}\boldsymbol{p}_\mu^s\right\|^2 \\ &= \sum_{i=1}^{n}\left\|\boldsymbol{p}_i^t-\boldsymbol{p}_\mu^t-\boldsymbol{R}(\boldsymbol{p}_i^s-\boldsymbol{p}_\mu^s)+(\boldsymbol{p}_\mu^t-\boldsymbol{R}\boldsymbol{p}_\mu^s-\boldsymbol{t})\right\|^2 \\ &= \sum_{i=1}^{n}\left[\left\|\boldsymbol{p}_i^t-\boldsymbol{p}_\mu^t-\boldsymbol{R}(\boldsymbol{p}_i^s-\boldsymbol{p}_\mu^s)\right\|^2+\left\|\boldsymbol{p}_\mu^t-\boldsymbol{R}\boldsymbol{p}_\mu^s-\boldsymbol{t}\right\|^2\right]+ \\ &\quad \sum_{i=1}^{n}[\boldsymbol{p}_i^t-\boldsymbol{p}_\mu^t-\boldsymbol{R}(\boldsymbol{p}_i^s-\boldsymbol{p}_\mu^s)]^{\mathrm{T}}(\boldsymbol{p}_\mu^t-\boldsymbol{R}\boldsymbol{p}_\mu^s-\boldsymbol{t})\end{aligned} \tag{8-32}$$

对最后一项进行化简，可以发现这一项在求和之后为零，因为 $\sum_{i=1}^{n}\boldsymbol{p}_i^t=\sum_{i=1}^{n}\boldsymbol{p}_\mu^t$，$\sum_{i=1}^{n}\boldsymbol{p}_i^s=\sum_{i=1}^{n}\boldsymbol{p}_\mu^s$，所以目标优化函数可以简化为

$$E(\boldsymbol{R},\boldsymbol{t})=\arg\min_{\boldsymbol{R},\boldsymbol{t}}\sum_{i=1}^{n}\left[\left\|\boldsymbol{p}_i^t-\boldsymbol{p}_\mu^t-\boldsymbol{R}(\boldsymbol{p}_i^s-\boldsymbol{p}_\mu^s)\right\|^2+\left\|\boldsymbol{p}_\mu^t-\boldsymbol{R}\boldsymbol{p}_\mu^s-\boldsymbol{t}\right\|^2\right] \tag{8-33}$$

观察式（8-33）可以发现，第一项只与旋转矩阵 $\boldsymbol{R}$ 相关，而第二项既有旋转矩阵 $\boldsymbol{R}$ 也有平移向量 $\boldsymbol{t}$。因此，只要获得能够使第一项最小的旋转矩阵 $\boldsymbol{R}$，就能由第二项为零的约束获得平移向量 $\boldsymbol{t}$。

首先将点云去中心化，即 $\tilde{\boldsymbol{p}}_i^s=\boldsymbol{p}_i^s-\boldsymbol{p}_\mu^s$，$\tilde{\boldsymbol{p}}_i^t=\boldsymbol{p}_i^t-\boldsymbol{p}_\mu^t$。那么关于旋转矩阵 $\boldsymbol{R}$ 的最优化问题可以写为

$$\boldsymbol{R}^*=\arg\min_{\boldsymbol{R}}\sum_{i=1}^{n}[(\tilde{\boldsymbol{p}}_i^s)^{\mathrm{T}}\tilde{\boldsymbol{p}}_i^s+(\tilde{\boldsymbol{p}}_i^s)^{\mathrm{T}}\boldsymbol{R}^{\mathrm{T}}\boldsymbol{R}\tilde{\boldsymbol{p}}_i^s-2(\tilde{\boldsymbol{p}}_i^t)^{\mathrm{T}}\boldsymbol{R}\tilde{\boldsymbol{p}}_i^s] \tag{8-34}$$

因为 $\boldsymbol{R}^{\mathrm{T}}\boldsymbol{R}=\boldsymbol{I}$，$\boldsymbol{I}$ 为单位矩阵，前两项与旋转矩阵 $\boldsymbol{R}$ 无关，因此有

$$\boldsymbol{R}^*=\arg\min_{\boldsymbol{R}}\sum_{i=1}^{n}[-(\tilde{\boldsymbol{p}}_i^t)^{\mathrm{T}}\boldsymbol{R}\tilde{\boldsymbol{p}}_i^s] \tag{8-35}$$

此时目标优化函数变为

$$\sum_{i=1}^{n}[-(\tilde{\boldsymbol{p}}_i^t)^{\mathrm{T}}\boldsymbol{R}\tilde{\boldsymbol{p}}_i^s]=-\mathrm{tr}\left[\boldsymbol{R}\sum_{i=1}^{n}\tilde{\boldsymbol{p}}_i^s(\tilde{\boldsymbol{p}}_i^t)^{\mathrm{T}}\right] \tag{8-36}$$

定义矩阵

$$\boldsymbol{H}=\sum_{i=1}^{n}\tilde{\boldsymbol{p}}_i^s(\tilde{\boldsymbol{p}}_i^t)^{\mathrm{T}} \tag{8-37}$$

对其进行 SVD 分解可得

$$\boldsymbol{H}=\boldsymbol{U}\boldsymbol{\Sigma}\boldsymbol{V}^{\mathrm{T}} \tag{8-38}$$

式中，$\boldsymbol{\Sigma}$ 为奇异值组成的对角矩阵，对角元素从大到小排列；$\boldsymbol{U}$ 和 $\boldsymbol{V}$ 为正交矩阵。由此可得

$$\mathrm{tr}\left[\boldsymbol{R}\sum_{i=1}^{n}\tilde{\boldsymbol{p}}_i^s(\tilde{\boldsymbol{p}}_i^t)^{\mathrm{T}}\right]=\mathrm{tr}(\boldsymbol{RU\Sigma V}^{\mathrm{T}})=\mathrm{tr}(\boldsymbol{\Sigma V}^{\mathrm{T}}\boldsymbol{RU}) \tag{8-39}$$

记 $\boldsymbol{M}=\boldsymbol{V}^{\mathrm{T}}\boldsymbol{RU}$，则 $\mathrm{tr}(\boldsymbol{\Sigma M})=\sum_{i=1}^{3}\boldsymbol{\Sigma}_{ii}\boldsymbol{M}_{ii}$。由于 $\boldsymbol{V}^{\mathrm{T}}\boldsymbol{RU}$ 为正交矩阵，因此当 $\boldsymbol{M}$ 为单位矩阵时，式（8-39）有最大值，因此 $\boldsymbol{R}^*=\boldsymbol{VU}^{\mathrm{T}}$。然后令 $\boldsymbol{p}_\mu^t-\boldsymbol{R}\boldsymbol{p}_\mu^s-\boldsymbol{t}=0$，可得平移向量 $\boldsymbol{t}^*=\boldsymbol{p}_\mu^t-\boldsymbol{R}^*\boldsymbol{p}_\mu^s$。

8.3.3 基于深度学习的三维重建

基于深度学习的方法被广泛地应用在三维重建上。本节介绍一种经典的基于深度学习的三维重建方法——MVSNet。

基于 MVSNet 的深度图估计步骤如下：深度特征提取，构造匹配代价，代价累计，深度估计，深度图优化。图 8-7 所示为 MVSNet 的整体网络框架。网络输入为 1 张参考图像和 N 张源图像（从其他视角观察同一物体的图像），以及每张图像对应的摄像机内参数和外参数。输出为参考图像的深度图。在该框架中，首先对输入的二维图像进行特征提取得到特征图；再通过可微分的单应变换将源图像的特征图转换到参考图像，并利用特征的匹配来构建三维代价体；然后使用三维卷积对代价体进行正则化，回归得到初始的深度图；最后优化初始的深度图，得到最后的深度图。

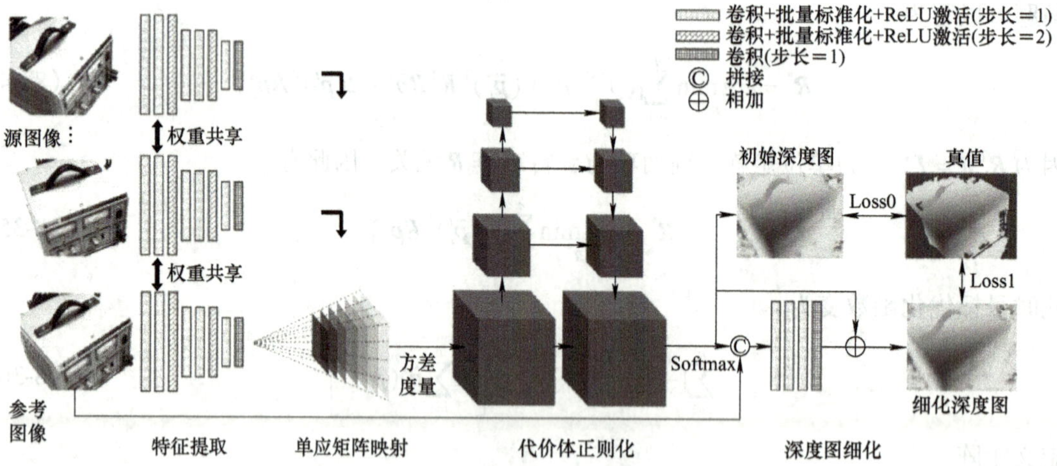

图 8-7 MVSNet 的整体网络框架

第一步，MVSNet 使用 8 层卷积网络从图像中提取更深层的图像特征表示。其输入为 N 张 3 通道（RGB）的图像，其宽和高为 W 和 H，经过 8 层卷积，输出为 N 组 32 通道特征图，每个通道的尺度为 $\frac{H}{4}\times\frac{W}{4}$。这些深度特征图将被用于密集匹配。其中第 3 层和第 6 层的步长设置为 2，以便将特征金字塔分成三个尺度。在每个尺度内，应用两个卷积层来提取更高级别的图像表示。除了最后一层，每个卷积层之后是批量标准化（BN）层和非线性激活单元 ReLU，参数可在所有特征层之间共享，以实现高效学习。

第二步，用提取的特征图和输入的摄像机内参数构建三维代价体。记 I 为参考图像，$\{I_i\}_{i=1}^N$ 为源图像，$\{\boldsymbol{K}_i,\boldsymbol{R}_i,\boldsymbol{t}_i\}_{i=1}^N$ 为对应源图像的摄像机内参数、旋转矩阵与平移向量。每个源图像的特征图通过一系列单应矩阵映射到参考图像摄像机坐标系下的一系列不同深度的平行平面中（见图 8-7 中的视锥体），形成 N 个特征体。第 i 个源图像到参考图像摄像机坐标系下深度为 d 的平行平面的单应变换矩阵 $\boldsymbol{H}_i(d)$ 可表示为

$$\boldsymbol{H}_i(d)=\boldsymbol{K}_i\boldsymbol{R}_i\left[I-\frac{1}{d}(\boldsymbol{t}-\boldsymbol{t}_i)\boldsymbol{n}^{\mathrm{T}}\right]\boldsymbol{R}^{\mathrm{T}}\boldsymbol{K}^{\mathrm{T}} \tag{8-40}$$

式中，$\boldsymbol{n}$ 为参考图像摄像机的主轴方向；$\boldsymbol{K}$、$(\boldsymbol{R},\boldsymbol{t})$ 分别为参考图像摄像机的内外参数；d 为深度值。

d 在 $[d_{\min},d_{\max}]$ 范围内均匀采样。该单应性矩阵是完全可微分的。这样就可以获得 N 个源图像的特征体 $\{V_i\}_{i=1}^N$。

对于 N 个源图像的特征体 $\{V_i\}_{i=1}^N$，基于多视图一致性准则，可通过计算方差将其聚合为一个匹配代价体 C。方差度量了多视图之间的特征差异，方差越小，说明在该深度上的置信度越高。匹配代价体可表示为

$$C=M(V_1,\cdots,V_N)=\frac{\sum_{i=1}^{N}(V_i-\bar{V}_i)^2}{N} \tag{8-41}$$

式中，$\bar{V}_i$ 为所有特征体的平均。

1. 代价体的正则化

从图像特征计算出的原始代价体可能会受到噪声污染，如由于存在非朗伯曲面或物体遮挡而产生的噪声。为了提升估计的精度，必须对代价体进行正则化，并通过正则化将代价体转化为一个概率立方体 P。概率立方体中的每个点存储一个像素的深度为某个候选深度值的概率。概率立方体在深度图推断中不仅可以估计每个像素的深度，还可用于测量估计的置信度，确定深度重建的质量。

如图 8-7 所示，使用一个多尺度的 3D-CNN 网络实现代价体正则化。4 个尺度的网络类似于三维版本的 U-Net，其使用编码器 – 解码器的结构，以相对较小的存储和计算代价在一个大的感受野范围内进行邻域信息聚合。为了减轻网络的计算代价，在第一个三维卷积层后，将 32 通道的代价体缩减为 8 通道，并将每个尺度的卷积从 3 层降为 2 层，最后卷积层的输出为 1 通道的代价体。最终在深度方向上使用 Softmax 操作进行概率值的归一化。

2. 估计初始深度图

估计初始深度图的最简单方式是从概率立方体 P 中直接使用赢家通吃算法获得，如采用 Argmax 运算。然而，Argmax 运算不能产生亚像素估计，且由于其具有不可微分性，不能用反向传播训练，因此沿深度方向计算期望值即为

$$D=\sum_{d=d_{\min}}^{d_{\max}} dP(d) \tag{8-42}$$

式中，$P(d)$ 为所有像素在深度 d 处的概率估计。它是完全可微分的，并且能够近似 Argmax 运算的结果。这里的期望值能够产生连续的深度估计。

3. 细化深度图

虽然从概率立方体中检索到的深度图是一个合格的输出，但由于正则化过程中涉及的感受野较大，重建的边界可能会过度平滑。注意到自然场景中的参考图像包含边界信息，因此使用参考图像作为指导来细化深度图。如图 8-7 所示，在 MVSNet 的末端应用深度残差学习网络，将初始深度图和调整大小后的参考图像连接为 4 通道输入，然后通过三个 32 通道的二维卷积层和一个 1 通道的卷积层来学习深度残差，然后将初始深度图添加上残差来生成精细的深度图。最后一个卷积层不包含 BN 层和 ReLU 单元，以便于学习负残差。此外，为了防止在某个深度尺度上出现偏差，应将初始深度的幅度预缩放到范围 [0，1]，并在细化后将其转换回来。

4. 损失函数

模型同时考虑了初始深度图和精细深度图的损失，并使用真实深度图和估计深度图之间的 L1 损失作为训练损失。考虑到真实深度图中并不是每个像素点都存在值，因此只考虑那些有效的像素，即存在 Ground truth 标签的像素。损失函数为

$$Loss=\sum_{p\in p_{\text{valid}}} \underbrace{\left\|d(p)-\hat{d}_i(p)\right\|_1}_{\text{Loss}} + \lambda \cdot \underbrace{\left\|d(p)-\hat{d}_r(p)\right\|_1}_{\text{Loss1}} \tag{8-43}$$

式中，p_{valid} 为有效的真实像素集；$d(p)$ 为像素 p 的真实深度值；$\hat{d}_i(p)$ 为估计得到的初始深度值；$\hat{d}_r(p)$ 为细化后的深度值。

图 8-8 所示为 DTU 数据集中的一幅图像的点云重建结果。

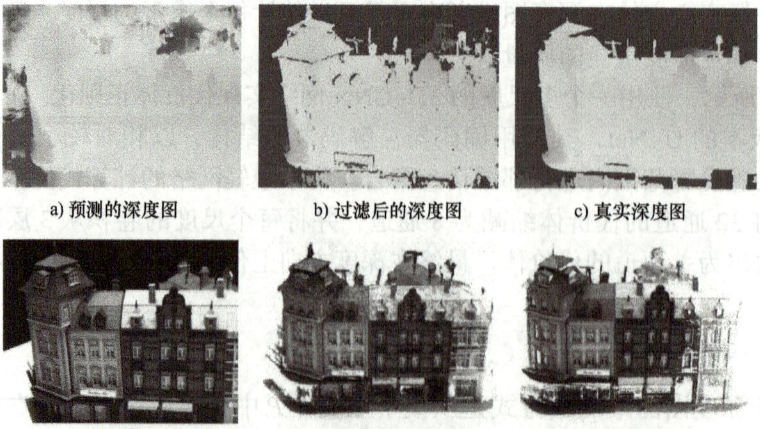

a) 预测的深度图　b) 过滤后的深度图　c) 真实深度图

d) 参考图像　e) 融合点云　f) 真实点云

图 8-8　点云重建结果

8.4　其他三维重建技术

除了基于立体视觉的三维重建，面向不同的应用场景，研究者提出了不同的三维重建技术，包括结构光、激光扫描和光度立体重建等。

8.4.1　结构光

基于双目立体视觉的三维重建对环境的光照强度比较敏感，且比较依赖图像本身的特征，因此在光照不足、缺乏纹理等情况下很难提取到有效鲁棒的特征，从而导致匹配误差增大甚至匹配失败。结构光是一类常用的由主动传感器直接获取深度图的方法。结构光不依赖物体本身的颜色和纹理，而是通过向物体表面主动投影已知模式的结构光图案来实现快速鲁棒的特征点匹配，由此达到较高的精度，并大大扩展了适用范围。当前，很多三维扫描仪和三维摄像机都是基于结构光的系统。

一个结构光三维重建系统通常由一个摄像机和一个投影仪组成，它们与被观察的物体构成了一个三角形。由投影仪向物体表面投射已知模式的结构光图案，处于不同角度的摄像机同步捕捉经过物体表面调制后的结构光图案，然后对捕获的模式图像进行解码，并与投射模式特征量匹配，最终找出各个对应点。如果把投影仪当作一个摄像机来使用，则摄像机和投影仪就构成了一个双目立体视觉系统，在对摄像机 - 投影仪系统进行标定后，就可以利用立体视觉重建方法实现物体表面的重建。

还有一些结构光三维重建系统由两个摄像机和一个投影仪组成，称为双目结构光三维重建系统。这些系统通过分析投影到物体表面的结构光图案在两个不同视角下的图像，并利用立体视觉重建方法来重建物体的三维形状。

在实际应用中，基于结构光的三维重建系统通常使用相移法。相移法对被测物体投射不同相位的结构光，然后通过解码不同相位下的调制图像来获取物体表面的三维信息。如图 8-9 所示，结构光系统投射 N 步相移条纹来主动标记区域。假设 N 步相移生成第 k 幅条纹图像的相移公式为

$$I_{\mathrm{k}}(x,y)=A(x,y)+B(x,y)\cos[\varphi(x,y)+\Delta\varphi_{\mathrm{k}}] \tag{8-44}$$

式中，A 为背景光强；B 为调制光强；$\varphi(x,y)$ 为 (x,y) 处的相位值；$\Delta\varphi_{\mathrm{k}}$ 为相移值。

由此，四步相移的相位位移分别为 0、$\frac{\pi}{2}$、π、$\frac{3\pi}{2}$，对应的条纹图案分别为

$$\begin{cases} I_0(x,y)=A(x,y)+B(x,y)\cos\varphi(x,y) \\ I_1(x,y)=A(x,y)-B(x,y)\sin\varphi(x,y) \\ I_2(x,y)=A(x,y)-B(x,y)\cos\varphi(x,y) \\ I_3(x,y)=A(x,y)+B(x,y)\sin\varphi(x,y) \end{cases} \tag{8-45}$$

联立式（8-45），得到像素 (x,y) 的相位值为

$$\varphi(x,y)=\arctan\left(\frac{I_3-I_1}{I_0-I_2}\right) \tag{8-46}$$

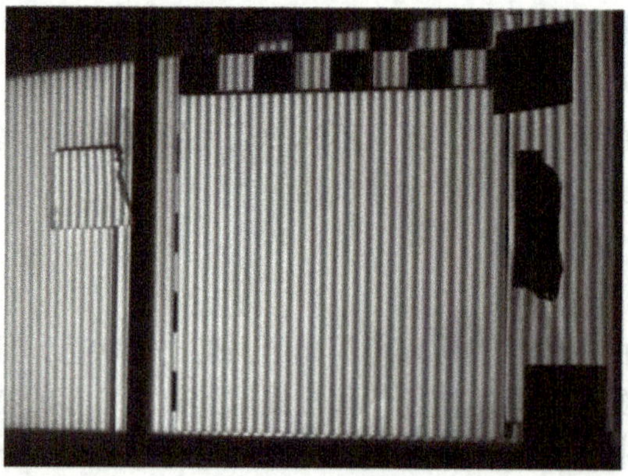

图 8-9 投射 N 步相移条纹

这里所求的相位为被限制在 $(-\pi,\pi)$ 的包裹相位。因为在求解过程中丢弃了整数倍的 2π 相位，所以当一幅图像中的条纹超出一个周期时，就无法求出 (x,y) 处的准确相位。人们通常利用格雷码来进行相位展开，得到唯一的相位值。通过投影格雷码，可以计算出每一个像素的阶次 k，阶次反映的是当前像素在第几个周期。利用阶次可以计算出绝对相位为

$$\phi=\varphi+2k\pi \tag{8-47}$$

绝对相位在每一行中是唯一的。通过归一化，可将相位值的取值范围变成 0 ～ 1。知道当前像素的相位值后，就能知道当前像素在投影仪中的哪一列，并可实现捕获的模式图像与投射模式的特征匹配，进而可以通过三角测量计算出每个特征点在三维空间中的位置。这些点构成了物体表面的三维点云。图 8-10 所示为基于结构光的三维重建效果。

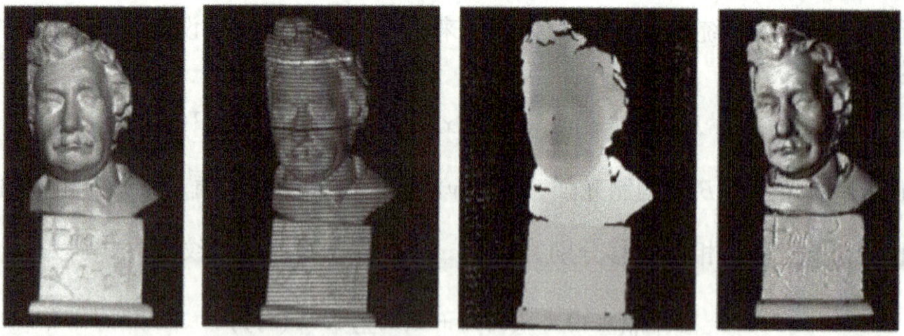

a) 待重建的物体　b) 结构光的条纹图　c) 深度图　d) 重建的三维模型

图 8-10 基于结构光的三维重建效果

8.4.2 激光扫描

激光扫描是一种高精度地获取深度和三维信息的方法，其通常借助激光扫描仪等专用设备来实现。激光扫描仪是一种利用激光束测距的设备，其基本原理是利用激光束照射目标物体表面，通过测量激光反射或回波的时间、相位等信息来计算目标物体

表面点到激光扫描仪的距离。这样就可以获取目标物体表面的三维坐标信息，形成点云数据。

激光扫描的主要工作过程包括：激光束发射与照射，激光束反射与检测，数据处理与点云生成。激光扫描仪首先通过激光器产生激光束，激光束经过一组镜头或反射器，被调整为并行光束。这些光束被发射到目标物体表面，形成扫描区域。激光束照射到目标物体表面后，被目标物体的表面反射。激光扫描仪搭载光电元器件，用于接收反射光。通过测量反射光的时间、相位差或频率，可以计算出激光束的传播距离。激光扫描仪收集到的距离信息会被传输到计算机中处理。通过对这些距离数据的处理，可以得到目标表面的三维坐标。多个扫描位置的数据汇聚，可以形成完整的三维点云。

激光扫描仪的核心在于其激光测距的精度。高精度的激光测距通常采用飞行时间法或相位差法，以确保在不同场景下都能获取准确的距离信息。现代激光扫描仪具备快速扫描的能力，能够在短时间内覆盖大范围并获取高密度的点云数据，且受气候变化等环境因素的影响较小，这对于需要大量数据支持的应用尤为重要。得益于计算机算力的提升，激光扫描仪在数据处理上有了更高的效率，且先进的算法可以快速、精确地处理海量的点云数据，生成高质量的三维模型。

基于激光扫描的三维重建在科学研究和实际应用中展现了强大的潜力。在地理测绘和城市规划方面，利用飞行器或地面扫描仪可获取大范围地区的地形和建筑物信息，为城市规划提供详实的数据。在文化遗产保护方面，激光扫描能够高精度地记录文物的形状和细节。在工业制造方面，激光扫描被广泛应用于产品设计和质量检测，通过快速获取产品的三维形状，实现数字化制造和高效质检。激光扫描具有高精度、高效率的特点，在未来的数字化发展中将发挥更加重要的作用。 157

8.4.3　光度立体重建

光度立体（Photometric Stereo，PS）重建利用不同照明条件下相同视点获得的多幅图像来重建物体的三维形状。这种方法利用物体表面的光照变化来推断其几何信息及反射性质。在最基本的情形下，最少需要三个光照方向照射下的物体的图像。大量的研究以各种方式拓展了光度立体重建，例如，减弱对照明、表面反射率和摄像机位置的约束，或创建不同类型的局部表面估计。这些研究使得这一技术得到了极大的发展与应用。

早期的 PS 重建有三个假设：

1）摄像机的投影是正交投影，则物体表面上的点 (x,y,z) 对应于图像上的点 (x,y) 。

2）入射光由远处的单一点光源发出，此时该光源照射到物体表面每一点的入射光方向与强度一致。

3）物体表面具有 Lambertian 反射特性，即对入射光产生漫反射，且在每个方向上的反射光强一致。

在以上三个假设下，对于如图 8-11 所示的情景，取物体表面上任意一点，根据辐射度量学的相关知识可得其图像的像素值为

$$c = \rho L\cos(\theta) = \rho L(\boldsymbol{n},\boldsymbol{i}) \tag{8-48}$$

式中，c 为图像灰度值；$\rho \in [0,1]$ 为曲面的漫反射率；L 为光源的强度，可用常量 1 表示；

θ为入射光与曲面法向量的夹角；$\boldsymbol{n}$、$\boldsymbol{i}$、$\boldsymbol{v}$为单位向量，分别表示曲面法向量、入射光方向、摄像机拍摄方向。

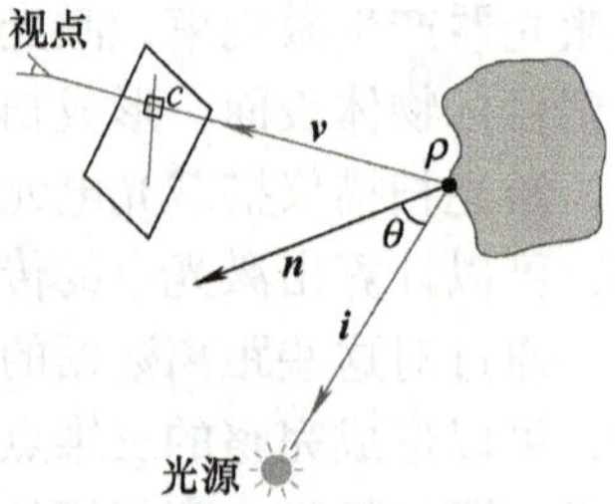

图 8-11　物体表面反射示意图

于是，在物体和摄像机都不动的情况下，可利用物体表面同一点在三道不共面入射光照射下的灰度值，将法向量和反射率求解出来。

设三道入射光向量所构成的矩阵为$\boldsymbol{I}=(\boldsymbol{i}_1 \quad \boldsymbol{i}_2 \quad \boldsymbol{i}_3)^{\mathrm{T}}$，对应像素值所构成的向量为$\boldsymbol{c}=(c_1 \quad c_2 \quad c_3)^{\mathrm{T}}$，由式（8-48）可得

$$\boldsymbol{c}=\rho\boldsymbol{I}\boldsymbol{n} \tag{8-49}$$

因为三道入射光不共面，所以$\boldsymbol{I}$可逆，于是有

$$\rho\boldsymbol{n}=\boldsymbol{I}^{-1}\boldsymbol{c} \tag{8-50}$$

注意到法向量的长度为 1，所以对式（8-50）两边同时求向量的长度，得

$$\begin{aligned}\rho &= \|\boldsymbol{I}^{-1}\boldsymbol{c}\| \\ \boldsymbol{n} &= \left(\frac{1}{\rho}\right)\boldsymbol{I}^{-1}\boldsymbol{c}\end{aligned} \tag{8-51}$$

在光源照射物体表面时，有可能产生阴影，无法保证每一点均被三个方向的光照亮。同时，为减弱数据噪声，通常会使光源从更多方向照亮物体。设有$N \geqslant 3$个入射光方向，即$\boldsymbol{I}=(\boldsymbol{i}_1 \quad \boldsymbol{i}_2 \quad \cdots \quad \boldsymbol{i}_N)^{\mathrm{T}}$，此时$\boldsymbol{c}=(c_1 \quad c_2 \quad \cdots \quad c_N)^{\mathrm{T}}=\rho\boldsymbol{I}\boldsymbol{n}$，则

$$\begin{aligned}\rho &= \|(\boldsymbol{I}^{\mathrm{T}}\boldsymbol{I})^{-1}\boldsymbol{I}^{\mathrm{T}}\boldsymbol{c}\| \\ \boldsymbol{n} &= \left(\frac{1}{\rho}\right)(\boldsymbol{I}^{\mathrm{T}}\boldsymbol{I})^{-1}\boldsymbol{I}^{\mathrm{T}}\boldsymbol{c}\end{aligned} \tag{8-52}$$

由此可以看出，使用光度立体重建的前提是进行光源方向标定，一种可行的方法是在场景中放入一个铬球，并使用不同方向的光源照射成像，通过铬球上最亮的点来计算光源方向，如图 8-12 所示。

图 8-12 中，铬球的半径为R，球心为B，光源在其左上方，方向为$\boldsymbol{i}$，拍摄方向固定为$\boldsymbol{v}=(0 \quad 0 \quad 1)^{\mathrm{T}}$。此时，假设铬球上最亮的点为$A$，法向量为$\boldsymbol{n}$，且$A$对应的图像点为$A'$，$B$对应的图像点为$B'$，由于摄像机的投影是正交投影，因此有

$$\begin{cases} \overrightarrow{BA} = \left(\overrightarrow{B'A'}, \sqrt{R^2 - \|\overrightarrow{B'A'}\|^2}\right)^{\mathrm{T}} \\ \boldsymbol{n} = \dfrac{\overrightarrow{BA}}{R} \\ \boldsymbol{i} + \boldsymbol{v} = \dfrac{2(\boldsymbol{v} \cdot \boldsymbol{n})\boldsymbol{n}}{\|\boldsymbol{n}\|^2} \end{cases} \tag{8-53}$$

由此可求得光源方向 $\boldsymbol{i}$。

a) 铬球图像

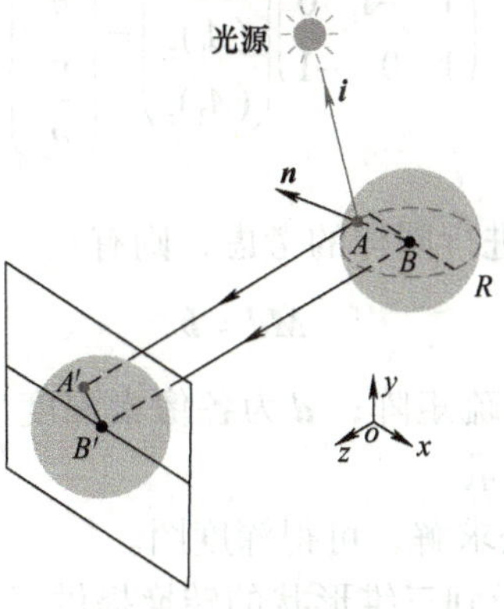

b) 光源方向标定

图 8-12　铬球图像和光源方向标定

1）法向量与反射率求解：对光源方向进行标定后，即可根据式（8-51）求解物体表面的法向量与反射率。

2）深度求解：在求得法向量后，即可估计物体表面的深度。如图 8-13 所示，任取图像上的像素 A' 及其附近水平与垂直间隔 1 像素的两个像素 A_1'、A_2'，并设其对应在三维曲面上的点为 A、A_1、A_2，且 A 点的法向量 $\boldsymbol{n}=(n_x,n_y,n_z)^{\mathrm{T}}$。

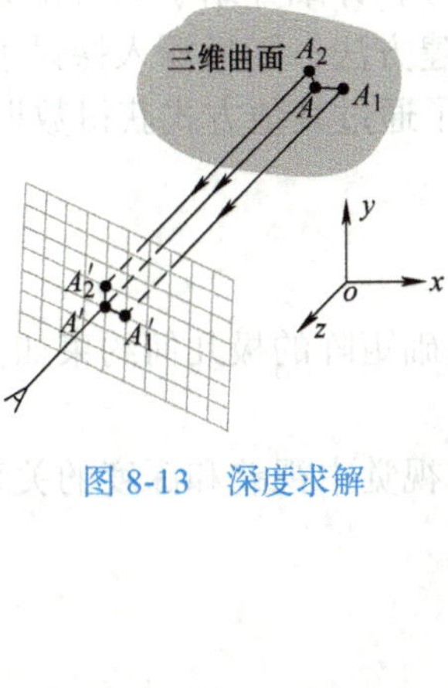

图 8-13　深度求解

于是有

$$\begin{cases}\overrightarrow{AA_1}=(\overrightarrow{A'A_1'},(A_1)_z-A_z)=(1,0,(A_1)_z-A_z)\\\overrightarrow{AA_2}=(\overrightarrow{A'A_2'},(A_2)_z-A_z)=(0,1,(A_2)_z-A_z)\end{cases} \tag{8-54}$$

式中，A_z 为点 A 的深度。

由于物体表面局部近似为平面，因此法向量 $\boldsymbol{n}$ 与 $\overrightarrow{AA_1}$ 和 $\overrightarrow{AA_2}$ 正交，得

$$\begin{cases}n_x+n_z[(A_1)_z-A_z]=0\\n_y+n_z[(A_2)_z-A_z]=0\end{cases} \tag{8-55}$$

若 $n_z=0$，则 $n_x=n_y=0$，与 $\|\boldsymbol{n}\|=1$ 矛盾，所以 $n_z\neq 0$。式两边同时除以 n_z，整理得

$$\begin{pmatrix}1 & -1 & 0\\1 & 0 & -1\end{pmatrix}\begin{pmatrix}A_z\\(A_1)_z\\(A_2)_z\end{pmatrix}=\begin{pmatrix}\dfrac{n_x}{n_z}\\\dfrac{n_y}{n_z}\end{pmatrix} \tag{8-56}$$

对所有的 m 个有效像素点进行同样的考虑，则有

$$\boldsymbol{Md}=\boldsymbol{b} \tag{8-57}$$

式中，$\boldsymbol{M}$ 为一个 $2m\times m$ 维的稀疏矩阵；$\boldsymbol{d}$ 为各像素深度坐标构成的 m 维向量；$\boldsymbol{b}$ 为由各像素法向量计算而得的 $2m$ 维向量。

对式（8-57）用最小二乘法求解，可得深度图。

光度立体重建为从二维图像到三维形状的转换提供了一种工具，与一般重建粗糙几何形状的三维重建方法相比，光度立体重建可以获得更精细的局部重建，具有高精度与高灵活性的优势，特别适用于物体表面细节的精确重建。然而，该方法通常受限于图像的捕获方式、特定的光照条件和物体表面反射模型等因素。但经过多年的发展，光度立体重建已经得到了极大的扩展与提升，这一方法也将会在未来得到更广泛的应用和进一步的发展。

本章小结

本章首先介绍了三维重建的目的和关键任务，并简要列举了三维重建的应用场景。接着，本章围绕多视角三维重建任务，详细介绍了双目视觉立体匹配的相关理论知识以及经典的从运动中恢复结构的三维重建方法，随后深入探讨了经典的基于深度学习的三维重建方法 MVSNet。最后，本章介绍了通过其他方式获得数据并完成三维重建的技术和方法。

思考题与习题

8-1 什么是极几何约束？基础矩阵的极几何约束如何表示？

8-2 如何求基础矩阵？

8-3 什么是视差？双目立体视觉中视差和深度的关系如何表示？

8-4　简述基于 SFM 的三维重建的原理。

8-5　简述基于多目立体视觉（MVS）的三维重建过程。

8-6　拍摄两幅不同视角下的图像，并根据双目视觉估计基本矩阵，并得到稀疏的三维点云。

8-7　利用 MVSNet 模型完成多视角三维重建测试实验。

参考文献

[1] BESL P J，MCKAY N D. A Method for Registration of 3-D Shapes[J]. IEEE Transactions on Pattern Analysis and Machine Intelligence，1992，14（2）：239–256.

[2] ARUN K S，HUANG T S，BLOSTEIN S D. Least-Squares Fitting of Two 3-D Point Sets[J]. IEEE Transactions on Pattern Analysis and Machine Intelligence，1987，9：698–700.

[3] YAO Y，LUO Z，LI S，et al. MVSNet：Depth Inference for Unstructured Multi-view Stereo[C]//The European Conference on Computer Vision. Cham：Springer，2018：767–783.

[4] WOODHAM R J. Photometric Method for Determining Surface Orientation from Multiple Images[J]. Optical Engineering，1980，19（1）：139–144.

第 9 章　运动分析

导读

运动分析是高级计算机视觉技术的一个重要研究方向，主要利用视频序列等视觉信号研究运动物体的感知、建模、理解和预测等，在视频监控、人机交互、行为分析和体育运动等多个领域具有重要应用。本章将介绍基本的运动分析方法，包括时间差分方法、背景减除法和光流法等，重点介绍这些方法的原理及算法实现。通过本章的学习，读者可掌握运动分析的基本技术，并能根据应用需求运用这些运动分析技术解决一些实际问题。

本章知识点

- 运动分析简介
- 时间差分方法
- 背景减除法
- 光流法

9.1　运动分析简介

现实世界是一个复杂且动态变化的系统，为适应环境，人类视觉系统经过长期的进化，具有非常强大的动态感知能力，对于物体的运动和变化非常敏感，很容易察觉细微的运动行为。因此，使计算机视觉系统具有运动感知和分析能力，是计算机视觉领域一直以来努力的方向。利用运动分析，可从图像或视频序列中获得物体或场景的运动变化信息，从而识别对象行为并理解场景语义，这也是高级计算机视觉的核心任务，在视频监控、人机交互、行为分析和体育运动等多个领域具有重要应用。

目前，运动分析主要包括目标检测、目标跟踪、目标分类、行为理解和语义描述等关键技术，并形成了相对完善的技术体系和框架。图 9-1 所示为运动分析的基本框架。下面对其主要部分进行介绍。

首先，目标检测是运动分析的基础。在这一阶段，计算机视觉系统需要准确地识别出图像或视频中的运动物体，并将其与背景分离开。为了实现这一目标，通常需要采用时间差分、背景减除和光流法等方法，这些方法能够有效地提取出运动物体的轮廓和位置信息。

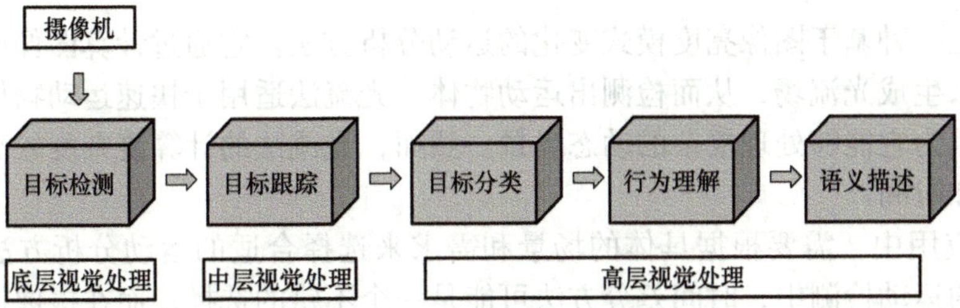

图 9-1　运动分析的基本框架

接下来，目标跟踪是运动分析中的另一个关键环节。在这一阶段，系统需要持续跟踪目标物体的运动轨迹，以便进一步分析其行为和状态。为了实现准确跟踪，通常会采用滤波算法和匹配算法等，这些算法能够在复杂的背景中准确地识别出目标物体，并实时更新其位置信息。

除了目标检测和目标跟踪，目标分类也是运动分析的重要任务之一。在这一阶段，系统需要根据目标物体的运动特征、形状和大小等信息，将其归入不同的类别中。为了实现这一目标，通常会采用机器学习和深度学习等先进技术，这些技术能够通过大量的训练数据，自动提取出目标物体的特征，并将其分入正确的类别中。

此外，行为理解和语义描述也是运动分析的重要部分。在这一阶段，系统需要深入理解目标物体的运动行为，并对其进行语义描述。例如，在智能监控领域，系统可以通过分析行人的运动轨迹，判断其是否存在异常行为；在体育赛事中，系统可以通过分析运动员的运动轨迹和动作，评估其表现水平和比赛结果。

总之，在计算机视觉领域，运动分析发挥着至关重要的作用。它通过目标检测、目标跟踪、目标分类、行为理解和语义描述来获取丰富的运动信息，并面向不同的场景和领域提供技术解决方案和应用途径。

为了更好地理解和应用运动分析，可以从不同的角度对运动分析进行分类：

1）摄像机数目：单摄像机、多摄像机。

2）摄像机是否运动：摄像机静止、摄像机运动。

3）场景中运动目标的数目：单目标、多目标。

4）场景中运动目标的类型：刚体、非刚体。

运动分析主要利用视频图像序列来获取运动信息，其关键在于精准估算视频前后相邻时刻两幅图像中对应像素的变动量，即运动矢量。本章将系统阐述三种基本的运动分析方法，即时间差分方法、背景减除法和光流法，并深入剖析各方法的优劣势，以期在实际应用时选择有效的方法。

时间差分方法是一种简单而有效的运动分析方法。它利用相邻帧之间的像素强度变化来检测运动。通过计算相邻帧之间的像素强度差异，可以生成运动矢量图，从而识别出运动物体的位置和速度。时间差分方法具有简单易实现的特点，适用于静态背景下的运动检测。然而，它对于光照变化和物体颜色变化较为敏感，可能导致误检或漏检。

背景减除法是一种基于背景建模思想的运动分析方法。它通过构建静态背景模型，将当前帧与背景模型进行比较，从而检测出前景运动物体。背景减除法适用于摄像机静止的监控场景。当背景发生变化时（如光线变化或背景物体移动），背景减除法的性能可能会受到影响。

光流法是一种基于图像亮度模式变化的运动分析方法。它通过计算图像中像素的运动速度和方向来生成光流场，从而检测出运动物体。光流法适用于快速运动物体或摄像机运动的场景，因为它能够处理复杂的动态场景。然而，光流法的计算复杂度较高，需要更多的计算资源和时间。

在实际应用中，需要根据具体的场景和需求来选择合适的运动分析方法。例如，在静态背景下的运动检测中，时间差分方法可能是一个不错的选择；而在摄像机静止的监控场景中，背景减除法可能更加适用；对于物体快速运动或摄像机运动的场景，光流法可能是一个更好的选择。当然，运动分析也可以结合多种方法，以提高运动分析的准确性和鲁棒性。

除了上述三种运动分析方法外，还有许多其他的运动分析方法，如基于特征匹配的方法、基于深度学习的方法等。随着计算机视觉技术的不断发展，运动分析方法也在不断演进和创新。因此，需要保持对新技术、新方法的关注和学习，以便更好地根据实际场景需求采用相应的运动分析方法。

9.2 时间差分方法

时间差分方法（Temporal Difference Method）是一种广泛应用于运动分析领域的技术。其核心思想是通过对连续图像帧之间的像素值进行比较，从而检测出运动物体的存在及其运动方向。该方法具有实现简单、计算效率高等特点，在实际应用中得到了广泛的关注。

在详细介绍时间差分方法之前，首先需要理解其基本概念和原理。时间差分方法主要基于这样一个假设：在静态背景下，运动物体的像素值在连续图像帧之间会发生变化，而背景像素值则相对稳定。因此，通过比较相邻图像帧之间的像素值差异，就可以有效地检测出运动物体。

在时间差分方法中，帧间差分法是最基础、最简单的方法，广泛应用于视频监控、人机交互和机器人导航等领域。它的核心思想是将连续的两帧图像直接相减，由此得到的差异图像中的像素值反映了物体的位移情况，即差异图像中像素值不为零的像素的位置存在运动物体。这种方法简单直观，不需要复杂的计算和大量的存储空间，因此在实时性要求较高的应用中具有很大的优势。

然而，直接对原始图像进行差分运算，会对图像中的噪声和光照变化非常敏感。例如，当摄像机受到外部光源的干扰时，图像中会出现大量的噪声，这些噪声会干扰差分运算的结果，导致误检或漏检。此外，帧间差分法也无法处理场景中物体的颜色、纹理等特征的变化，因此在一些复杂场景下可能会失效。

为了克服这些缺点，研究者提出了改进的帧间差分法，如在差分运算前对图像进行预处理。通过对连续的两帧图像进行平滑等预处理，可降低噪声和光照变化对结果的影响，然后再计算预处理后的图像之间的差异。通过这种方式，帧间差分法能够在一定程度上提高检测的准确性，特别是在处理含有噪声或存在光照变化的图像时表现更为稳定。

除了预处理外，帧间差分法还可以结合其他图像处理技术来提高检测效果。例如，可以通过引入背景减除算法来进一步减少背景噪声的干扰；可以通过引入运动矢量场来提取更丰富的运动信息；还可以通过引入机器学习算法来实现对运动物体的自动分类和识别。这些改进和优化使得时间差分方法可以适应不同场景和应用需求。

时间差分方法的关键环节是差图像的计算，即通过逐像素比较来直接求取前后两帧图像的差图像，并考虑图像噪声的影响设定一定的阈值，差图像中像素值大于阈值的像素处即认为发生了运动。

对于连续的两帧图像 $f(x,y,t)$ 和 $f(x,y,t-1)$，可以使用一个函数来获得差图像及其运动像素（像素值为 1），即

$$d(x,y,t)=\begin{cases}1 & \text{如果} \quad |f(x,y,t)-f(x,y,t-1)|>T_g \\ 0 & \text{其他}\end{cases} \tag{9-1}$$

式中，T_g 为设定的阈值。

图 9-2 所示为利用差图像得到的运动像素。

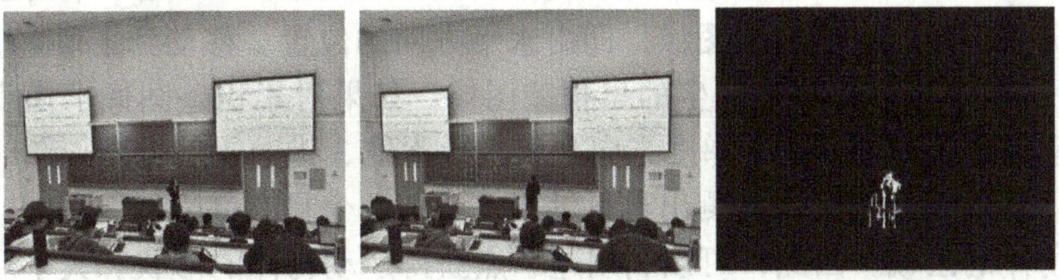

a) 当前帧　　b) 当前帧的前一帧　　c) 运动像素

图 9-2　利用差图像得到的运动像素

尽管基于差图像的时间差分方法具有简单、高效的特点，但也存在一些局限性。例如，阈值 T_g 缺乏自适应性，并且检测到的运动实体内部容易产生空洞现象；适用于静态背景下的时间差分运动检测对于动态背景或者光照变化较大的场景表现不佳，容易产生误检；时间差分方法通常只能检测出物体是否发生了运动，而无法准确估计运动的方向和速度，这在一些应用场景下可能不够精确。

为了解决上述问题，在基本时间差分方法的基础上，研究者进一步提出了累积差图像法，即通过计算累积差图像（Accumulative Difference Image，ADI）来判断运动。这种方法基于这样一个观察：在视频序列中，静止的背景在连续帧之间的差异较小，而运动的对象会在不同帧之间产生较大的差异。因此，累加连续帧之间的差异，有助于突出显示运动的区域。

累积差图像法的差图像计算主要包括以下步骤。

（1）帧差计算

先计算不同两帧之间的像素差异。设 $I(x,y,t)$ 为图像帧在时间 t 和 (x,y) 处的像素值，那么不同两帧的差图像 $D(x,y,t_0,t_1)$ 可以表示为

$$D(x,y,t_0,t_1)=\begin{cases}1 & 如果\quad |f(x,y,t_0)-f(x,y,t_1)|>T_g\\0 & 其他\end{cases}\tag{9-2}$$

（2）累积差异

设起始时间为 t_0，则计算其后的连续 n 帧累积差图像，可以通过下面的迭代方式来实现，即

$$ADI(x,y,t_0,n)=\begin{cases}0 & 如果 n=0\\ADI(x,y,t_0,n-1)+D(x,y,t_0,t_0+n) & 其他\end{cases}\tag{9-3}$$

不同于连续两帧的差图像，通过式（9-3）计算的累积差图像可以提供更多的物体运动信息，主要体现在三个方面：

1）累积差图像中相邻像素值间的梯度关系可用来估计目标运动的速度矢量，这里梯度的方向就是速度的方向，梯度的大小则与速度成正比。

2）累积差图像中像素的模式可帮助确定运动目标的尺寸和移动距离。

3）累积差图像中包含了运动目标的全部历史资料，有助于检测慢运动和尺寸较小的目标的运动。

图 9-3 所示为一个累积差图像计算的例子。图 9-3a 至图 9-3d 是一个由全 0 像素组成的物体由左向右运动的 4 帧连续图像，即由水平方向的位置 2 移动到了位置 5。而图 9-3e 至图 9-3g 则是物体移动过程中产生的累积差图像。如果对累积差图像求梯度，则可以获得物体的运动方向，如图 9-3 中梯度方向是水平像素值 3 指向 1 的方向。同时，从最终的累积差图像（图 9-3g）中可以检测出重复的模式，即两个具有像素值 3、2 和 1 的图像块，刚好对应于物体的区域。因此，可以利用这一点获得运动物体的形状和大小。此外，利用这两个相同的 Patch 的位移还可以推断物体的运动轨迹。

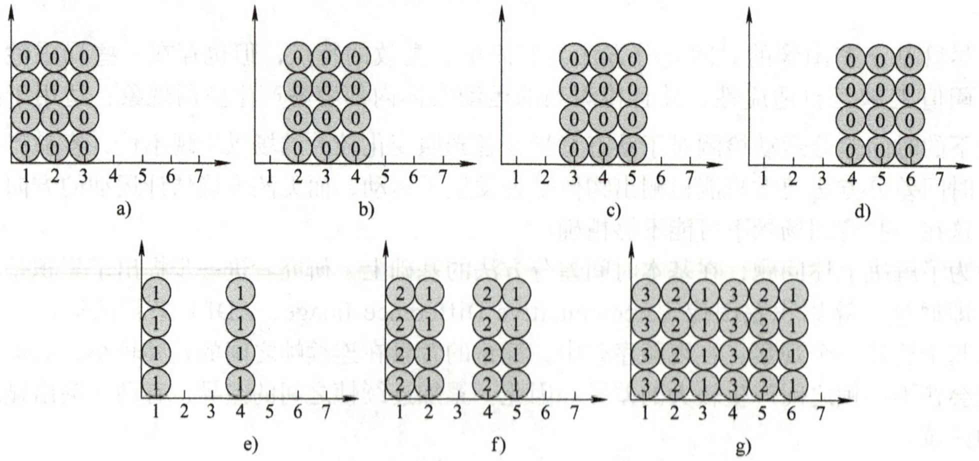

图 9-3　累积差图像计算

相较于简单的连续帧差图像，累积差图像通过累积多帧的运动信息，降低了偶发噪声和光照变化对运动检测的影响，从而有效提高了运动分析的准确性。后来，一些研究者为了进一步提高累积差图像在实际应用中的效果，还提出了一些改进方法，如阈值处理和形

态学操作等。阈值处理通过设定阈值来确定哪些区域包含显著的运动，而形态学操作（如膨胀和侵蚀）用于消除噪点和增强运动区域的连续性。

时间差分方法作为一种简单有效的运动分析方法，在许多运动分析场景中得到了广泛应用，特别是在公共安全监控和目标实时检测分析等方面。公共安全监控用于公共场合的运动物体监测，并对异常事件进行实时响应，如入侵检测、人员计数等。目标实时检测分析可利用视频监控实时跟踪目标，分析运动模式，提取出有用的运动信息，如行为识别、交通监控等。时间差分方法的缺点也很明显，它对于光照变化和物体的颜色变化较为敏感，可能导致误检或漏检。

9.3 背景减除法

背景减除法也被称为背景差分法，是一种基于背景建模技术的运动分析方法，其核心思想是构造一个代表背景的图像，然后将连续的帧与这个背景图像进行比较，并将不同于背景的像素判定为前景，即运动对象和物体。通过这种前景和背景分离的方式，可实现运动物体的检测。

背景减除法在实现运动分析时，主要包括四个部分：预处理、背景建模、前景分割和数据验证，如图 9-4 所示。首先，在运动分析和检测前，应进行预处理。预处理的主要任务是改善视频图像的质量，并将原始的图像信号转化为背景减除算法所需的特定特征，其具体包括噪声消除、图像增强和可能的颜色空间转换等步骤。通过这些预处理步骤，可以大大提高后续部分的准确性和效率。

接下来是背景建模，这是背景减除法的核心。在这个部分，算法需要构建一个能够准确表示视频场景中真实背景的模型，并建立其更新机制。背景模型的更新过程通常会用到前景分割结果的反馈，以便适应背景中可能发生的变化。这是一个关键步骤，因为背景模型的准确性和鲁棒性直接影响到后续前景分割的效果。

前景分割是背景减除法获得运动目标（前景）的重要步骤。在这个部分，算法会根据之前构建的背景模型和当前帧的图像，计算出一个二值化的前景掩模。这个掩模将标识出所有与背景不同的像素，也就是运动目标的位置。

在数据验证部分，算法会对前景掩模中的像素进行进一步的校验，以消除可能的误判，并产生最终的分割结果。这一步也是非常重要的，因为它可以帮助进一步提高运动目标检测的准确性和可靠性。

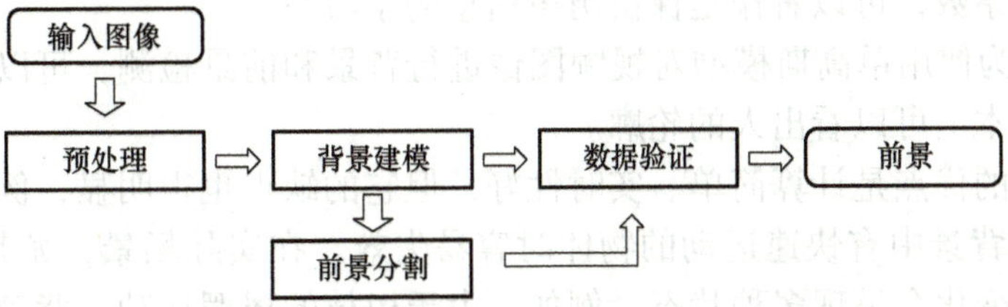

图 9-4 背景减除法流程图

背景减除法在理论上较为优秀，但在实际应用中理想的背景模型通常难以构建，其主要挑战在于背景往往复杂不稳定且会受到许多外在因素的影响。因此，如何构建一个能够适应复杂环境变化的鲁棒背景模型，是背景减除法的关键。

面对不同的应用需求，研究者也提出了一系列背景减除法并构建了不同的背景模型，例如，简单的均值背景模型、双背景模型，基于高斯分布建模的单高斯模型和混合高斯模型，以及基于样本的 ViBe 算法模型和 CodeBook 算法等。下面重点介绍基于高斯分布建模的方法和基于样本的方法。

9.3.1 单高斯模型

基于高斯分布建模的方法，即根据背景像素的统计特性来建立背景模型，包括单高斯模型和混合高斯模型。单高斯模型对视频序列的每一个像素建立统计模型，它假设图像中的每个像素在一段观察时间内与其他像素无关，各自独立，且各背景像素的像素值在一段时间内满足高斯分布，即假定背景图像每个像素的像素值在时域上可以用单个高斯分布来描述，也就是说，在 t 时刻，图像帧上的一个像素 $I_t(x,y)$ 满足

$$\begin{aligned}P[I_t(x,y)] &= \Phi[I_t(x,y),\mu_t(x,y),\sigma_t(x,y)] \\ &= \frac{1}{\sqrt{2\pi}\sigma_t(x,y)}\exp\left\{-\frac{[I_t(x,y)-\mu_t(x,y)]^2}{2\sigma_t^2(x,y)}\right\}\end{aligned} \tag{9-4}$$

式中，$\mu_t(x,y)$ 和 $\sigma_t(x,y)$ 分别为高斯分布的平均值和方差。

当新的一帧到来后，就可以通过检验每一个像素点的值是否满足背景模型的高斯分布来判断该像素点是属于背景还是属于前景，换句话来说，判断一个像素是前景还是背景的公式即

$$D_{t'}(x,y) = \begin{cases}1 & 如果|I_{t'}(x,y)-\mu_t(x,y)| > \lambda\sigma_t(x,y) \\ 0 & 其他\end{cases} \tag{9-5}$$

式中，$D_{t'}(x,y)$ 为前景图像；λ 为阈值系数，一般取 2.5 ～ 3。

随着时间的变化，一个像素的像素值分布也会变化，因此还需要考虑背景模型的更新问题，通常根据当前图像的像素值来更新高斯分布的参数，最简单的一种更新机制是采用加权的形式，即

$$\mu_t(x,y) = \alpha\mu_{t-1}(x,y) + (1-\alpha)I_t(x,y) \tag{9-6}$$

$$\sigma_t^2(x,y) = \alpha\sigma_{t-1}^2(x,y) + (1-\alpha)[I_t(x,y)-\mu_t(x,y)]^2 \tag{9-7}$$

式中，α 为加权系数，可以看作是保留历史信息的学习率。

图 9-5 所示为使用单高斯模型对视频图像进行背景和前景检测，可以看到，单高斯模型的检测结果基本上可以看出人的轮廓。

单高斯模型的优点是计算简单、实时性好，但它的缺点也很明显，例如，对光照变化比较敏感，当在背景中有快速运动的物体时容易失效。在实际场景，尤其是室外场景中，背景像素的不断变化会呈现多种状态，例如，由于树枝的摇摆运动，背景图像上的某一像素在某一时刻可能是树叶，可能是树枝，也可能是天空，此时该像素的像素值具有很大差异，使用单高斯模型就难以反映实际的背景。

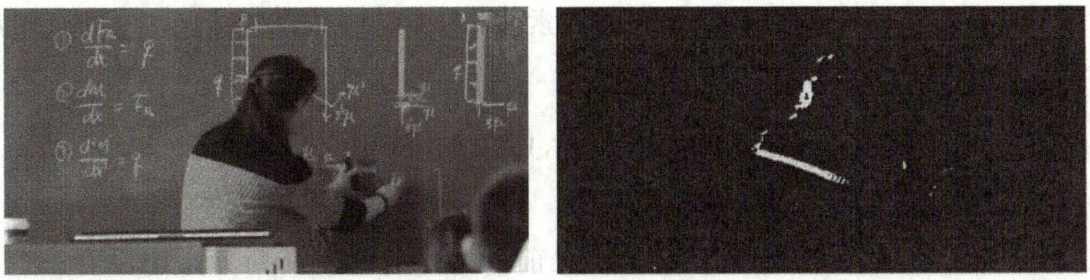

a) 视频图像　　　　b) 检测结果

图 9-5　单高斯模型的背景和前景检测

9.3.2　混合高斯模型

单高斯模型很难描述背景像素的多模式变化，如水面的波纹、摇动的树枝、抖动的草地和闪烁的计算机屏幕等，此时背景像素往往呈现快速的周期性变化，且图像背景的像素值可能来自于多个分布。因此，研究者提出了混合高斯模型的背景建模方法，即运用多个高斯模型对每一个像素的背景进行建模，并且利用迭代的方式进行模型参数的更新。与单高斯模型相比，混合高斯模型可以建模像素值的多峰分布，因此可以有效克服光照变化、背景图像周期性扰动所带来的干扰。

对于 t 时刻图像帧上一个像素值 $I_t(x,y)$ 的混合高斯分布，可表示为

$$P[I_t(x,y)] = \sum_{i=1}^{K} w_i^t \Phi_i[I_t(x,y), \mu_{it}(x,y), \sigma_{it}(x,y)] \tag{9-8}$$

式中，Φ_i 为第 i 个高斯分布的密度函数；$\mu_{it}(x,y)$ 和 $\sigma_{it}(x,y)$ 分别为其平均值和方差；w_i^t 为混合高斯模型中不同高斯分布的权重；K 为混合高斯模型选择的高斯分布的数量，对应于像素的分布有几个波峰，在通常情况下，考虑到空间和时间复杂度，K =3 ～ 5。

使用混合高斯模型来建立背景模型及其更新机制，并判断运动前景的过程可以概括为三个步骤。

（1）模型初始化

对于每个像素点，将视频图像序列中的第 1 帧图像的像素值作为混合高斯模型中第 1 个高斯分布 Φ_1 在该位置的平均值 $\mu_{11}(x,y)$，同时设定方差 $\sigma_{11}(x,y)$ 和权值 w_1^1。

（2）前景和背景检测

假设已经为每一个像素建立了由 K 个高斯分布组成的混合高斯模型，则根据 $\dfrac{w_i^t}{\sigma_{it}(x,y)}$ 的值从大到小对 K 个高斯分布排序，从而选择满足式（9-9）的前 B 个高斯分布作为背景模型，即

$$B = \arg\min_b \sum_{i=1}^{b} w_i^t > T \tag{9-9}$$

式中，T 为背景模型占有高斯分布的最小比例，如可以设置为 0.7，如果 T 太小会退化为单高斯分布，T 较大则可以描述复杂的动态背景。

对于当前时刻的一个像素，如果它的像素值$I_t(x,y)$与它的背景模型中第$k(k \leqslant B)$个高斯分布匹配，即满足

$$\left|I_t(x,y)-\mu_{kt}(x,y)\right|<\lambda\sigma_{kt}(x,y) \tag{9-10}$$

则认为该像素是背景，否则是前景。

在检测完前景之后，若该像素被认为是前景，即前B个高斯分布中没有一个与之匹配，则采用第（1）步的方法建立一个新的高斯分布，如果此时K还没有达到设定的最大值，则将这个新的高斯分布加入混合高斯模型；如果K已经达到设定的最大值，则用新的高斯分布取代混合高斯模型中权重最小的那个高斯分布。

（3）背景模型参数的更新

类似于单高斯模型，混合高斯模型也需要对模型参数进行更新，以适应背景的动态变化。模型参数的更新方式如下：

1）对于当前帧的每一个像素，如果在背景模型中存在与之匹配的高斯分布，即满足式（9-10）的模型，则用公式更新其平均值和方差，公式分别为

$$\mu_{it}(x,y)=(1-\beta)\mu_{i(t-1)}(x,y)+\beta I_t(x,y) \tag{9-11}$$

$$\sigma_{it}^2(x,y)=(1-\beta)\sigma_{i(t-1)}^2(x,y)+\beta[I_t(x,y)-\mu_{i(t-1)}(x,y)]^2 \tag{9-12}$$

式中，β为历史信息和当前信息的加权系数。

同时提升当前高斯分布的权重，即

$$w_i^t=(1-\alpha)w_i^{t-1}+\alpha \tag{9-13}$$

式中，α为权重调节的系数。

2）对于不匹配的高斯分布模型，则采用公式减小其权重，公式为

$$w_i^t=(1-\alpha)w_i^{t-1} \tag{9-14}$$

注意，在每一次更新各个高斯分布的权重以后，要对权重进行归一化处理，从而保证权重之和为 1。

图 9-6 所示为使用混合高斯模型对图 9-5a 所示的视频图像进行背景和前景检测的结果。从图 9-6 中可以看出，混合高斯模型可以较完整地提取运动目标的区域。但是，混合高斯模型受到场景中存在遮挡时阴影区域的影响较大，如图 9-6 中人体手部的阴影部分也被检测为运动物体的区域。

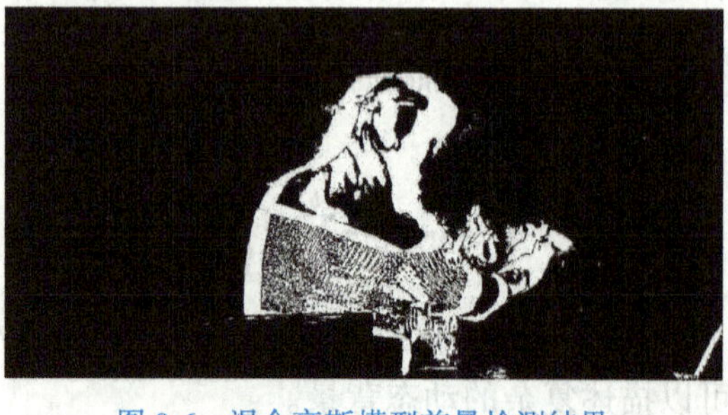

图 9-6　混合高斯模型前景检测结果

9.3.3　ViBe 算法模型

ViBe（Visual Background Extractor）算法是一种用于视频序列背景建模的算法，它通过像素级别的背景建模和前景检测，提供了一种快速有效的运动目标检测方法。在 ViBe 算法模型中，背景模型为每个像素存储了一个样本集，然后将每一个新的像素值和样本集进行比较，以此判断其是否属于背景点。ViBe 算法模型具有对环境噪声的鲁棒性和极低的计算复杂度，因此在保持较低计算开销的同时，可以快速响应场景变化。

ViBe 算法模型的特点是简化了背景模型的初始化阶段，并且特别设计了应对背景的突发显著变化的机制。一旦检测到背景发生剧烈变动，ViBe 算法模型能够灵活地抛弃现有的背景模型，迅速以变化后的首帧画面为基础重建模型，确保了在复杂的动态环境中仍能保持良好的适应性和准确性。

ViBe 算法模型主要包括模型初始化、像素分类和背景模型更新三个部分。

（1）模型初始化

ViBe 算法模型主要利用单帧图像初始化背景模型，并为每个像素设置了背景样本空间。算法初始化时，对第一帧图像每个像素的邻域随机采样，并将采样的多个像素保存到背景空间中。

（2）像素分类

如图 9-7 所示，在二维像素空间中，ViBe 算法模型会计算每个像素与其邻域内像素在颜色空间的距离，如果这个距离小于预设的阈值，则认为该像素属于背景，否则为前景。而最终判定这个像素是否为背景，则通过是否达到最小匹配样本数来决定。因此，在像素分类过程中，涉及几个关键参数，包括样本集数量（邻域大小）、最小匹配样本数和颜色空间距离的阈值等。

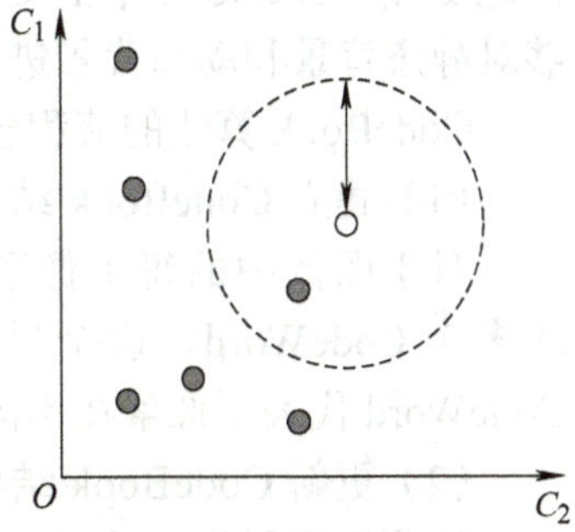

图 9-7　ViBe 算法模型的像素分类

（3）背景模型更新

背景模型更新是为了使模型能够适应光照变化、物体变更等背景变化。ViBe 算法模型采用无记忆更新策略，即每次确定需要更新像素的背景模型时，都会随机选择一个新的像素值来替代原样本集中的一个样本。若图像中的像素被连续判断为前景，则将该像素更新为背景。此外，ViBe 算法模型还会按照一定的时间采样率更新背景模型，并通过空间邻域更新策略来保持背景模型的空间一致性。背景模型更新完成后，即对下一帧图像进行前景检测。

ViBe 算法模型不仅简化了背景模型建立的过程，还可以处理背景的突然变化，当检测到背景突然变化时，只需舍弃原始的模型，重新利用变化后的首帧图像建立新的背景模型即可。但是，当 ViBe 算法模型采用了运动物体的像素来初始化样本集时，容易引入拖影（Ghost）区域。

图 9-8 所示为使用 ViBe 算法模型对图 9-5a 所示的视频图像进行背景和前景检测的结果。从图 9-8 中可以看出，ViBe 算法模型具有良好的前景和背景建模能力。

图 9-8 ViBe 算法模型的背景和前景检测结果

9.3.4 CodeBook 算法

CodeBook 算法的基本思想是建立每个像素的时间序列模型，以适应图像中像素值的变化。这种模型能够有效地处理像素值随时间的起伏变化，包括静止背景和动态背景，从而有助于提高背景建模的准确性和鲁棒性。

为了建立每个像素的时间序列模型，CodeBook 算法为每个像素都建立了一个 CodeBook 结构，而每个 CodeBook 结构由多个 CodeWord 组成。每个 CodeWord 代表了该像素在不同时间像素值的变化情况，包括该像素的历史信息、学习时的最大 / 最小阈值和检测时的最大 / 最小阈值等信息。在建模过程中，算法会根据像素值的变化情况，适应性地更新 CodeBook 中的 CodeWord。通过建立这样的时间序列模型，CodeBook 算法能够对静态背景和动态背景进行有效建模，并在后续的目标检测中提供准确的背景信息。

CodeBook 算法的流程包括以下四个步骤：

（1）建立 CodeBook 结构

对于图像中的每个像素，CodeBook 算法会根据其在一段时间内的像素值创建一个或多个 CodeWord。这个过程涉及对像素值的聚类，以形成代表性的背景模式。每个 CodeWord 代表了像素在不同时间段的像素值，并且包含了学习阈值和检测阈值等参数。

（2）更新 CodeBook 结构

随着更多图像帧的到来，CodeBook 会被定期更新，以反映背景的变化。更新过程包括增加新的 CodeWord 以适应新的背景变化，并删除不再频繁出现的 CodeWord。通过这种方式，CodeBook 能够及时地适应背景的动态变化，保持模型的准确性。

（3）检测前景对象

对于当前图像帧中的每个像素，CodeBook 算法会检查它是否与任何现有的 CodeWord 相匹配，即其像素值是否落在某一 CodeWord 的上下阈值之间。如果找到了匹配的 CodeWord，则将该像素归类为背景；如果没有匹配，则它可能是前景对象的一部分。通过这一步骤，CodeBook 算法能够确定前景对象的位置，并区分其与背景的差异。

（4）时间滤波

为了去除那些很少被访问的 CodeWord，CodeBook 算法会对 CodeWord 进行时间滤波。如果一个 CodeWord 很长时间没有被更新，则它可能会被移除，以减少对内存的需求，并提高算法的效率。通过时间滤波，可以保持 CodeBook 的紧凑性和实用性，同时减少不必要的计算开销。

CodeBook 算法的性能受到参数设置的影响，特别是学习阈值和检测阈值的选择非常重要。调整这些参数可以使算法适应不同的场景或视频，但这需要进行大量的试验和调整工作。CodeBook 算法对于背景的动态变化有一定的适应性，但在面对快速、剧烈的背景变化时依然会出现较大误差。由于需要为每个像素维护一个 CodeBook 结构，CodeBook 算法需要消耗大量的内存资源，这是其在实际应用中需要考虑的一个重要因素。

图 9-9 所示为使用 CodeBook 算法对图 9-5a 所示图像进行背景和前景检测的结果。从图 9-9 中可以看出，CodeBook 算法基本上可以较好地检测到有运动对象的前景像素。

可以看出，背景减除法是一种有效的运动分析方法，通过背景建模可以从视频序列中提取出前景运动目标。然而，背景减除法依赖于背景模型的构建，因此要在实际应用中根据需要选择响应的背景模型，并进行适当的调整和优化，以获得最佳的检测效果。

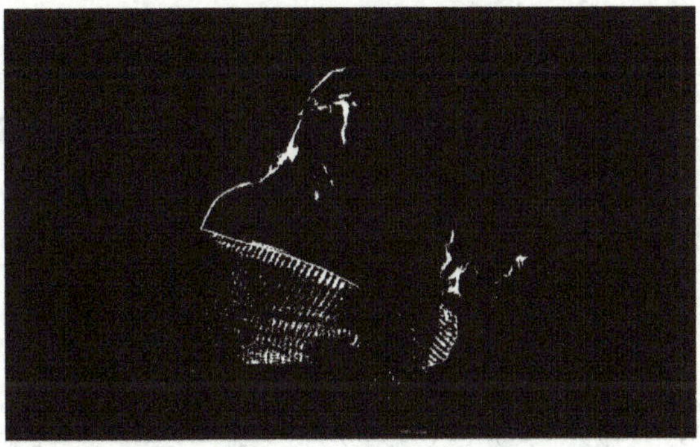

图 9-9 CodeBook 算法的背景和前景检测结果

9.4 光流法

光流法是一种用于从视频序列中估计物体运动模式的方法，它通过分析图像序列中物体表面的视觉运动来估计运动场。光流法的基本假设是相邻图像帧之间物体表面的亮度不变，基于该假设，光流法的基本原理是利用相邻图像帧中对应像素的位移来推断物体的运动轨迹和速度。光流法主要分为基于微分和基于匹配两类。

基于微分的光流法利用像素灰度的时间变化率与空间梯度之间的关系来估计光流，具有实现简单和计算复杂度低等特点，因此在实时应用中具有优势。然而，当图像相邻帧之间的偏移量较大时，基于微分的光流法可能会产生较大的误差。此外，基于微分的光流法还要求图像灰度是可微分的，这在实际应用中可能存在限制。

基于匹配的光流法通过在不同帧之间匹配特征点来确定物体的运动偏移量。它能够解决相邻帧差异较大的问题，对于快速运动或场景中的大位移具有较好的适应性。然而，特征匹配是一个复杂的过程，其计算量较大，且对于噪声较为敏感。

针对上述两类光流法的局限性，研究者提出了多种改进方法。一方面在光流法基本假设的基础上，通过引入更多的约束条件和优化方法，或结合其他图像处理技术来提高光流估计的准确性和稳定性。另一方面将光流法与其他方法结合，提出了金字塔光流法、区域光流法和特征光流法等方法，同样提高了光流估计的性能。

光流法广泛应用于视频图像的运动检测、目标跟踪和人机交互等领域。在运动检测与目标跟踪方面，光流法可以用于分析视频序列中物体的运动模式，实现对目标的实时跟踪和检测。在视频压缩方面，光流法通过分析视频序列中物体的运动信息，可以为视频压缩和编码提供有效的依据，从而减少存储空间和传输带宽。在动作识别与虚拟现实方面，光流法通过分析视频序列中人体的运动模式，可以实现对动作的有效识别和行为分析，从而为虚拟现实、人机交互等领域提供有力的数据支持。

下面首先介绍光流法的基本原理，并给出光流法基本方程。在此基础上，介绍两种经典的光流法，即 Horn–Schunck（HS）光流法与 Lucas–Kanade（LK）光流法。

1. 光流法基本原理

假设相邻图像帧之间物体表面的亮度不变，根据这一假设，可以建立基本的光流法方程。

设像素 (x,y) 在时刻 t 的像素值为 $I(x,y,t)$，则经过时间 $\mathrm{d}t$ 后，该像素发生位移 $(\mathrm{d}x,\mathrm{d}y)$ 后的像素值为 $I(x+\mathrm{d}x,y+\mathrm{d}y,t+\mathrm{d}t)$，当 $\mathrm{d}t$ 较短时，如相邻两帧的时间间隔，则在亮度不变的假设下有

$$I(x,y,t)=I(x+\mathrm{d}x,y+\mathrm{d}y,t+\mathrm{d}t) \tag{9-15}$$

对式（9-15）右侧的图像函数在当前点 (x,y,t) 进行泰勒展开，即

$$\begin{aligned}I(x+\mathrm{d}x,y+\mathrm{d}y,t+\mathrm{d}t)=I(x,y,t)+\frac{\partial I(x,y,t)}{\partial x}\mathrm{d}x+\frac{\partial I(x,y,t)}{\partial y}\mathrm{d}y+\\ \frac{\partial I(x,y,t)}{\partial t}\mathrm{d}t+o(\mathrm{d}x,\mathrm{d}y,\mathrm{d}t)\end{aligned} \tag{9-16}$$

式中，$o(\mathrm{d}x,\mathrm{d}y,\mathrm{d}t)$ 为高阶无穷小量。

忽略式（9-16）中的无穷小量，将式（9-16）代入式（9-15）并除以 $\mathrm{d}t$ 可得

$$-\frac{\partial I(x,y,t)}{\partial t}=\frac{\partial I(x,y,t)}{\partial x}\frac{\mathrm{d}x}{\mathrm{d}t}+\frac{\partial I(x,y,t)}{\partial y}\frac{\mathrm{d}y}{\mathrm{d}t} \tag{9-17}$$

光流场 $\boldsymbol{w}=(u,v)$ 表示点 (x,y) 处像素的运动速度，即水平和垂直的运动速度 $u(x,y)=\frac{\mathrm{d}x}{\mathrm{d}t}$ 和 $v(x,y)=\frac{\mathrm{d}y}{\mathrm{d}t}$，则式（9-17）可以改写为光流法基本方程，即

$$-\frac{\partial I}{\partial t}=\frac{\partial I}{\partial x}u+\frac{\partial I}{\partial y}v \tag{9-18}$$

或者

$$I_x u+I_y v+I_t=0 \tag{9-19}$$

式中，I_x 和 I_y 分别为图像水平和垂直方向的梯度；I_t 为像素灰度值随时间的变化率。

可以看出，光流法基本方程建立了图像空间的梯度与时间方向的像素变化的关联。为了求解光流场 (u,v) 以获得物体在每个像素位置的运动信息，需要求解式（9-19）。但这里

有两个变量 (u,v)，只有一个方程难以求解，因此许多研究者提出了不同的约束条件，形成了不同的方法，如 HS 光流法与 LK 光流法。

2. HS 光流法

Horn 和 Schunck 于 1981 年引入了全局平滑性约束，假设光流在整个图像上光滑变化，即速度的变化率为零，有

$$\begin{aligned}\nabla^2 u = \frac{\partial^2 u}{\partial^2 x} + \frac{\partial^2 u}{\partial^2 y} = 0 \\ \nabla^2 v = \frac{\partial^2 v}{\partial^2 x} + \frac{\partial^2 v}{\partial^2 y} = 0\end{aligned} \tag{9-20}$$

从而光流 $\boldsymbol{w} = (u,v)$ 应满足

$$\min_{u,v} \sum_{x=1}^{M}\sum_{y=1}^{N}(I_x u + I_y v + I_t)^2 + \lambda(\nabla^2 u + \nabla^2 v) \tag{9-21}$$

式中，λ 为平衡全局光滑约束的权重系数，其取值主要视图中的噪声情况而定。如果噪声较强，说明数据置信度较低，需要更多地依赖光流光滑约束，则其取值较大；反之其取值较小。

为了求解上述优化问题，可以采用某一像素的速度与其邻域速度平均值之差来近似拉普拉斯算子，因此式（9-21）可以变为

$$\min_{u,v} \sum_{x=1}^{M}\sum_{y=1}^{N}(I_x u + I_y v + I_t)^2 + \lambda[(u-\bar{u})^2 + (v-\bar{v})^2] \tag{9-22}$$

式中，$\bar{u}$ 和 $\bar{v}$ 分别为一个像素邻域内 u 和 v 的平均值。上述优化问题的极值点应该是关于 u 和 v 的导数为零的点，因此有

$$2(I_x u + I_y v + I_t)I_x + 2\lambda(u-\bar{u}) = 0 \tag{9-23}$$

$$2(I_x u + I_y v + I_t)I_y + 2\lambda(v-\bar{v}) = 0 \tag{9-24}$$

变形得到

$$(\lambda + I_x^2 + I_y^2)u = (\lambda + I_y^2)\bar{u} - I_x I_y \bar{v} - I_x I_t \tag{9-25}$$

$$(\lambda + I_x^2 + I_y^2)v = (\lambda + I_x^2)\bar{v} - I_x I_y \bar{u} - I_y I_t \tag{9-26}$$

进一步变形为

$$(\lambda + I_x^2 + I_y^2)(u-\bar{u}) = -I_x^2\bar{u} - I_x I_y \bar{v} - I_x I_t \tag{9-27}$$

$$(\lambda + I_x^2 + I_y^2)(v-\bar{v}) = -I_y^2\bar{v} - I_x I_y \bar{u} - I_y I_t \tag{9-28}$$

从而得到 u 和 v 的迭代计算公式，即

$$u^{n+1}=\overline{u^n}-\frac{I_x(I_x\overline{u^n}+I_y\overline{v^n}+I_t)}{\lambda+I_x^2+I_y^2} \tag{9-29}$$

$$v^{n+1}=\overline{v^n}-\frac{I_y(I_x\overline{u^n}+I_y\overline{v^n}+I_t)}{\lambda+I_x^2+I_y^2} \tag{9-30}$$

上述求解过程要得到稳定的解，通常需要多次迭代，迭代过程既与图像尺寸有关，又与每次的速度改变量有关。由式（9-29）和式（9-30）可以发现，在一些梯度较小或为0的区域，其速度由式（9-29）和式（9-30）的第一项决定，该像素的速度信息需要从特征较为丰富的区域传递过来。为了加快算法的收敛速度，后来有研究者使用图像金字塔的层次结构减小图像尺寸，以此加速算法。

3. LK 光流法

相对于 HS 光流法的光流全局光滑假设，Lucas 和 Kanade 于 1981 年引入了光流的局部平滑性约束，即假设在一个小的空间领域中，所有像素的运动矢量保持恒定，并使用加权最小二乘法估计光流。

对一个小的空间领域 $\Omega=\{(x_i,y_i)\,|\,i=1,2,\cdots,n\}$，如果光流 $\boldsymbol{w}=(u,v)$ 恒定，则满足

$$\begin{aligned}I_{x_1}u+I_{y_1}v&=-I_{t_1}\\I_{x_2}u+I_{y_2}v&=-I_{t_2}\\&\vdots\\I_{x_n}u+I_{y_n}v&=-I_{t_n}\end{aligned} \tag{9-31}$$

将式（9-31）写为矩阵形式，即

$$\begin{pmatrix}I_{x_1}I_{y_1}\\I_{x_2}I_{y_2}\\\vdots\\I_{x_n}I_{y_n}\end{pmatrix}\begin{pmatrix}u\\v\end{pmatrix}=\begin{pmatrix}-I_{t_1}\\-I_{t_2}\\\vdots\\-I_{t_n}\end{pmatrix} \tag{9-32}$$

因此有

$$\boldsymbol{A}\boldsymbol{w}^{\mathrm{T}}=\boldsymbol{B} \tag{9-33}$$

从而可以采用最小二乘法求取光流，即

$$\boldsymbol{w}^{\mathrm{T}}=(\boldsymbol{A}^{\mathrm{T}}\boldsymbol{A})^{-1}\boldsymbol{A}^{\mathrm{T}}\boldsymbol{B} \tag{9-34}$$

为了体现邻域内不同像素的重要性差异，如中心像素往往更重要，上述平均权重的情况可以进一步推广到加权最小二乘法的情况，即其局部恒定性可表示为

$$\min_{u,v}\sum_{(x_i,y_i)\in\Omega}\boldsymbol{W}^2(x_i,y_i)(I_{x_i}u+I_{y_i}v+I_{t_i})^2 \tag{9-35}$$

式中，$\boldsymbol{W}$ 为窗口权重函数，使邻域中心对约束产生的影响比外围更大。式（9-35）的加权形式最小优化问题可通过加权最小二乘法来求解，即

$$w = (A^{T}W^{2}A)^{-1}A^{T}W^{2}B \tag{9-36}$$

权重 W 具有对角矩阵形式，即

$$W = \mathrm{diag}[W(x_1, y_1), \cdots, W(x_n, y_n)] \tag{9-37}$$

式中，$W(x_i, y_i)$ 为像素 (x_i, y_i) 的权重。

光流法作为计算机视觉领域中的一项重要运动分析方法，为动态场景分析提供了有效的手段。它基于像素或特征点在连续帧之间的运动模式，估计场景中的运动信息，并在运动分析的许多场景中得到了成功应用，如目标检测、目标跟踪、行为分析和人机交互等。不过光流法目前仍然面临一些挑战，例如，在复杂背景下，物体的遮挡、快速运动和光照变化等因素可能影响光流估计的准确性和稳定性。随着深度学习和人工神经网络等技术的发展，人们开始将光流法与深度学习模型相结合，探索新的光流估计方法将进一步提高运动分析的精度和鲁棒性。此外，研究光流法在三维重建、场景理解等更高级别的计算机视觉任务中的应用，也是很有前景的方向。

本章小结

本章详细介绍了三类常用的运动分析方法：时间差分方法、背景减除法和光流法，并分析了这些方法的优缺点。其中，背景减除法根据背景模型构造方式的不同，分为单高斯模型、混合高斯模型、ViBe 算法模型和 CodeBook 算法等。在光流法部分，本章在介绍光流法基本原理的基础上，重点介绍了两种经典的光流法。通过本章的学习，读者能够了解运动分析的常见方法和技术，并能够根据具体的应用场景，选择合适的运动分析方法来完成相应的视觉任务。

思考题与习题

9-1 假设一个像素的像素值在背景下服从平均值为 50、标准差为 5 的高斯分布，如果某一时刻这个像素的像素值为 60，请计算其与背景的差异程度。

9-2 假设一个像素的像素值在背景下由两个高斯分布组成，分别为平均值为 50、标准差为 5 和平均值为 100、标准差为 10 的高斯分布，二者各自的权重为 0.7 和 0.3。如果某一时刻这个像素的像素值为 70，请计算其与背景的差异程度。

9-3 在背景建模中，混合高斯模型相比于单高斯模型有哪些优势和劣势？

9-4 简要描述 ViBe 算法模型如何使用邻域像素进行背景建模和前景检测。

9-5 在实际应用中，什么情况下适合选择 CodeBook 算法作为背景减除法的实现？

9-6 什么是光流？如何建立光流法基本方程？

参考文献

[1] BARNICH O，VAN DROOGENBROECK M. ViBe：A Powerful Random Technique to Estimate the Background in Video Sequences[C]//IEEE International Conference on Acoustics，Speech and Signal

Processing. New York：IEEE，2009：945–948.
[2] KIM K，CHALIDABHONGSE T H，HARWOOD D，et al. Real-Time Foreground-Background Segmentation Using Codebook Model[J]. Real-Time Imaging，2005，11（3）：172–185.
[3] HORN B K P，SCHUNCK B G. Determining Optical Flow[J]. Artificial Intelligence，1981，17：185–204.
[4] LUCAS B D，KANADE T. An Iterative Image Registration Technique with An Application to Stereo Vision[C]//International Joint Conference on Artificial Intelligence. San Francisco：Morgan Kaufmann Publishers Inc.，1981：674–679.

第 10 章　计算机视觉应用

导读

在之前的章节中，本书介绍了计算机视觉的基本知识，包括图像的特征表示、区域分割、纹理分析和运动分析等。作为本书的最后一章，本章将围绕计算机视觉方法和技术的具体应用展开讨论，重点围绕常见的计算机视觉应用，包括图像分类、目标检测和目标跟踪三个方面，详细介绍相关应用的基本原理、经典方法、深度模型、相关的数据集及其性能指标等。通过本章的学习，读者可对常见的计算机视觉应用技术有一个基本的理解，并能根据实际需求开展技术应用实践。

本章知识点

- 图像分类
- 目标检测
- 目标跟踪

10.1　图像分类

图像分类是计算机视觉领域的重要分支，其核心目的是通过特定的算法或模型，自动将输入的图像归类到预定义的类别中。该任务需要对图像内容进行深入理解与分析，是人工智能技术在图像处理领域的重要应用之一。通过图像分类，计算机可以自动识别和理解图像中的内容，从而实现自动驾驶、智能安防和医学图像分析等实际应用。

随着数字图像采集设备的普及和互联网的快速发展，每天都会产生大量的图像数据。因此，开发高效、准确的图像分类算法对于处理这些数据至关重要。2007 年，李飞飞与李凯共同发起了 ImageNet 项目，并于 2009 年公开发布了该数据集。很快，这一项目引发了一场年度竞赛——ImageNet 大规模视觉识别挑战赛（ImageNet Large Scale Visual Recognition Challenge，ILSVRC）。2012 年，Geoffrey Hinton、Ilya Sutskever 和 Alex Krizhevsky 提出的 AlexNet 深度卷积神经网络在 ILSVRC 中以 15.3% 的 Top 5 低错误率获得第一，其领先优势达到了 10% 以上。2014 年，GoogLeNet 和 VGGNet 分别以 6.67% 和 7.32% 的低错误率获得 ILSVRC 的第一名和第二名。2015 年，孙剑、何恺明团队提出的

ResNet 以 3.57% 的低错误率获得 ILSVRC 的第一名。图 10-1 所示为 ILSVRC 的代表性模型及其性能，包括早期的浅层模型和后来的一系列深度网络模型。其中，ResNet 被认为是第一个实现低于人类图像分类错误率的深度网络模型。

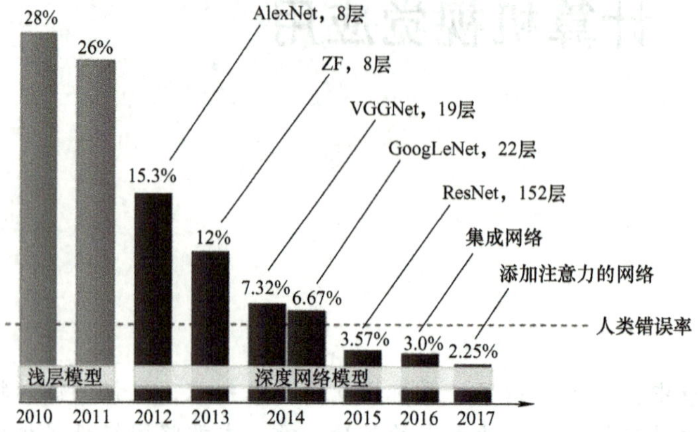

图 10-1　ILSVRC 的代表性模型及其性能

10.1.1　ResNet

残差网络（Residual Network，ResNet）于 2015 年被提出，并在当年的 ILSVRC 中斩获了分类任务与目标检测任务的第一名，同时获得了 COCO 数据集的目标检测与图像分割第一名。

ResNet 为了解决传统人工神经网络随着层数增加而产生的梯度消失、梯度爆炸和退化（Degradation）问题，采用了残差结构来显式地让网络层去拟合残差映射，而不是直接将多个堆叠层拟合为所需的映射，这有效地解决了深度卷积神经网络中的梯度消失和梯度爆炸问题。图 10-2a 所示为传统人工神经网络的堆叠结构，其一般由若干个权重层和激活函数组成。ResNet 的残差结构如图 10-2b 所示，其通过堆叠的权重层和激活函数去拟合残差映射 $f(x)-x$，并通过添加捷径连接（Shortcut Connections），即图 10-2b 中右侧的 x 连接来实现信息的有效保持，并避免梯度消失或爆炸。

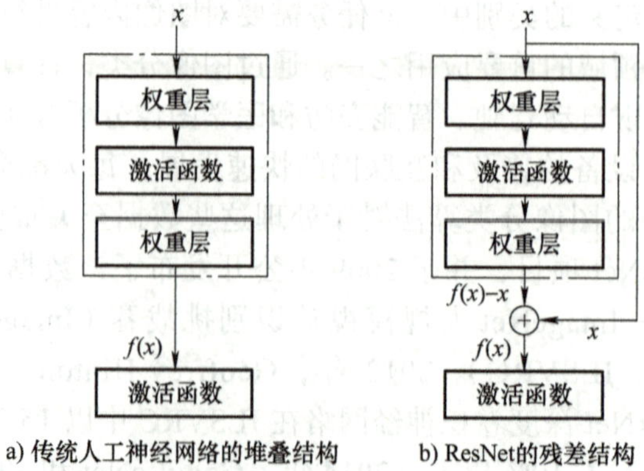

图 10-2　传统人工神经网络堆叠结构与 ResNet 残差结构的对比

根据深度的不同，ResNet 有多个版本。以 ResNet18 为例，该网络是一个 18 层的网络结构，如图 10-3 所示，输入图像的大小为 3×224×224，并由 5 组卷积层（Conv）、1 个最大池化层（Maxpool）、1 个平均池化层（Avgpool）和 1 个全连接层（FC）构成，图 10-3 中的 *k* 为卷积核的大小，*s* 为步长，*p* 为填充 Padding 的大小。

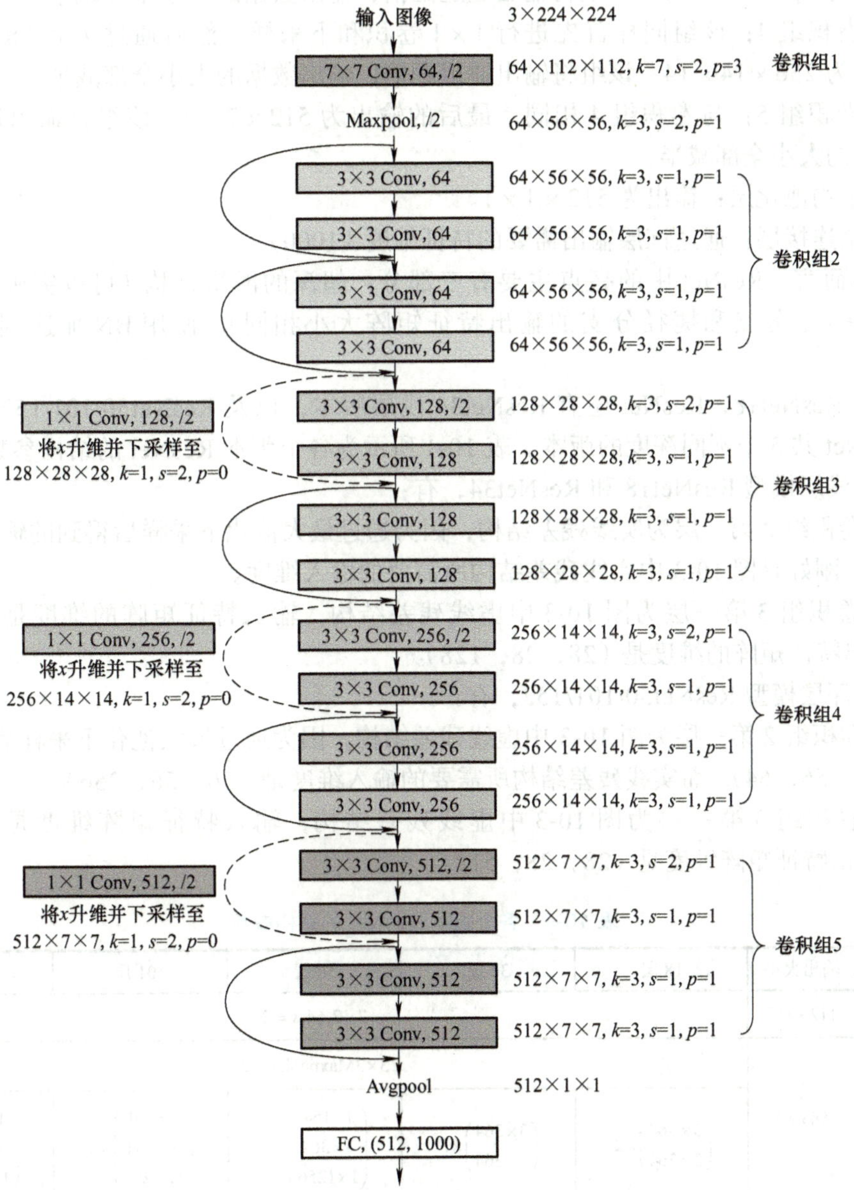

图 10-3　ResNet18 的网络结构

1）卷积组 1：由 1 个 7×7 卷积层构成。这个卷积层的卷积核大小为 7×7，步长为 2，Padding 为 3，输出通道为 64，输出数据的大小为 64×112×112。输入图像首先要经过该卷积层。

2）最大池化层：最大池化层的卷积核大小为 3×3，步长为 2，Padding 为 1。最后输出数据的大小为 64 × 56 × 56。该池化层不改变数据的通道数量，只减半数据的大小。

3）卷积组 2：由 4 个 3 × 3 卷积层构成，卷积核大小为 3 × 3，步长为 1，Padding 为 1，输出数据大小为 64 × 56 × 56，不改变数据的大小和通道数。

4）卷积组 3：该组首先通过一个 1 × 1 卷积层并下采样，然后通过 4 个 3 × 3 卷积层，输出数据为 128 × 28 × 28。该组将输出通道翻倍，输出数据的大小全部减半。

5）卷积组 4：该组同样首先进行 1 × 1 卷积和下采样，然后通过 4 个 3 × 3 卷积层，输出数据为 256 × 14 × 14。该组将输出通道翻倍，输出数据的大小全部减半。

6）卷积组 5：与卷积组 4 相同，最后的输出为 512 × 7 × 7。该组将输出通道翻倍，输出数据的大小全部减半。

7）平均池化层：输出为 512 × 1 × 1。

8）全连接层：通过该层输出需要的特征维度（1000）。

概括而言，ResNet 中的亮点主要有三部分：超深的网络结构（可以突破 1000 层）、残差模块（主分支和捷径分支的输出特征矩阵大小相同）、使用 BN 加速训练以代替 Dropout。

除了 ResNet18，ResNet 还有 ResNet34 浅层版本，以及 ResNet50/101/152 等深层版本，ResNet 共 5 个不同深度的版本。表 10-1 所示为各个版本 ResNet 的结构参数。

对于浅层模型 ResNet18 和 ResNet34，有：

1）卷积组 2 第一层为实线残差结构，因为通过最大池化下采样后得到的输出是（56，56，64），刚好是图 10-3 中实线残差结构所需要的输入维度。

2）卷积组 3 第一层为图 10-3 中虚线残差结构，输入特征矩阵的维度是（56，56，64），输出特征矩阵的维度是（28，28，128）。

对于深层模型 ResNet50/101/152，有：

1）卷积组 2 第一层为图 10-3 中虚线残差结构，因为通过最大池化下采样后得到的输出是（56，56，64），而实线残差结构所需要的输入维度是（56，56，256）。

2）卷积组 3 第一层为图 10-3 中虚线残差结构，输入特征矩阵维度是（56，56，256），输出特征矩阵维度是（28，28，512）。

表 10-1　各个版本 ResNet 的结构参数

层的名称	输出大小	18 层	34 层	50 层	101 层	152 层
卷积组 1	112×112	$7\times7,64,s=2$				
卷积组 2	56×56	$3\times3\text{Maxpool},s=2$				
		$\begin{pmatrix}3\times364\\3\times364\end{pmatrix}\times2$	$\begin{pmatrix}3\times364\\3\times364\end{pmatrix}\times3$	$\begin{pmatrix}1\times164\\3\times364\\1\times1256\end{pmatrix}\times3$	$\begin{pmatrix}1\times164\\3\times364\\1\times1256\end{pmatrix}\times3$	$\begin{pmatrix}1\times164\\3\times364\\1\times1256\end{pmatrix}\times3$
卷积组 3	28×28	$\begin{pmatrix}3\times3128\\3\times3128\end{pmatrix}\times2$	$\begin{pmatrix}3\times3128\\3\times3128\end{pmatrix}\times4$	$\begin{pmatrix}1\times1128\\3\times3128\\1\times1512\end{pmatrix}\times4$	$\begin{pmatrix}1\times1128\\3\times3128\\1\times1512\end{pmatrix}\times4$	$\begin{pmatrix}1\times1128\\3\times3128\\1\times1512\end{pmatrix}\times8$
卷积组 4	14×14	$\begin{pmatrix}3\times3256\\3\times3256\end{pmatrix}\times2$	$\begin{pmatrix}3\times3256\\3\times3256\end{pmatrix}\times6$	$\begin{pmatrix}1\times1256\\3\times3256\\1\times11024\end{pmatrix}\times6$	$\begin{pmatrix}1\times1256\\3\times3256\\1\times11024\end{pmatrix}\times23$	$\begin{pmatrix}1\times1256\\3\times3256\\1\times11024\end{pmatrix}\times36$

（续）

层的名称	输出大小	18 层	34 层	50 层	101 层	152 层
卷积组 5	7×7	$\begin{pmatrix}3\times3512\\3\times3512\end{pmatrix}\times2$	$\begin{pmatrix}3\times3512\\3\times3512\end{pmatrix}\times3$	$\begin{pmatrix}1\times1512\\3\times3512\\1\times12048\end{pmatrix}\times3$	$\begin{pmatrix}1\times1512\\3\times3512\\1\times12048\end{pmatrix}\times3$	$\begin{pmatrix}1\times1512\\3\times3512\\1\times12048\end{pmatrix}\times3$
	1×1	Avgpool,1000 − *d* FC,Softmax				
计算复杂度（FLOPs）		1.8×10^9	3.6×10^9	3.8×10^9	7.6×10^9	11.3×10^9

10.1.2 Vision Transformer

Transformer 是一类在自然语言处理领域广泛应用的深度人工神经网络，其动机是采用自注意力机制，通过查询（Query）、键（Key）和值（Value）来实现文本的注意力权重分配，以解决传统的全连接人工神经网络对文本序列中多个相关输入无法建立高阶相关性的问题。具体而言，对于输入的文本序列，首先要进行分词表示（Tokenization），再对切分后的单词序列（Token）通过线性变换以及 Query、Key 和 Value 矩阵计算，捕获任意两个单词之间的相关性，而无须受限于固定窗口大小或邻近依赖关系，从而保证模型从整体上理解文本序列的内在语言结构与联系。

得益于 Transformer 网络在自然语言处理领域的成功，研究人员提出了基于 Transformer 架构的深度学习模型 Vision Transformer（ViT）用于计算机视觉任务。与传统的卷积神经网络不同，ViT 通过将输入图像分割成固定大小的图像块（Patches），并将每个图像块转化为线性嵌入向量，然后通过添加位置编码来保留空间信息。这些图像块向量序列随后会被送入 Transformer 的 Encoder 层进行处理，其中包含自注意力机制，使得模型能够捕获全局上下文信息和长距离依赖关系。ViT 的架构如图 10-4 所示。

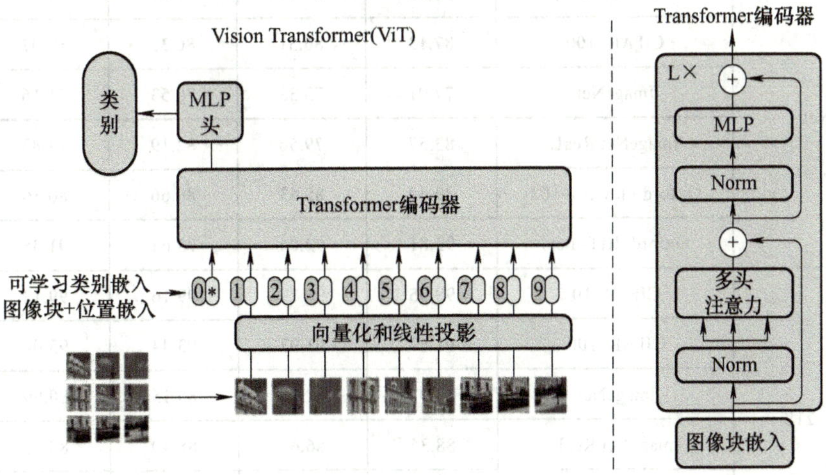

图 10-4 ViT 的架构

由图 10-4 可知，ViT 进行图像分类的流程可分为如下四步：

1）将图像分成无重叠的固定大小图像块（Patch，如 16×16），然后将每个 Patch 表示成一维向量（假设输入图像大小是 224×224，每个 Patch 大小是 16×16，则其向量维度为 $n=196$）。考虑到一维向量维度较大，需要将拉伸后的 Patch 序列经过线性投影（nn. Linear）压缩维度，同时也起到特征变换的作用，这两个处理过程可以称为图像 Token 化过程。

2）引入一个可学习的 Class Token，该 Token 插入图像 Token 化序列的初始位置。

3）将上述序列加上可学习的位置编码，输入 N 个串行的 Transformer 编码器中进行全局注意力计算和特征提取，其中的多头自注意模块用于进行 Patch 间或序列间的特征提取，而后面的 Feed Forward（Linear+ReLU+Dropout+Linear+Dropout）模块对每个 Patch 或者序列进行特征变换。

4）将最后一个 Transformer 编码器输出序列的第 0 位置（Class Token 位置对应输出）提取出来，然后接 MLP 分类。

ViT 包含三种不同规模与复杂度的模型变体：ViT-H、ViT-L 和 ViT-B。

1）ViT-H：Vision Transformer 中的高分辨率变体。通常适用于处理高分辨率图像或更具挑战性的计算机视觉任务。由于处理高分辨率图像需要更多的计算资源和内存，ViT-H 模型的规模更加庞大。

2）ViT-L：Vision Transformer 中的低分辨率变体。通常适用于处理低分辨率图像或计算资源受限的场合。ViT-L 比 ViT-H 更小、更轻量化，适合在资源受限的场景中部署。

3）ViT-B：Vision Transformer 中的基准分辨率变体。ViT-B 通常在资源充足但不需要处理过高或过低分辨率的图像时采用。

表 10-2 给出了不同预训练及测试集上不同 ViT 变体的图像分类精度。

表 10-2　不同 ViT 变体的图像分类精度

预训练集	测试集	ViT-B/16	ViT-B/32	ViT-L/16	ViT-L/32	ViT-H/14
ImageNet	CIFAR-10	98.13	97.77	97.86	97.94	—
	CIFAR-100	87.13	86.31	86.35	87.07	—
	ImageNet	77.91	73.38	76.53	71.16	—
	ImageNet ReaL	83.57	79.56	82.19	77.83	—
	Oxford Flowers-102	89.49	85.43	89.66	86.36	—
	Oxford-IIIT-Pets	93.81	92.04	93.64	91.35	—
ImageNet-21K	CIFAR-10	98.95	98.79	99.16	99.13	99.27
	CIFAR-100	91.67	91.97	93.44	93.04	93.82
	ImageNet	83.97	81.28	85.15	80.99	85.13
	ImageNet ReaL	88.35	86.63	88.40	85.65	88.70
	Oxford Flowers-102	99.38	99.11	99.61	99.19	99.51
	Oxford-IIIT-Pets	94.43	93.02	94.73	93.09	94.82

（续）

预训练集	测试集	ViT-B/16	ViT-B/32	ViT-L/16	ViT-L/32	ViT-H/14
JFT-300M	CIFAR-10	99.00	98.61	99.38	99.19	99.50
	CIFAR-100	91.87	90.49	94.04	92.52	94.55
	ImageNet	84.15	80.73	87.12	84.37	88.04
	ImageNet ReaL	88.85	86.27	89.99	88.28	90.33
	Oxford Flowers-102	99.56	99.27	99.56	99.45	99.68
	Oxford-IIIT-Pets	95.80	93.40	97.11	95.83	97.56

ViT 的详细代码实现可参考以下链接：https://github.com/google-research/vision_transformer。

10.1.3　图像分类数据集介绍

图像分类模型的研发离不开数据集的支持，尤其是深度图像分类模型的训练往往需要大规模标注图像数据集。例如，ImageNet 的建立对图像分类模型的研究起到了直接的推动作用。下面介绍图像分类任务中经常使用的四个图像数据集。

1. MNIST 数据集

MNIST（Modified National Institute of Standards and Technology，修订的国家标准和技术研究所）数据集是由美国国家标准与技术研究院建立的手写数字数据集，也是深度学习和机器学习领域中常用的数据集之一。MNIST 数据集由一系列 28×28 像素的灰度图像组成，每个图像表示 0 ～ 9 这十个数字中的一个（见图 10-5）。每张图像都有一个对应的标签，表示该图像所代表的数字。数据集分为训练集和测试集，其中训练集包含 60000 张图像，测试集包含 10000 张图像。MNIST 数据集的出现为计算机视觉研究提供了一个入门级的简单数据集，使得初学者可以快速上手，并通过该数据集验证模型的性能。

图 10-5　MNIST 数据集图像示例

2. CIFAR-10 数据集

这是由加拿大高级研究所（Canadian Institute for Advanced Research）发布的一个广泛应用于计算机视觉任务的数据集。CIFAR-10 包含 60000 张彩色图像，其中 50000 张用于训练，10000 张用于测试。这些图像分属于 10 个不同的类别，分别是飞机、轿车、鸟、猫、鹿、狗、蛙、马、船和货车（见图 10-6）。CIFAR–10 中的图像都是 32×32 像素的 RGB 彩色图像，这样的尺寸和通道设计使它们非常适合于训练各种规模的模型。同时，CIFAR–10 的数据类别均匀分布，每个类别都有 6000 张图像，其中 5000 张用于训练，1000 张用于测试。这种设计有助于提高模型的泛化能力。

图 10-6 所示为 CIFAR–10 数据集图像示例。

图 10-6　CIFAR–10 数据集图像示例

3. ImageNet 数据集

ImageNet 数据集是由斯坦福大学计算机科学系开发的一个庞大的视觉对象识别数据集。它包含超过 1400 万张图像，用于训练和评估计算机视觉算法。ImageNet 的目标是识别和分类图像中的各种物体和场景，涵盖了从动物到交通工具等各个领域的图像（见图 10-7）。

ImageNet 具有以下四个特点：

1）规模庞大：ImageNet 包含了数百个物体类别的图像，总量超过 1400 万张。

2）多样性：ImageNet 包含了各种各样的物体和场景的图像，涵盖了从动物、植物到日常生活中的各种物品的图像。这使得该数据集能够训练和评估相关算法在多个领域的图像识别能力。

3）高质量标注：ImageNet 中的图像都经过了精确的标注，每个图像都有对应的物体类别和位置标签。这使得该数据集在训练和评估相关算法时，能够提供准确的参考标准。

4）挑战性：ImageNet 中的一些类别具有很高的相似性，这使得图像分类任务变得更加具有挑战性。如区分不同种类的小型猫科动物就是一个挑战。

4. SVHN 数据集

SVHN（Street View House Number，街道场景门牌号）数据集是一个真实世界的图像数据集，其中包含 600000 个 32×32 像素的 RGB 印刷数字（0～9）的图像（见图 10-8）。这些图像的背景和光照条件多样，导致数字识别更加具有挑战性。SVHN 中的图像具有

3 个颜色通道。SVHN 的训练集包含 73257 张标记图像，测试集包含 26032 张标记图像，此外还有一个包含 530000 多张图像的额外集，这些图像难度较低，可用于辅助模型的训练过程。

图 10-7　ImageNet 数据集图像示例

图 10-8　SVHN 数据集图像示例

10.2　目标检测

目标检测是计算机视觉中的一项关键任务，旨在识别图像或视频中的特定物体，并准确地确定它们在图像中的位置。这一任务在许多领域都有广泛的应用，如自动驾驶、监控系统、医学图像分析和工业自动化等。

目标检测通常包括两个阶段：目标定位和目标分类。在目标定位阶段，算法会生成一系列边界框，每个边界框表示图像中可能存在物体的位置。而在目标分类阶段，算法会对每个边界框中的物体进行分类，确定其所属的类别。传统的目标检测算法通过将人为设计的目标特征与分类器结合而实现，如滑动窗口法。近年来，许多基于深度学习的目标检测算法也取得了显著进展，包括 R-CNN、YOLO 等，这些算法的不断发展推动着目标检测技术的进步，并为各种实际应用提供了强有力的支持。

10.2.1 滑动窗口法

将图像金字塔与滑动窗口法结合是一种常见的目标检测方法，该方法有助于解决目标尺度变化的检测问题。图像金字塔是一种多尺度图像表示方法，即在不同尺度下生成一系列以金字塔形状排列的各级分辨率图像。将图像金字塔与滑动窗口法结合，可以在不同尺度下使用滑动窗口进行目标检测，从而提高检测器对尺度变化的适应能力。

具体而言，该方法首先构建图像金字塔，生成一系列不同尺度的图像副本。然后，在每个尺度的图像上使用滑动窗口法进行目标检测。在滑动窗口移动的过程中，检测器在每个窗口位置对图像进行分类，以确定是否存在目标。图像金字塔提供了多个尺度的图像副本，因此可以在不同尺度上进行滑动窗口检测，从而增强检测器对尺度变化的敏感度。

这种方法的优势在于，通过在不同尺度下使用滑动窗口进行检测，可有效应对图像中目标的尺度变化。同时，图像金字塔提供了一种简单而有效的多尺度表示方法，可在不同尺度下对图像进行检测，这增加了检测器的鲁棒性和性能。然而，结合滑动窗口和图像金字塔也存在一些挑战和限制。首先，生成图像金字塔需要大量的计算资源和存储空间。其次，在不同尺度下使用滑动窗口进行检测可能会产生大量的检测结果，需要进一步的后处理和筛选。此外，图像金字塔是通过图像缩放操作生成的，可能会导致图像信息的失真和丢失，从而影响检测器的性能。

总之，结合滑动窗口和图像金字塔是一种简单有效的目标检测方法，可以提高检测器对尺度变化的适应能力。然而在实际应用中，需要综合考虑计算资源、性能和准确性等因素，设计相应的检测设置。

10.2.2 Faster R-CNN

R-CNN 的基本思想是在图像中创建多个边框，然后检查这些边框中是否含有目标物体。R-CNN 采用选择性搜索方法生成边框，选择性搜索基于颜色、纹理、尺寸和形状等特征，将图像分割成多个区域，然后通过合并相似区域来生成候选区域；在得到候选区域后，R-CNN 使用预训练的卷积神经网络提取每个区域的特征，并将区域特征通过 SVM 分类器进行类别判断，以确定每个区域是否包含目标物体；最后，R-CNN 使用边框回归器对候选区域进行位置精修，以提高检测的准确性。

为了解决 R-CNN 计算量大和训练复杂的问题，Fast R-CNN 应运而生。Fast R-CNN 在 R-CNN 的基础上，将特征提取和分类这两个步骤合并为一个多任务网络，从而一次性完成特征提取、分类和边框回归这三个任务，提高了检测速度，其与 R-CNN 的不同之处在于，Fast R-CNN 将候选区域的特征图送入一系列全连接层进行分类和边框回归，其中分类层使用 Softmax 函数进行类别判断，而边框回归层则对候选区域的位置进行精修。

Faster R-CNN 是由 Ross Girshick 于 2015 年提出的一种目标检测模型。相较于 R-CNN 及 Fast R-CNN，Faster R-CNN 通过引入区域提议网络（Region Proposal Network，RPN），将目标检测任务统一到了一个端到端的深度学习框架中，并且在速度和准确性上有了显著的改进。Faster R-CNN 的网络模型如图 10-9 所示，其核心思想是将目标检测任务分解为两个子任务：目标候选框生成和目标检测。首先，Faster R-CNN 通过 RPN 在输入图像上生成候选目标框，然后使用这些候选目标框作为输入，在共享的卷积特征图上进行目标分类和边框回归。这种两阶段的设计使得网络可以更加高效地生成候选框，并且可以与不同的检测器组合，从而实现更好的检测性能。

在 Faster R-CNN 中，RPN 是一种全卷积神经网络，它通过滑动窗口机制在特征图上生成候选框，并利用这些候选框的特征进行分类和回归。RPN 通过学习到的特征表示来预测候选框的位置和其中是否包含目标。而在目标检测阶段，利用这些候选框的特征表示，使用分类器对每个候选框进行目标分类，并通过回归器来微调候选框的位置，以获得更精确的目标检测结果。

Faster R-CNN 的损失函数通常由两部分组成，即分类损失和边框回归损失。分类损失用于衡量模型对目标类别的分类准确性，通常采用交叉熵损失函数。边框回归损失用于衡量模型对目标位置定位的精确性，通常采用平滑的 L1 损失函数。具体来说，对于每个感兴趣的区域，模型会对其进行目标分类，并预测其相对于 Ground Truth 的边框偏移量，然后利用这些预测结果计算分类损失和边框回归损失，并通过反向传播算法来更新模型参数。通过设计以上两类损失函数，Faster R-CNN 可以在训练过程中同时优化目标分类和边框回归这两个任务，从而实现更加准确的目标检测。同时，由于整个检测过程可以在一个网络中进行端到端的训练，因此 Faster R-CNN 具有更高的训练和推理效率，适用于实际应用场景中的大规模目标检测任务。

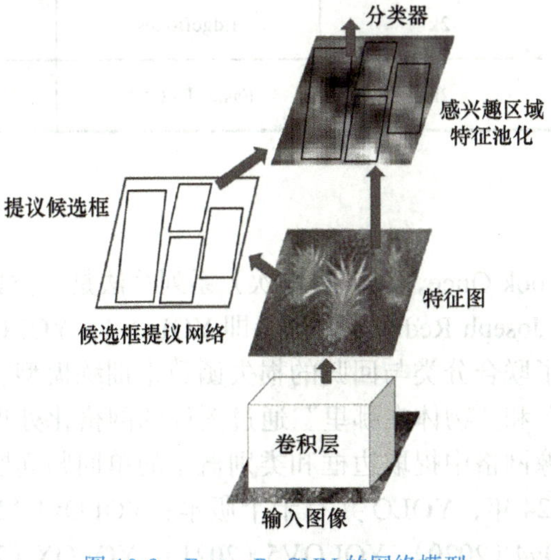

图 10-9 Faster R-CNN 的网络模型

具体来说，Faster R-CNN 的损失函数为

$$L(p_i,t_i)=\frac{1}{N_{\text{cls}}}\sum_i \mathcal{L}_{\text{cls}}(p_i,p_i^*)+\lambda\frac{1}{N_{\text{reg}}}\sum_i p_i^*\mathcal{L}_{\text{reg}}(t_i,t_i^*) \tag{10-1}$$

式中，i 为每一批样本中锚框（Anchor）的索引；p_i 为预测锚框 i 正确的概率，如果锚框是正确的，则真实标签 p_i^* 为 1，如果锚框是错误的，则 p_i^* 为 0；t_i 为包含预测边框的 4 个参数化坐标的向量；t_i^* 为锚框正确时的真实边框。

在式（10-1）中，第一项是分类损失，$\mathcal{L}_{\text{cls}}$ 是两个类别上（是目标或不是目标）的交叉熵损失。第二项是边框回归损失，具体形式为

$$\mathcal{L}_{\text{reg}}(t_i,t_i^*)=\sum_{i\in\{x,y,w,h\}}\text{smooth}_{\text{L1}}(t_i-t_i^*) \tag{10-2}$$

$$\text{smooth}_{\text{L1}}(x)=\begin{cases}0.5x^2 & \text{如果}|x|<1\\ |x|-0.5 & \text{其他}\end{cases} \tag{10-3}$$

表 10-3 给出了 Faster R-CNN 和对比方法在 VOC 2007 Trainval 上训练并在 PASCAL VOC 2007 Test Set 上检测的结果。Faster R-CNN 代码链接参见：https://github.com/rbgirshick/py-faster-rcnn。

表 10-3　Faster R-CNN 检测结果对比

训练阶段候选框		测试阶段候选框		mAP（%）
对比方法	包围框数量	对比方法	候选框数量	
Selective Search	2k	Selective Search	2k	58.7
EdgeBoxes	2k	EdgeBoxes	2k	58.6
Faster R-CNN	2k	Faster R-CNN	300	**59.9**

10.2.3　YOLOv3

YOLO（You Only Look Once，只需看一次）系列算法是一类典型的单阶段目标检测算法，其最初于 2015 年由 Joseph Redmon 提出，即 YOLOv1。YOLOv1 使用了卷积神经网络作为基础模型，并使用了联合分类与回归的损失函数来训练模型。其核心思想是将“物体有没有”“物体是什么”和“物体在哪里”通过图像的网格化处理关联起来，并把目标检测问题转换为直接从图像网格中提取边框和类别概率的单回归问题，即一次性检测出目标的类别和位置。截至 2024 年，YOLO 共有十个版本：YOLOv1（2015）、YOLOv2（2016）、YOLOv3（2018）、YOLOv4（2020）、YOLOV5（2021）、YOLOX（2021）、YOLOv6（2022）、

YOLOv7（2022）、YOLOv8（2023）和 YOLOv9（2024）。下面以 YOLOv3 为例进行具体介绍。

YOLOv3 是一种高效的目标检测模型，它由 Joseph Redmon 和 Ali Farhadi 于 2018 年提出，其网络结构如图 10-10 所示，其中 Conv 表示卷积层，BN 表示批归一化层，Leaky ReLU 表示激活函数，Res Unit 表示残差单元，Concat 表示拼接，Add 表示相加。与 YOLOv1 和 YOLOv2 相比，YOLOv3 采用了一系列技巧和改进，包括多尺度预测、锚框和特征融合等。YOLOv3 使用一组预定义的锚框来辅助目标位置的预测。每个预测层都会针对每个锚框生成一组边框，并通过卷积操作来预测每个边框的位置和类别概率。通过使用多个锚框，模型可以更准确地预测不同尺度和比例的目标边框，从而提高检测性能。YOLOv3 通过特征融合技术将不同层级的特征图融合在一起，以获取更全局和更丰富的语义信息。这种特征融合可以帮助模型更好地理解图像中的目标，并提高目标检测的准确性。

具体来说，YOLOv3 将输入图像分割成一系列固定大小的网格单元，每个网格单元负责预测该单元内的目标。然后，每个网格单元会生成一组边框，并通过卷积层来预测每个边框的位置和类别概率。与之前的版本相比，YOLOv3 引入了三个不同尺度的预测层，分别用于检测不同尺度的目标。这些预测层在网络结构的不同层级上，分别生成不同大小的特征图，并在每个特征图上进行目标检测。这样一来，模型可以更好地捕捉不同尺度的目标，并提高检测的准确性。

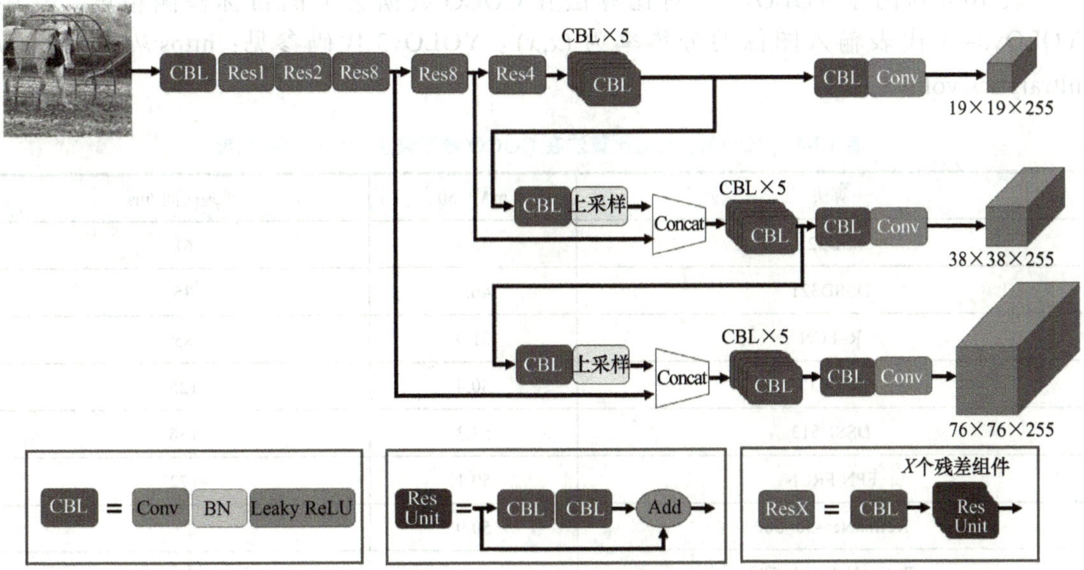

图 10-10　YOLOv3 网络结构

YOLOv3 使用综合的损失函数来同时优化目标位置的预测和目标类别的分类。损失函数通常由定位损失、分类损失和置信度损失组成，其中定位损失衡量了边框位置的准确性，分类损失衡量了目标类别的分类准确性，置信度损失衡量了目标和背景的置信度。具体的损失函数为

$$Loss = -\lambda_{\text{coord}}\sum_{i=0}^{S^2}\sum_{j=0}^{B}I_{ij}^{\text{obj}}\left[\hat{x}_i^j\log(x_i^j)+(1-\hat{x}_i^j)\log(1-x_i^j)+\hat{y}_i^j\log(y_i^j)+\right.$$
$$\left.(1-\hat{y}_i^j)\log(1-y_i^j)\right]+\frac{1}{2}\lambda_{\text{coord}}\sum_{i=0}^{S^2}\sum_{j=0}^{B}I_{ij}^{\text{obj}}\left[(w_i^j-\hat{w}_i^j)^2+(h_i^j-\hat{h}_i^j)^2\right]-$$
$$\sum_{i=0}^{S^2}\sum_{j=0}^{B}I_{ij}^{\text{obj}}\left[\hat{C}_i^j\log(C_i^j)+(1-\hat{C}_i^j)\log(1-C_i^j)\right]- \tag{10-4}$$
$$\lambda_{\text{noobj}}\sum_{i=0}^{S^2}\sum_{j=0}^{B}I_{ij}^{\text{noobj}}\left[\hat{C}_i^j\log(C_i^j)+(1-\hat{C}_i^j)\log(1-C_i^j)\right]-$$
$$\sum_{i=0}^{S^2}\sum_{j=0}^{B}I_{ij}^{\text{obj}}\sum_{c\in classes}\left[\hat{P}_{i,c}^j\log(P_{i,c}^j)+(1-\hat{P}_{i,c}^j)\log(1-P_{i,c}^j)\right]$$

式中，B 为 anchor 的个数；S 为输出特征网络尺寸；$classes$ 为类别数目；(x_i^j, y_i^j) 为网络预测的矩形框中心坐标；$\left(\hat{x}_i^j, \hat{y}_i^j\right)$ 为标记矩形框的中心坐标；$I_{ij}^{\text{obj}}/I_{ij}^{\text{noobj}}$ 为表示该矩形框是否负责预测一个目标物体的布尔函数；λ_{coord} 为用来协调不同大小矩形框对误差函数贡献不一致的协调系数；λ_{noobj} 为无目标损失项的权重系数。(w_i^j, h_i^j) 为网络预测的矩形框宽高大小；$\left(\hat{w}_i^j, \hat{h}_i^j\right)$ 为标记矩形框的宽高大小；C_i^j 为预测框内含有目标物体的概率得分；$P_{i,c}^j$ 为第 (i, j) 预测框属于类别 c 的概率；$\hat{P}_{i,c}^j$ 为标记框所属类别真实值。

表 10-4 列出了 YOLOv3 与对比算法在 COCO 数据集上的目标检测精度，其中 YOLOv3- x 代表输入图像的分辨率为 (x,x)。YOLOv3 代码参见：https://github.com/ultralytics/yolov3。

表 10-4　YOLOv3 与对比算法在 COCO 数据集上的目标检测精度

算法	mAP-50	推理时间 /ms
SSD321	45.4	61
DSSD321	46.1	85
R-FCN	51.9	85
SSD513	50.4	125
DSSD513	53.3	156
FPN FRCN	59.1	172
RetinaNet-50-500	50.9	73
RetinaNet-101-500	53.1	90
RetinaNet-101-800	57.5	198
YOLOv3-320	51.5	22
YOLOv3-416	55.3	29
YOLOv3-608	57.9	51

10.2.4 目标检测数据集介绍

目标检测算法的训练和评测有几个常用的数据集，包括通用的 COCO 等数据集和面向特定场景的数据集，如面向自动驾驶领域的 KITTI 数据集等。

1. COCO 数据集

场景普通对象（Common Objects in Context，COCO）数据集是一个广泛用于计算机视觉任务的大型数据集，包括目标检测、分割和姿态估计等。它于 2014 年被发布，提供了丰富多样的真实世界图像，并为视觉理解任务提供了丰富的语境信息。

COCO 数据集包含大量的图像和视频序列，其中的场景丰富多样，涵盖了不同的环境、场景和拍摄条件。这些图像和视频为研究者提供了丰富的视觉感知数据，可用于各种计算机视觉任务的训练和评估。COCO 图像提供的类别有 80 类，有超过 33 万张图片，其中带标注的图片有 20 万张，整个数据集中个体的数目超过 150 万个，其中包括常见的物体类别（如人、动物、车辆），以及一些不太常见的物体类别（如飞机、橡皮艇）等。这些类别的多样性使得 COCO 数据集成为一个全面的视觉理解基准。每张图像和视频帧都配有详细的标注信息，包括目标的边框、类别标签、像素级别的分割标注（对于分割任务）、关键点标注（对于姿态估计任务）等。这些标注信息为训练和评估目标检测、分割和关键点检测等任务提供了有效的监督信息。COCO 数据集提供了严格的评估指标，用于衡量不同算法在目标检测、分割和关键点检测等任务上的性能。这些评估指标包括平均精度（Average Precision，AP）、平均交并比（Average Intersection over Union，AIoU）等，有助于研究人员进行算法性能的客观比较。除了数据集本身，COCO 还定期举办目标检测、分割等任务的挑战赛，吸引来自全球的多个研究团队参与竞争。这些挑战赛促进了相关算法和技术的发展，并推动了计算机视觉领域的进步。

图 10-11 所示为 COCO 数据集的部分图像及标注。

2. KITTI 数据集

KITTI 数据集是一个广泛用于自动驾驶和场景理解研究的数据集，常用于训练和评估自动驾驶系统中的目标检测、跟踪和预测算法，以帮助研究人员提升车辆在复杂交通环境中的行为预测能力。

KITTI 数据集包含大量的图像序列，这些图像是从行驶的车辆上收集的，涵盖了城市、乡村和高速公路等不同场景。这些图像提供了在各种角度和条件下的车辆、行人、自行车和其他物体的视觉信息。除了图像序列外，KITTI 数据集还提供了来自激光雷达传感器的点云数据。这些数据可用于三维物体检测、定位和跟踪等任务，为研究人员提供了更全面的场景感知信息。

KITTI 数据集提供了详细的标注信息，包括每个图像中物体的边框、类别标签和运动状态等。这些标注信息对于训练和评估物体检测、跟踪和行为预测等算法至关重要。KITTI 数据集中的场景具有多样性和挑战性，涵盖了各种不同的天气条件、光照条件和交通情况。

图 10-11　COCO 数据集的部分图像及标注

此外，KITTI 数据集提供了严格的评估标准，可用于评估自动驾驶系统中物体检测、跟踪和定位等任务的性能。这些评估标准可帮助研究人员比较不同算法的性能，并推动相关技术的发展。总体来说，KITTI 数据集为自动驾驶和场景理解领域的研究提供了丰富的真实世界的数据资源，促进了相关算法和技术的发展与改进。

图 10-12 所示为 KITTI 数据集中的部分图像。

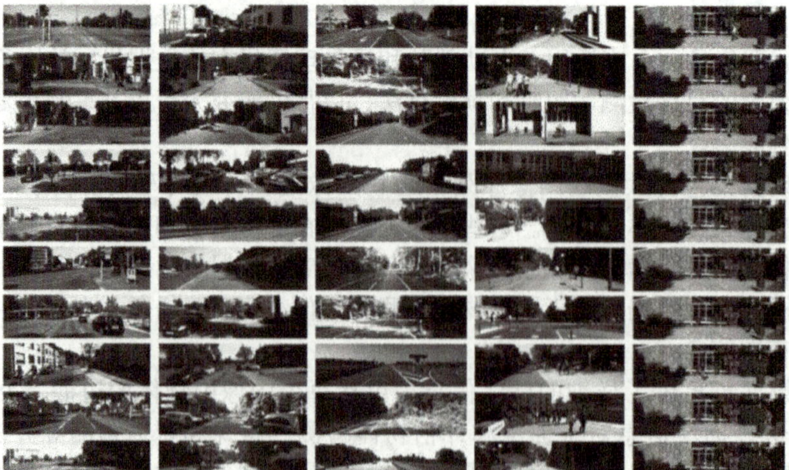

图 10-12　KITTI 数据集中的部分图像

10.3 目标跟踪

目标跟踪是计算机视觉领域中的一个重要任务，它要求在视频序列中持续追踪特定目标的位置，尤其是在目标出现遮挡或运动模糊的情况下。通常来说，目标跟踪系统接收视频帧序列作为输入，并在每一帧中确定目标的位置，且通常以边框的形式表示。

目标跟踪任务可以分为两种类型。

1）单目标跟踪：追踪视频序列中的单个目标，通常使用目标的外观特征、运动信息或上下文来跟踪。

2）多目标跟踪：同时追踪视频序列中的多个目标，要求系统能够处理目标之间的相互遮挡和运动交叉等复杂情况。

目标跟踪的应用较为广泛，包括视频监控、智能交通系统、自动驾驶、增强现实和医学图像分析等。近年来，深度学习技术的发展也推动了目标跟踪领域的进步，使得目标跟踪系统在准确性和鲁棒性方面取得了显著提升。

10.3.1 经典目标跟踪算法——Mean Shift

均值漂移（Mean Shift）目标跟踪算法最早由 Fukunaga 和 Hostetler 在 1975 年提出，并用于图像处理领域中的模式识别和聚类任务。在 2002 年，Comaniciu 和 Meer 对该算法进行了改进，提出了核密度估计方法，为 Mean Shift 提供了更严格的数学基础，并将 Mean Shift 应用于目标跟踪、显著性区域检测等计算机视觉任务中，取得了良好的应用效果。

1. Mean Shift 向量

Mean Shift 属于核密度估计法，它不需要先验知识，完全依靠特征空间中的样本点计算其密度函数值。下面首先定义 Mean Shift 向量。

给定 d 维空间中 n 个样本点的集合 $X=\{x_i\}_{i=1}^{n}\subseteq\mathbb{R}^d$，则点 x 的 Mean Shift 向量定义为

$$\boldsymbol{M}_h(x)=\frac{1}{|X\cap S_h(x)|}\sum_{x_i\in S_h(x)}(x_i-x) \tag{10-5}$$

式中，$S_h(x)=\{y:\|y-x\|\leqslant h\}$ 为以 x 为球心、半径为 h 的闭球；$|X\cap S_h(x)|$ 为 n 个样本点中位于 $S_h(x)$ 区域的点数。

直观上来讲，Mean Shift 向量 $\boldsymbol{M}_h(x)$ 是落入区域 S_h 中的样本点相对于点 x 的平均偏移向量。如果样本点 x_i 从一个概率密度函数 $f(x)$ 中采样得到，由于非零的概率密度梯度指向概率密度增加最大的方向，因此从平均上来说，S_h 区域内的样本点更多落在沿概率密度梯度的方向，因此 $\boldsymbol{M}_h(x)$ 应该指向概率密度梯度的方向。

如图 10-13 所示，大圆圈定的范围是 S_h。小圆代表落入 S_h 区域内的样本点 $x_i\in S_h$，黑点是 Mean Shift 的中心点 x，箭头表示样本点相对于中心点 x 的偏移向量，可以看出，$\boldsymbol{M}_h(x)$ 会指向样本分布最多的区域，即概率密度函数的梯度方向。

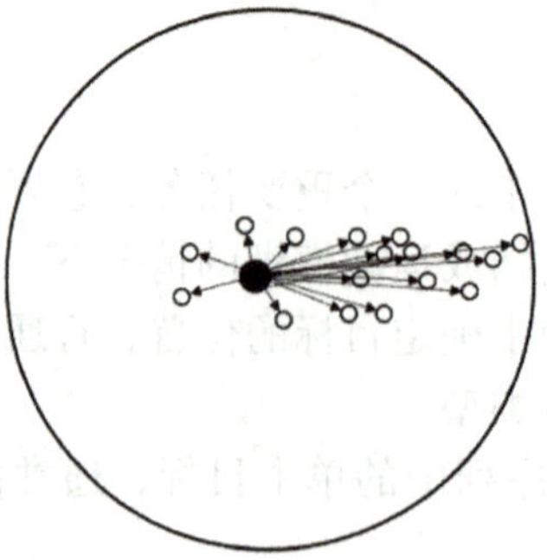

图 10-13　Mean Shift 示意图

从式（10-5）中可以看到，落入 S_h 的样本点，无论离中心点 x 的远近，其对最终的 $\boldsymbol{M}_h(x)$ 计算的贡献是相同的。然而在现实的目标跟踪过程中，当跟踪目标出现遮挡等影响时，由于外层的像素值容易受遮挡或背景的影响，所以目标模型中心附近的像素比靠外的像素更可靠。因此，每个样本点的重要性应该是不同的，离中心点越远，其权值应该越小，于是可以引入核函数和权重系数来提高目标跟踪算法的鲁棒性并增加其搜索跟踪能力。

2. Mean Shift 原理

Mean Shift 会分别计算目标区域和候选区域内像素的特征值概率，以此描述目标模型和候选模型，然后利用相似函数来度量初始帧目标模型和当前帧候选模型的相似性，选择使相似函数最大的候选模型，并得到关于目标模型的 Mean Shift 向量，即从初始目标位置移动到正确位置的向量。Mean Shift 具有快速收敛性，通过不断迭代计算 Mean Shift 向量，其最终将收敛到目标的真实位置，从而实现目标跟踪。

图 10-14 所示为 Mean Shift 的基本原理。假设待跟踪的目标开始于点 x_i^0（空心圆点），图 10-14 中的 x_i^0，x_i^1，…，x_i^N 表示 Mean Shift 的中心点，上角标表示迭代次数，周围的黑色圆点表示当中心点移动时周围的样本点，虚线圆代表密度估计窗口的大小，箭头表示中心点的漂移向量，平均的漂移向量会指向样本点最密集的方向，也就是梯度方向。Mean Shift 会在当前帧搜索特征空间中样本点最密集的区域，搜索点会沿着样本点密度增加的方向“漂移”到局部密度极大点 x_i^N，也就是被认为的目标位置，从而达到目标跟踪的目的。其中的四个关键部分包括：

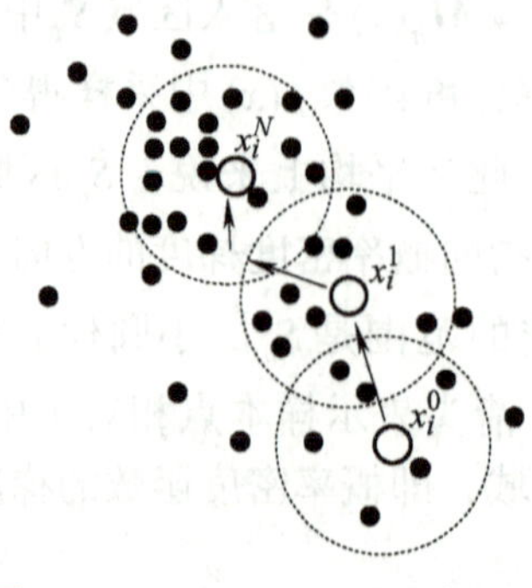

图 10-14　Mean Shift 的基本原理

（1）目标模型概率描述

通过人工标注的方式，在初始帧中确定包含跟踪目标的区域。假设其中有 n 个像素，用 $z_i(i=1,2,\cdots,n)$ 表示其位置，将选中区域的灰度均匀划分为 m 个相等的区间，并统计灰度直方图。因此，目标模型的概率密度可表示为

$$q_u=\left[\sum_{i=1}^{n}K(\|z_i^*\|^2)\right]^{-1}\sum_{i=1}^{n}K(\|z_i^*\|^2)\delta[b(z_i)-u] \tag{10-6}$$

$$z_i^*=\left[\frac{(x_i-x_0)^2+(y_i-y_0)^2}{x_0^2+y_0^2}\right]^{\frac{1}{2}} \tag{10-7}$$

$$K_E(x)=\begin{cases}c(1-\|x\|^2) & \|x\|\leqslant 1\\ 0 & \text{其他}\end{cases} \tag{10-8}$$

式中，z_i^* 为以目标中心为原点的归一化像素位置；(x_0,y_0) 为目标中心坐标；K_E 为核函数，此处是 Epanechikov 核函数，即式（10-8）；$b(z_i)$ 为 z_i 处像素属于的直方图区间；u 为直方图的颜色索引；$\delta(\cdot)$ 为指示函数，其作用是判断目标区域中像素 z_i 处的灰度值是否属于直方图中的第 u 个单元，等于则为 1，否则为 0。

（2）候选模型描述

在第 t 帧时，以第（$t-1$）帧的目标中心位置 f_0 为搜索窗口的中心，得到候选目标的中心位置坐标 f，计算当前帧的候选目标区域直方图。该区域的像素用 $z_i'(i=1,2,\cdots,n)$ 表示，则候选模型的概率密度为

$$p_u(f)=\frac{\sum_{i=1}^{n}K\left(\left\|\frac{f-z_i'}{h}\right\|^2\right)\delta[b(z_i')-u]}{\sum_{i=1}^{n}K\left(\left\|\frac{f-z_i'}{h}\right\|^2\right)} \tag{10-9}$$

式中，h 为核函数窗口大小，决定权重分布。

（3）相似性度量

相似性函数用于描述目标模型和候选目标之间的相似程度。这里采用 Bhattacharyya 系数作为相似性函数，其定义为

$$\rho(p,q)=\sum_{u=1}^{m}\sqrt{p_u(f)q_u} \tag{10-10}$$

相似函数越大，则两个模型越相似。将前一帧目标的中心位置 f_0 作为搜索窗口的中心，寻找使得相似函数最大的候选区域，即获得本帧目标的位置。

（4）Mean Shift 迭代过程

Mean Shift 迭代过程就是目标位置的搜索过程。为使相似性最大，对式（10-10）进行泰勒展开，得到 Bhattacharyya 系数的近似表达为

$$\rho(p,q) \approx \frac{1}{2}\sum_{u=1}^{m}\sqrt{p_u(f_0)q_u} + \frac{C}{2}\sum_{i=1}^{n} w_i K\left(\left\|\frac{f-z_i}{h}\right\|^2\right) \tag{10-11}$$

$$w_i = \sum_{u=1}^{m}\sqrt{\frac{q_u}{p_u(f)}}\delta[b(z_i-u)] \tag{10-12}$$

式（10-11）随f变化，其极大化过程可以通过候选区域中心向真实区域中心的 Mean Shift 迭代方程完成，即

$$f_{k+1} = f_k + \frac{\sum_{i=1}^{n} w_i(f_k - z_i)g\left(\left\|\frac{f_k - z_i}{h}\right\|^2\right)}{\sum_{i=1}^{n} w_i g\left(\left\|\frac{f_k - z_i}{h}\right\|^2\right)} \tag{10-13}$$

式中，$g(x) = -K(x)$。Mean Shift 迭代过程就是从f_k起向两个模型相比颜色变化最大的方向移动，直到最后两次移动距离小于阈值，即找到当前帧的目标位置，并以此作为下一帧的起始搜索窗口中心，如此重复。

3. Mean Shift 算法流程

Mean Shift 算法流程主要包含以下步骤：首先，对目标跟踪进行初始化，可以通过目标检测方法得到需要跟踪目标的初始位置（外接矩形框），也可以通过手工选取的方式实现。然后，计算核函数加权下的搜索窗口的直方图分布，并用同样的方法计算下一帧对应窗口的直方图分布。最后，以两个模板分布的相似性最大为原则，使搜索窗口沿密度增加最大的方向移动，得到目标的真实位置。

Mean Shift 跟踪算法流程具体如下：

1）计算目标模板的概率密度 $\{q_u\}_{u=1,2,\cdots,m}$，以及目标的被估计位置 y_0 与核窗宽 h。

2）用 y_0 初始化当前帧的目标位置，计算候选目标模板 $\{p_u(y_0)\}_{u=1,2,\cdots,m}$。

3）根据式（10-12）计算当前窗口内各点的权重值。

4）计算目标的新位置，即

$$y_1 = \frac{\sum_{i=1}^{m} x_i w_i g\left(\left\|\frac{y_0 - x_i}{h}\right\|^2\right)}{\sum_{i=1}^{m} w_i g\left(\left\|\frac{y_0 - x_i}{h}\right\|^2\right)} \tag{10-14}$$

该算法的详细代码实现可参考以下链接：https://github.com/SunHaoOne/CAMshift-matlab。

10.3.2 深度目标跟踪算法——FCNT

基于深度学习的目标跟踪算法在计算机视觉领域中得到了广泛的应用。以下介绍一种基于全卷积神经网络的深度目标跟踪算法——FCNT。

FCNT 是由大连理工大学卢湖川团队于 2015 年提出的模型。他们从在线视觉跟踪的角度对卷积神经网络的特征属性进行了深入研究，发现不同卷积层的特征对物体的描述角度各不相同。顶层特征会捕获更多的语义特征，可用作类别检测器，在区分不同类别的物体方面具有优势，并且对变形和遮挡具有很好的鲁棒性，但对相同类别物体的辨别能力较差；较低层则会捕获更详细的局部特征，携带更多的判别信息，有助于将目标与具有相似外观的干扰物区分开来，但它对外观急剧变化的鲁棒性较差。因此，提出了联合考虑两个不同层次卷积层的思想，使它们在处理剧烈的外观变化和区分目标物体与相似干扰物方面相互补充。此外，FCNT 通过设计特征图选择模块，将噪声及不相干的特征图去除，进一步提高了跟踪精度。FCNT 的算法结构如图 10-15 所示。

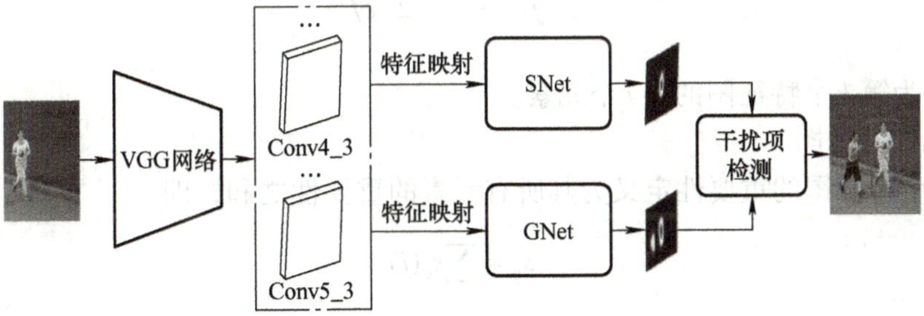

图 10-15　FCNT 的算法结构

FCNT 的输入为 RGB 图像。对于给定的目标图像，在 VGG 网络的 Conv4_3 和 Conv5_3 层进行特征映射的选择，并选择出最相关的特征映射，避免对有噪声的特征映射过拟合。在 Conv5_3 层所选择的特征映射的基础上，构建捕获目标类别信息的通用网络（GNet），并在选择的 Conv4_3 层特征映射的基础上，构建区分目标和具有相似外观背景的特定网络（SNet）。

GNet 和 SNet 都在第一帧进行初始化，并对目标进行前景热图回归，同时采用不同的在线更新策略。对于新帧，以最后一个目标位置为中心的兴趣区域包含目标和背景上下文，并通过全卷积神经网络进行裁剪和传播。两个前景热图分别由 GNet 和 SNet 生成。目标定位是基于两个热图独立进行的。最终目标由干扰项检测来确定，即确定使用上述两个热图中的哪个热图进行目标定位。下面对各过程进行详细介绍。

1. 特征图选择

特征图选择过程会选择与目标最相关的特征图，包括训练目标、特征图影响评价和选择特征图三个环节。

（1）训练目标

FCNT 的特征图选择方法基于目标热图回归模型 Sel-CNN，在 VGG 的 Conv4_3（第 10 个卷积层）和 Conv5_3（第 13 个卷积层）上独立进行。Sel-CNN 由一个 Dropout 层和一个卷积层组成，没有任何非线性变换。它将选择的特征图（Conv4_3 或 Conv5_3）作为输

入来预测目标热图 M，它是一个以 Ground Truth 目标位置为中心的二维高斯图，方差与目标大小成正比。该模型通过最小化预测前景热图 $\hat{M}$ 与目标热图 M 之间的二次方损失得到，即

$$L_{\text{sel}} = \left\| \hat{M} - M \right\|^2 \tag{10-15}$$

（2）特征图影响评价

利用反向传播算法进行参数学习后，固定模型参数并根据它们对损失函数的影响选择特征图。将输入的第 k 个特征图 F_k 矢量化为向量 $vec(F_k)$。将 $f_k(i)$ 表示为 $vec(F_k)$ 的第 i 个元素。特征映射的扰动 δF_k 引起的损失函数的变化可以用二阶泰勒展开计算，这里做近似处理。将 f_i 的重要性定义为将 f_i 设置为 0 后目标函数的变化，$\partial f_i = 0 - f_i$，最终得到 f_i 的重要性为

$$s_k(i) = -\frac{\partial L_{\text{sel}}}{\partial f_i} f_k(i) + \frac{1}{2}\frac{\partial^2 L_{\text{sel}}}{\partial f_i^2} f_k(i)^2 \tag{10-16}$$

式中，$f_k(i)$ 为第 k 个特征图的第 i 个元素。

（3）选择特征图

将第 k 个特征图的重要性定义为其所有元素的重要性之和，即

$$s_k = \sum_i s_k(i) \tag{10-17}$$

所有特征图按照重要性降序排序，选最前面的 K 个特征图。所选择的特征图对目标函数有显著的影响，因此与目标跟踪任务最相关。特征图选择在线进行，且实验中只在第一帧进行特征选择。

2. 目标定位

目标定位通过 GNet 和 SNet 实现，包括 GNet 和 SNet 设计、初始目标定位和最终目标定位三个环节。

（1）GNet 和 SNet 设计

在第一帧特征图选择完成后，分别在选择的 Conv4_3 和 Conv5_3 特征图的基础上构建 SNet 和 GNet。这两个网络共享由两个卷积层组成的相同架构。第一个卷积层具有大小为 9×9 的卷积核，并输出 36 个特征图作为下一层的输入。第二个卷积层具有大小为 5×5 的卷积核，并输出输入图像的前景热图。选择 ReLU 作为这两层的非线性层。SNet 和 GNet 通过最小化二次方损失函数在第一帧初始化，函数为

$$L = L_S + L_G \tag{10-18}$$

$$L_U = \left\| \hat{M}_U - M \right\|_F^2 + \beta \left\| W_U \right\|_F^2 \tag{10-19}$$

式中，下角标 $U \in \{S,G\}$，当 U 取 S 或 G 时分别为 SNet 和 GNet；$\hat{M}_U$ 为由网络预测的前景热图；M 为目标热图；W_U 为卷积层的权重参数；β 为权重衰减的权衡参数。

（2）初始目标定位

在新帧中，裁剪一个以最后一个目标位置为中心的矩形 ROI 区域。通过网络前向传播 ROI 区域，GNet 和 SNet 都可以预测前景热图。首先在 GNet 生成的热图上进行目标定位。目标位置表示为 $\hat{X}=(x,y,\sigma)$，式中 x、y 和 σ 分别为目标边框的中心坐标和尺度。给定最后一帧中的目标位置 $\hat{X}^{t-1}$，假设当前帧的候选目标位置服从高斯分布，即

$$p\left(X^t \mid \hat{X}^{t-1}\right)=\mathcal{N}\left(X^{t-1},\hat{X}^{t-1},\boldsymbol{\Sigma}\right) \tag{10-20}$$

式中，$\boldsymbol{\Sigma}$ 为对角协方差矩阵，用以表示位置参数的方差。

第 i 个候选区域的置信度为候选区域内所有热图值的总和，即 $conf_i=\sum_{j\in R_i}\hat{M}_G(j)$，式中 $\hat{M}_G$ 为 GNet 生成的热图；R_i 为第 i 个候选目标根据其位置参数 X_i^t 确定的区域；j 为坐标索引。置信度最高的候选区域会被 GNet 预测为目标。基于 Conv5_3 层的 GNet 捕获了语义特征，并且对类内变化具有高度的不变性。因此，GNet 生成的前景热图同时突出了具有相似外观的目标和背景干扰物。

（3）最终目标定位

为防止跟踪器漂移到背景中，FCNT 使用一种干扰检测方案来确定最终目标的位置。$\hat{X}_G$ 表示 GNet 预测的目标位置，R_G 表示热图中对应的目标区域。背景中干扰物出现的概率由目标区域内外的置信值之比来计算，即

$$P_d=\frac{\sum_{j\in(\hat{M}_G-R_G)}\hat{M}_G(j)}{\sum_{k\in R_j}\hat{M}_G(k)} \tag{10-21}$$

式中，$(\hat{M}_G-R_G)$ 为热图 $\hat{M}_G$ 上的背景区域。

P_d 小于阈值 0.2 时，假设没有同时出现的干扰物，则使用 GNet 预测的目标位置作为最终结果，否则采用 SNet 预测的目标位置作为最终结果。

图 10-16 所示为 FCNT 及对比方法在 50 个目标跟踪序列中的对比结果。该算法的详细代码实现可参考以下链接：https://github.com/scott89/FCNT。

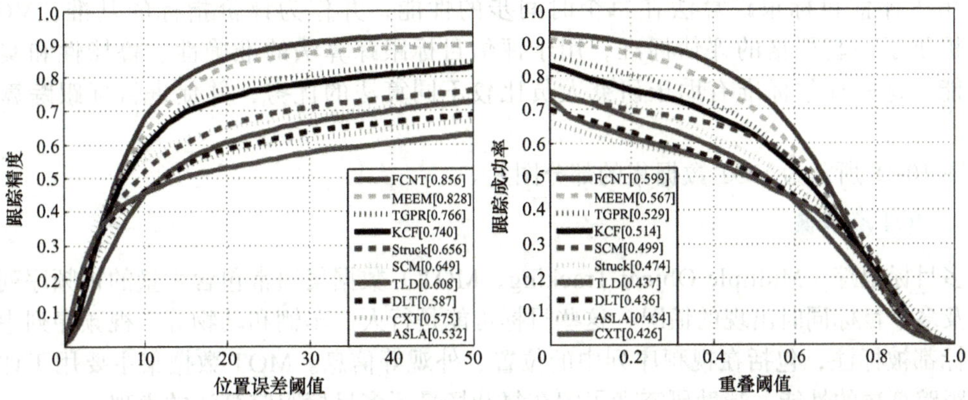

图 10-16　FCNT 及对比方法在 50 个目标跟踪序列中的对比结果

10.3.3 目标跟踪数据集介绍

为了评价目标跟踪算法的性能，研究者构建了多个目标跟踪数据集，包括常用的OTB、VOT和MOT等数据集，这些数据集包含了不同场景和不同目标的视频序列。下面是这些数据集的介绍。

1. OTB 数据集

对象跟踪基准（Object Tracking Benchmark，OTB）数据集包括OTB50和OTB100两种，其中OTB100包含了OTB50中的50个视频序列。整个OTB数据集包括了100个视频序列和总计102个跟踪目标（其中两个视频序列中包含了两个跟踪目标），每个视频序列对应多个属性，包括光照变化、尺度变化、遮挡、形变、运动模糊、快速运动、平面内旋转、平面外旋转、出视野、背景干扰和低像素等。此外，OTB数据集提供了标注的Ground Truth文件（含人工标注的目标中心位置和目标大小）以及用来进行算法效果测试和对比的MATLAB代码。

图10-17所示为OTB数据集的部分样本及其标注信息。

2. VOT 数据集

视觉对象跟踪（Visual Object Tracking，VOT）数据集是一个常用的目标跟踪数据集，VOT是现在使用比较多的一个数据集，从VOT2013开始每年都会更新，现在已经更新到VOT2023。VOT数据集的跟踪难度比OTB数据集要高很多，它提供了很多小目标和非刚体运动等较复杂情况下的跟踪场景，从VOT2018开始，还提供了专门用来评估长时跟踪算法的数据集。与OTB数据集标注跟踪目标时只使用传统垂直形式的矩形边框不同，近几年的VOT数据集中使用了跟踪目标的最小外接矩形作为目标的Ground Truth，在最新的数据集中还提供了跟踪目标的Mask作为Ground Truth，以供一些将目标跟踪和目标分割相结合的算法来进行评估。

VOT数据集包含了大量的图像序列，每个序列都代表了一个跟踪任务。图像序列覆盖了各种不同的场景和环境条件，包括室内、室外、日间和夜间等。VOT数据集涵盖了多种不同的目标类别，包括人、动物和车辆等常见目标。VOT数据集的每个图像序列都配有详细的目标标注信息，包括目标的边框、类别标签等。这些标注信息可用于评估目标跟踪算法在每个时间步的性能，并作为评价指标的基准。VOT数据集提供了一套严格的评估标准，用于评估目标跟踪算法的准确性、鲁棒性和实时性等性能。这些评估标准有助于研究人员比较不同算法的优劣，并促进目标跟踪算法的进步。

图10-18所示为VOT数据集的部分图片。

3. MOT 数据集

多目标跟踪（Multiple Object Tracking，MOT）数据集通常包含大量的视频序列，其中涉及多个目标同时出现的情况，这些目标可能是行人、车辆和动物等。视频序列中的每个目标都被标注，包括在视频序列中的位置、外观等信息。MOT数据集主要用于评估多目标跟踪算法的性能，帮助研究者了解在复杂场景下多目标跟踪算法的表现。

图 10-17 OTB 数据集的部分样本及其标注信息

图 10-18　VOT 数据集的部分图片

MOT 数据集包括 MOT 15、MOT 16、MOT 17 和 MOT 20 等多个版本。其中，MOT 16 是 2016 年提出的多目标跟踪数据集，共有 14 个视频序列，其中 7 个为带有标注信息的训练集，另外 7 个为测试集，其主要标注目标为移动的行人与车辆，并在 MOT 15 的基础上添加了细化的标注，包含了更多的 Bounding Box，它们是由研究人员严格遵从相应的标注准则进行标注的，最后通过双重检测的方法来保证标注信息的高精确度。MOT 16 拥有更加丰富的画面、不同的拍摄视角和相机运动，也包含了不同天气状况的视频。MOT 16 标注的运动轨迹为二维的。

图 10-19 所示为 MOT 16 的部分样本，其中第一行是训练集样本，第二行是测试集样本。

图 10-19　MOT 16 的部分样本

本章小结

本章介绍了计算机视觉的图像分类、目标检测和目标跟踪三个基本应用。其中，图像分类介绍了 ResNet 和 Vision Transformer 两个代表性的深度网络模型。前者是 2015 年 ILSVRC 的第一名，被认为是首个实现低于人类图像分类错误率的深度网络模型；后者作为计算机视觉领域的大模型，展现了超越卷积神经网络的性能，逐渐成为计算机视觉领域的主要模型。目标检测分别介绍了经典的滑动窗口法，以及两类代表性的深度模型：R-CNN 系列和 YOLO 系列。目标跟踪分别介绍了经典的 Mean Shift 和 FCNT。此外还介绍了这些计算机视觉应用经常使用的数据集。通过本章的学习，读者可以了解常见计算机视觉应用的基本任务、关键问题和主流方法，并能根据本书介绍的计算机视觉技术，基于实际问题和需求开展相应的应用技术研发。

思考题与习题

10-1 简要描述 ResNet 网络结构。

10-2 简要描述 Vision Transformer 网络结构。

10-3 分析并描述 Vision Transformer 中类别令牌（Class Token）的作用。

10-4 滑动窗口法的基本思想是什么？

10-5 简要描述 Faster R-CNN 网络结构。

10-6 简要描述 YOLOv3 网络结构。

10-7 什么是 Mean Shift？简述其基本原理。

10-8 简要描述 FCNT 的主要结构。分析 GNet 和 SNet 对不同目标对象跟踪的作用。

参考文献

[1] KRIZHEVSKY A，SUTSKEVER I，HINTON G E. Imagenet Classification with Deep Convolutional Neural Networks[C]//International Conference on Neural Information Processing Systems. San Diego：Neural Information Processing System Foundation，Inc.，2012：1097-1105.

[2] SZEGEDY C，LIU W，JIA Y，et al. Going Deeper with Convolutions[C]//The IEEE Conference on Computer Vision and Pattern Recognition. Piscataway：IEEE，2015：1-9.

[3] SIMONYAN K，ZISSERMAN A. Very Deep Convolutional Networks for Large-Scale Image Recognition[C]//International Conference on Learning Representations. Washington D. C.：ICLR，2014：1-14.

[4] HE K，ZHANG X，REN S，et al. Deep Residual Learning for Image Recognition[C]//IEEE Conference on Computer Vision and Pattern Recognition，Piscataway：IEEE，2016：770-778.

[5] DOSOVITSKIY A，BEYER L，KOLESNIKOV A，et al. An Image is Worth 16 × 16 Words：Transformers for Image Recognition at Scale[C]//International Conference on Learning Representations. Washington D. C.：ICLR，2020：1-22.

[6] LECUN Y，BOTTOU L，BENGIO Y，et al. Gradient-Based Learning Applied to Document Recognition[J]. Proceedings of the IEEE，1998，86（11）：2278-2324.

[7] KRIZHEVSKY A，HINTON G. Learning Multiple Layers of Features from Tiny Images[D].Toronto：University of Toronto，2009.

[8] DENG J，DONG W，SOCHER R，et al. ImageNet：A Large-Scale Hierarchical Image Database[C]//The IEEE Conference on Computer Vision and Pattern Recognition. Piscataway：IEEE，2009：248-255.

[9] NETZER Y，WANG T，COATES A，et al. Reading Digits in Natural Images with Unsupervised Feature Learning[C]//Advances in Neural Information Processing Systems Workshop. San Diego：Neural Information Processing System Foundation，Inc.，2011：1-9.

[10] GIRSHICK R，DONAHUE J，DARRELL T，et al. Rich Feature Hierarchies for Accurate Object Detection and Semantic Segmentation[C]//The IEEE Conference on Computer Vision and Pattern Recognition. Piscataway：IEEE，2014：580-587.

[11] REN S，HE K，GIRSHICK R，et al. Faster R-CNN：Towards Real-Time Object Detection with Region Proposal Networks[C]//Advances in Neural Information Processing Systems. San Diego：Neural Information Processing System Foundation，Inc.，2015：1-9.

[12] REDMON J，DIVVALA S，GIRSHICK R，et al. You Only Look Once：Unified，Real-Time Object Detection[C]//The IEEE Conference on Computer Vision and Pattern Recognition. Piscataway：IEEE，2016：779–788.

[13] REDMON J，ALI FARHADI A. YOLOv3：An Incremental Improvement[EB/OL]. [2024-7-16]. https://arxiv.org/pdf/1804.02767.

[14] COMANICIU D，MEER P. Mean Shift：A Robust Approach Toward Feature Space Analysis[J]. IEEE Transactions on Pattern Analysis and Machine Intelligence，2002，24（5）：603–619.

[15] WANG L，OUYANG W，WANG X，et al. Visual Tracking with Fully Convolutional Networks[C]//IEEE International Conference on Computer Vision. Piscataway：IEEE，2015：3119–3127.

[16] WU Y，LIM J，YANG M H. Online Object Tracking：A Benchmark[J]. IEEE Transactions on Pattern Analysis and Machine Intelligence，2015，36（4）：2411–2418.

[17] MILAN A，LEAL-TAIXE L，REID I，et al. MOT16：A benchmark for multi-object tracking[EB/OL]. [2024-07-16]. https://arxiv.org/pdf/1603.00831v1.